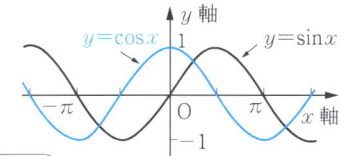

- $\tan x = \dfrac{\sin x}{\cos x}$
- $\sin^2 x + \cos^2 x = 1$
- $1 + \tan^2 x = \dfrac{1}{\cos^2 x}$

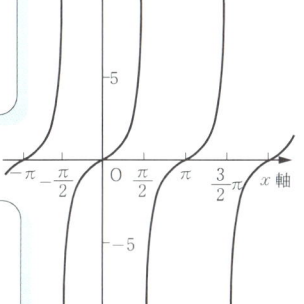

- $\sin(-x) = -\sin x$
- $\cos(-x) = \cos x$
- $\tan(-x) = -\tan x$

────── 加法定理 ──────
- $\sin(\alpha \pm \beta) = \sin\alpha \cos\beta \pm \cos\alpha \sin\beta$
- $\cos(\alpha \pm \beta) = \cos\alpha \cos\beta \mp \sin\alpha \sin\beta$
- $\tan(\alpha \pm \beta) = \dfrac{\tan\alpha \pm \tan\beta}{1 \mp \tan\alpha \tan\beta}$ （複号同順）

────── 倍角公式 ──────
- $\sin 2\alpha = 2\sin\alpha \cos\alpha$
- $\cos 2\alpha = \cos^2\alpha - \sin^2\alpha = 1 - 2\sin^2\alpha = 2\cos^2\alpha - 1$
- $\tan 2\alpha = \dfrac{2\tan\alpha}{1 - \tan^2\alpha}$

────── 和を積に直す公式 ──────
- $\sin\alpha + \sin\beta = 2\sin\dfrac{\alpha+\beta}{2}\cos\dfrac{\alpha-\beta}{2}$
- $\sin\alpha - \sin\beta = 2\cos\dfrac{\alpha+\beta}{2}\sin\dfrac{\alpha-\beta}{2}$
- $\cos\alpha + \cos\beta = 2\cos\dfrac{\alpha+\beta}{2}\cos\dfrac{\alpha-\beta}{2}$
- $\cos\alpha - \cos\beta = -2\sin\dfrac{\alpha+\beta}{2}\sin\dfrac{\alpha-\beta}{2}$

────── 積を和に直す公式 ──────
- $\sin\alpha \cos\beta = \dfrac{1}{2}\{\sin(\alpha+\beta) + \sin(\alpha-\beta)\}$
- $\cos\alpha \sin\beta = \dfrac{1}{2}\{\sin(\alpha+\beta) - \sin(\alpha-\beta)\}$
- $\cos\alpha \cos\beta = \dfrac{1}{2}\{\cos(\alpha+\beta) + \cos(\alpha-\beta)\}$
- $\sin\alpha \sin\beta = -\dfrac{1}{2}\{\cos(\alpha+\beta) - \cos(\alpha-\beta)\}$

❹ 指数関数　❺ 対数関数

指数関数　　$y = a^x$　　$(a>0,\ a\neq 1)$

$a^0 = 1,\quad a^{-n} = \dfrac{1}{a^n},\quad a^{\frac{m}{n}}$
　　　　　　(n：自然数；m：整数)
$a^p = \lim\limits_{n\to\infty} a^{p_n}$　　(p：無理数)
　($p = \lim\limits_{n\to\infty} p_n$, $\{p_n\}$：有理数)

────── 指数法則 ──────
- $a^p a^q = a^{p+q}$　　$\dfrac{a^p}{a^q} = a^{p-q}$
- $(a^p)^q = a^{pq}$
- $(ab)^p = a^p b^p$　　$\left(\dfrac{a}{b}\right)^p = \dfrac{a^p}{b^p}$

対数関数　　$y = \log_a x \iff x = a^y$
　　　　　　　　$(x>0,\ a>0,\ a\neq 1)$

────── 対数法則 ──────
- $\log_a pq = \log_a p + \log_a q$
- $\log_a \dfrac{p}{q} = \log_a p - \log_a q$
- $\log_a q^p = p\log_a q$

────── 底の変換公式 ──────
- $\log_p q = \dfrac{\log_a q}{\log_a p}$

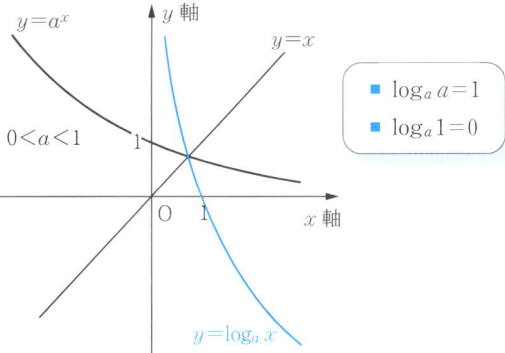

- $\log_a a = 1$
- $\log_a 1 = 0$

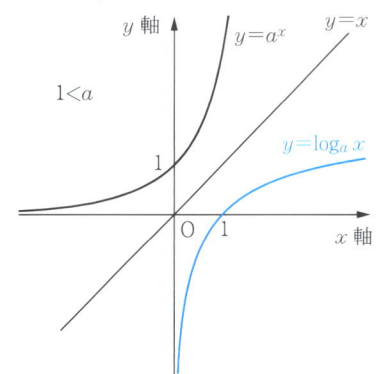

❶ 数と式の計算
❷ 関数とグラフ
❸ 三角関数
❹ 指数関数
❺ 対数関数
❻ 関数の極限
❼ 微分
❽ 積分
❾ 練習問題
❿ 問題の解答

大学新入生のための
微分積分入門

石村 園子 著

共立出版

まえがき

　2004年は，明るい兆しが見えてきた日本経済の本格的復興が望まれて始まりましたが，一方ではイラクへの自衛隊派遣のため，日本がテロ攻撃の対象となってしまったことはとても残念なことです。何事もないことを祈るばかりです。
　将来が見えない現在ですが，だからこそ学生の皆さん，今たくさん勉強しておかなければいけません。

　本書は高校数学と大学数学のギャップを埋めるために書かれたもので，前著「数学入門」の姉妹編です。本書では，いまさらと思われるような数の計算から始まり，大学で勉強する「微分積分」などの授業で必要な基本的な事柄を復習していきます。特に本書では，ご要望の多かった"微分"と"積分"の章を拡充し，三角関数，指数関数，対数関数の微分積分まで扱っていますので，高校での微分積分がちょっと苦手な新入生にも「微分積分入門」として利用できる内容になっています。その代わり，極方程式，複素数，ベクトルなどは扱っていませんので，皆さんの必要とする方を選んでください。また，難易レベルのついた練習問題の章をつけ加えましたので，大いに活用してください。計算練習を侮ってはいけません。具体的な計算は，抽象化への入り口です。

　現代は世界の出来事が瞬時に入ってくる時代です。このハイテク技術と，そこに写し出される発展途上国のさまざまな惨状とのギャップに矛盾を感じる人は著者だけではないでしょう。日本は教育のおかげでここまで発展してきましたが，世界には勉強をしたくても出来ない人々がたくさんいるのです。大学生の皆さん，勉強することがいかに大切か，今大学で学べることがいかに幸運かを自覚し，しっかり勉強

して世界へと羽ばたいてください。

　最後に，本書を書く機会を与えてくださいました共立出版株式会社取締役の寿日出男氏に心よりお礼を申し上げます。同氏は鋭い感覚で大学の教育現場の現状を分析し，著者への適切なアドバイスをしてくださいます。また，いつもながら著者のわがままな注文と印刷所との間に挟まって，手のかかる仕事にじっと耐え忍んでくださっている編集の吉村修司さん，そして共立出版の皆様方へも心よりお礼を申し上げます。
　今回の練習問題の解答チェックには，学生の浅川寿典君，鈴木清文君，渡辺浩之君にお願いしました。ご苦労様でした。

2004 年　小寒

石村園子

もくじ

❶ 数と式の計算 ……………………………………1

〈1〉 数と式の計算 ……………………2
- 例題 1.1 ［整数，分数，小数］
- 例題 1.2 ［繁分数］
- 例題 1.3 ［展開公式］
- 例題 1.4 ［因数分解］
- 例題 1.5 ［平方根］
- 例題 1.6 ［複素数］
- 例題 1.7 ［分数式の計算］
- 例題 1.8 ［部分分数展開］
- 例題 1.9 ［無理式の計算］

〈2〉 方 程 式 ……………………11
- 例題 1.10 ［連立 1 次方程式］
- 例題 1.11 ［代数方程式］

❷ 関数とグラフ ……………………………………13

〈0〉 関 数 ……………………14
〈1〉 直 線 ……………………15
- 例題 2.1 ［直線］

〈2〉 放 物 線 ……………………16
- 例題 2.2 ［放物線 1］
- 例題 2.3 ［放物線 2］

〈3〉 円 ……………………19
- 例題 2.4 ［円］

〈4〉 楕円と双曲線 ……………………… 20
　　　例題 2.5 ［楕円と双曲線］🖩
〈5〉 不 等 式 ……………………… 22
　　　例題 2.6 ［2 次不等式］
　　　例題 2.7 ［領域］

❸ 三角関数 ……………………………………………… 25

〈1〉 三 角 比 ……………………… 26
　　　例題 3.1 ［三角比］
〈2〉 ラジアン単位と一般角 ……………………… 27
　　　例題 3.2 ［ラジアン］
　　　例題 3.3 ［一般角］
〈3〉 三 角 関 数 ……………………… 30
　　　例題 3.4 ［三角関数の値 1］
　　　例題 3.5 ［三角関数の値 2］
　　　例題 3.6 ［三角関数の値 3］🖩
　　　例題 3.7 ［三角関数の値 4］
〈4〉 三角関数のグラフ ……………………… 35
　　　例題 3.8 ［三角関数のグラフ］🖩
〈5〉 三角関数の公式 ……………………… 38
とくとく情報［フーリエ級数］……………………… 40

❹ 指 数 関 数 ……………………………………………… 41

〈1〉 指数と指数法則 ……………………… 42
　　　例題 4.1 ［指数］🖩
　　　例題 4.2 ［指数法則 1］
　　　例題 4.3 ［指数法則 2］
〈2〉 指数関数とグラフ ……………………… 46
　　　例題 4.4 ［指数関数のグラフ］🖩
〈3〉 特別な指数関数 $y = e^x$ ……………………… 48
とくとく情報［ネピアの数 e］……………………… 49
とくとく情報［双曲線関数］……………………… 50

苦手なところを選んで勉強してください。
🖩印は関数電卓を使いま〜す。

❺ 対数関数 ……………………………………51

〈1〉 対数と対数法則 ……………………52
例題 5.1 ［対数］
例題 5.2 ［対数法則 1］
例題 5.3 ［対数法則 2］
例題 5.4 ［底の変換］

〈2〉 常用対数と自然対数 ………………56
例題 5.5 ［対数の値］

〈3〉 対数関数とグラフ …………………57
例題 5.6 ［対数関数のグラフ］

❻ 関数の極限 ………………………………59

〈1〉 収束と発散 …………………………60
例題 6.1 ［極限値 1］
例題 6.2 ［極限値 2］
例題 6.3 ［極限値 3］

〈2〉 極限公式 ……………………………66

とくとく情報［無限級数］………………68

❼ 微分 ………………………………………69

〈1〉 微分係数 ……………………………70
例題 7.1 ［平均変化率］
例題 7.2 ［微分係数］

〈2〉 導関数 ………………………………73
例題 7.3 ［導関数 1］
例題 7.4 ［導関数 2］

〈3〉 微分計算 ……………………………75
例題 7.5 ［微分の基本計算 1］
例題 7.6 ［微分の基本計算 2］
例題 7.7 ［合成関数の微分 1］
例題 7.8 ［合成関数の微分 2］
例題 7.9 ［合成関数の微分 3］
例題 7.10 ［接線の方程式］

〈4〉 2階導関数 ……………………………………81
　　　例題 7.11 ［2階導関数］
〈5〉 関数のグラフ ……………………………………82
　　　例題 7.12 ［関数のグラフ1］
　　　例題 7.13 ［関数のグラフ2］
とくとく情報［いたるところ微分不可能な曲線］…88

❽ 積 分 ……………………………………………………89

〈1〉 不 定 積 分 ……………………………………90
　　　例題 8.1 ［不定積分の基本計算1］
　　　例題 8.2 ［不定積分の基本計算2］
　　　例題 8.3 ［不定積分の基本計算3］
　　　例題 8.4 ［置換積分1］
　　　例題 8.5 ［置換積分2］
　　　例題 8.6 ［部分積分］
〈2〉 定 積 分 ……………………………………97
　　　例題 8.7 ［定積分の基本計算1］
　　　例題 8.8 ［定積分の基本計算2］
　　　例題 8.9 ［定積分の置換積分］
　　　例題 8.10 ［定積分の部分積分］
〈3〉 面 積 ……………………………………103
　　　例題 8.11 ［面積1］
　　　例題 8.12 ［面積2］
〈4〉 回転体の体積 ……………………………………105
　　　例題 8.13 ［回転体の体積］
とくとく情報［微分と積分］………………106

⑨ 練習問題 ……………………………………107

1 数と式の計算 …………………108
2 関数とグラフ …………………111
3 三角関数 ………………………113
4 指数関数 ………………………115
5 対数関数 ………………………116
6 関数の極限 ……………………117
7 微　分 …………………………118
8 積　分 …………………………123
とくとく情報〔偏微分と重積分〕…………128

⑩ 問題の解答 ……………………………………129

さくいん ……………………………………………181

本文の例題，問題が解き終ったら
⑨練習問題にも挑戦してね。

❶ 数と式の計算

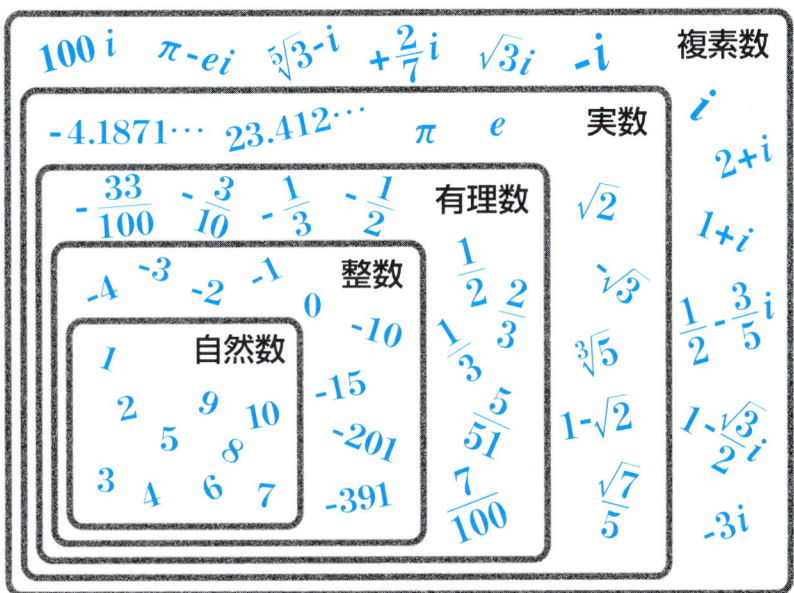

基本の基本！
しっかり確認してね。

〈1〉 数と式の計算

例題 1.1 [整数，分数，小数]

次の計算をしてみましょう。

(1) $2\times(-3)^2-4^2\div 8\times(-2)$

(2) $\dfrac{1}{5}\div\left(2-\dfrac{3}{5}\right)\times\left(-\dfrac{2}{3}\right)+\dfrac{1}{3}$

(3) $\{(2.9-2.6)^2+(1.4-2.6)^2+(3.5-2.6)^2\}\div 3$

統計計算に使われます。➡

― 四則演算の規則 ―
- ＋，－は左から順に計算
- ×，÷は左から順に計算
- ×，÷は＋，－に優先
- カッコの中は優先して計算

[解] 小学校以来，慣れ親しんできた計算ですが，侮ってはいけません。きちんと変形しながら計算してみましょう。

(1) 与式 $=2\times 9-16\div 8\times(-2)$
$=18-2\times(-2)$
$=18-(-4)$
$=18+4$
$=\boxed{22}$

(2) 与式 $=\dfrac{1}{5}\div\dfrac{10-3}{5}\times\left(-\dfrac{2}{3}\right)+\dfrac{1}{3}$
$=\dfrac{1}{5}\div\dfrac{7}{5}\times\left(-\dfrac{2}{3}\right)+\dfrac{1}{3}$
$=\dfrac{1}{5}\times\dfrac{5}{7}\times\left(-\dfrac{2}{3}\right)+\dfrac{1}{3}$
$=-\dfrac{2}{21}+\dfrac{1}{3}=\dfrac{-2+7}{21}=\boxed{\dfrac{5}{21}}$

(3) 与式 $=\{0.3^2+(-1.2)^2+0.9^2\}\div 3$
$=(0.09+1.44+0.81)\div 3$
$=2.34\div 3$
$=\boxed{0.78}$ （解終）

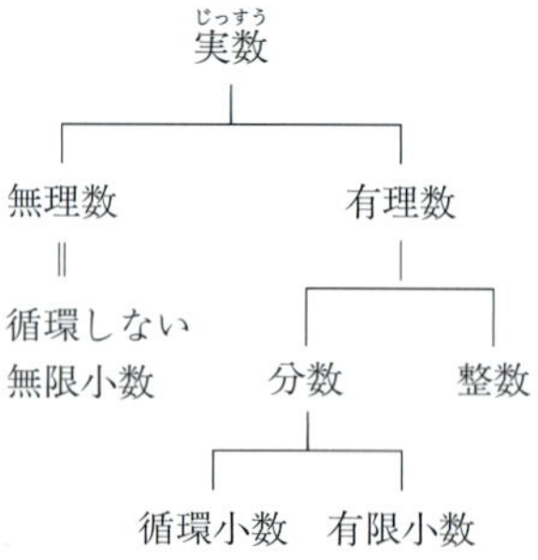

実数
├ 無理数 ＝ 循環しない無限小数
└ 有理数
  ├ 分数
  │ ├ 循環小数
  │ └ 有限小数
  └ 整数

"与式"とは問題に与えられている式のことよ。
×，÷は左から順に計算してね。

❀❀ **問題 1.1** （解答は p.130）❀❀❀❀❀❀❀❀❀❀❀❀❀❀

次の計算をしてください。

(1) $(-6)\div\{3-(-3)^2\}-5\times\{4-(-3)\}$

(2) $\dfrac{1}{12}-\left(\dfrac{3}{4}-\dfrac{1}{3}\right)\div\left(-\dfrac{5}{6}\right)\times\dfrac{3}{8}$

(3) $\{3\times(2.9^2+1.4^2+3.5^2)-(2.9+1.4+3.5)^2\}\div(3\times 2)$

〈1〉 数と式の計算　3

例題 1.2 [繁分数]

次の繁分数を計算してみましょう。

(1) $\dfrac{\dfrac{1}{6}-\dfrac{1}{5}}{2}$　　(2) $\dfrac{5}{\dfrac{5}{4}+\dfrac{1}{6}}$　　(3) $\dfrac{\dfrac{2}{5}+1}{\dfrac{1}{6}-\dfrac{3}{2}}$

◯ 複雑な文字式計算の基礎になります。

[解] 分数の分母や分子がさらに分数になっている式を **繁分数**（はんぶんすう）といいます。分数の計算規則に従って、ていねいに計算していきましょう。

分数計算の規則

- $\dfrac{b}{a}=b\div a$
- $\dfrac{b}{a}\times\dfrac{d}{c}=\dfrac{bd}{ac}$
- $\dfrac{b}{a}\div\dfrac{d}{c}=\dfrac{b}{a}\times\dfrac{c}{d}$

(1) 与式 $=\dfrac{\dfrac{5-6}{30}}{2}=\dfrac{-\dfrac{1}{30}}{2}$

$=-\dfrac{1}{30}\div 2$

$=-\dfrac{1}{30}\times\dfrac{1}{2}=\boxed{-\dfrac{1}{60}}$

(2) 与式 $=\dfrac{5}{\dfrac{15+2}{12}}=\dfrac{5}{\dfrac{17}{12}}$

$=5\div\dfrac{17}{12}$

$=5\times\dfrac{12}{17}=\boxed{\dfrac{60}{17}}$

(3) 与式 $=\dfrac{\dfrac{2+5}{5}}{\dfrac{1-9}{6}}=\dfrac{\dfrac{7}{5}}{-\dfrac{8}{6}}=\dfrac{\dfrac{7}{5}}{-\dfrac{4}{3}}$

$=\dfrac{7}{5}\div\left(-\dfrac{4}{3}\right)$

$=\dfrac{7}{5}\times\left(-\dfrac{3}{4}\right)=\boxed{-\dfrac{21}{20}}$ (解終)

分数の横棒 — はきちんとかこうね。

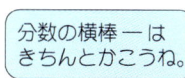

問題 1.2 (解答は p.130)

次の繁分数を計算してください。

(1) $\dfrac{\dfrac{3}{4}+\dfrac{1}{3}}{6}$　　(2) $\dfrac{7}{\dfrac{1}{2}-\dfrac{2}{3}}$　　(3) $\dfrac{3\times\left(2-\dfrac{1}{6}\right)}{\dfrac{3}{4}+\dfrac{1}{3}}$　　(4) $1-\dfrac{1-\dfrac{1}{5}}{1-\dfrac{1}{1-\dfrac{1}{5}}}$

例題 1.3［展開公式］

次の式を展開してみましょう。

(1) $(x+2y)^2$ (2) $(3a+b)(3a-b)$
(3) $(x+5)(x-2)$ (4) $(5a-1)(2a+3)$
(5) $(x+2y)^3$ (6) $(a+b-c)^2$

解 展開公式を思い出しながら展開しましょう。

(1) 与式 $= x^2 + 2 \cdot x \cdot 2y + (2y)^2$
$= x^2 + 4xy + 4y^2$

(2) 与式 $= (3a)^2 - b^2$
$= 9a^2 - b^2$

(3) 与式 $= x^2 + (5-2)x + 5 \cdot (-2)$
$= x^2 + 3x - 10$

(4) 与式 $= 5 \cdot 2a^2 + \{5 \cdot 3 + (-1) \cdot 2\}a + (-1) \cdot 3$
$= 10a^2 + 13a - 3$

(5) 与式 $= x^3 + 3 \cdot x^2 \cdot 2y + 3 \cdot x \cdot (2y)^2 + (2y)^3$
$= x^3 + 6x^2y + 12xy^2 + 8y^3$

(6) 与式 $= a^2 + b^2 + (-c)^2 + 2ab + 2b(-c) + 2a(-c)$
$= a^2 + b^2 + c^2 + 2ab - 2bc - 2ac$ (解終)

単項式（数や文字の積）の和や差の形で表わされる式を**整式**または**多項式**といいます。

3乗の公式もちゃんと覚えてね。

展開公式
- $(a \pm b)^2 = a^2 \pm 2ab + b^2$ （複号同順）
- $(a \pm b)^3 = a^3 \pm 3a^2b + 3ab^2 \pm b^3$ （複号同順）
- $(a+b)(a-b) = a^2 - b^2$
- $(x+a)(x+b) = x^2 + (a+b)x + ab$
- $(ax+b)(cx+d) = acx^2 + (ad+bc)x + bd$
- $(a+b+c)^2 = a^2 + b^2 + c^2 + 2ab + 2bc + 2ac$

問題 1.3 (解答は p. 131)

次の式を公式を使って展開してください。

(1) $(3x-y)^2$ (2) $(a+2b)(a-2b)$ (3) $(t-8)(t+4)$
(4) $\left(x - \dfrac{1}{3}y\right)^3$ (5) $(5x-2y)(4x+y)$ (6) $(a-b+c)^2$

例題 1.4 [因数分解]

次の式を因数分解してみましょう。

(1) x^2+6x+9 (2) $9a^2-4b^2$
(3) a^2+4a-5 (4) $12x^2-11x+2$
(5) t^3-3t^2+3t-1 (6) a^3+8b^3

○ 多項式をいくつかの多項式の積に分解することを**因数分解**といいます。

解 展開公式はそのまま因数分解の公式にもなります。

(1) 与式$=x^2+2\cdot x\cdot 3+3^2=(x+3)^2$

(2) 与式$=(3a)^2-(2b)^2=(3a+2b)(3a-2b)$

(3) 与式$=(a+5)(a-1)$

○ (3) a^2+4a-5
たして4，かけて−5となる2つの数をさがします。

(4) "たすきがけ"により因数を見つけると

$12x^2-11x+2 \quad =(4x-1)(3x-2)$

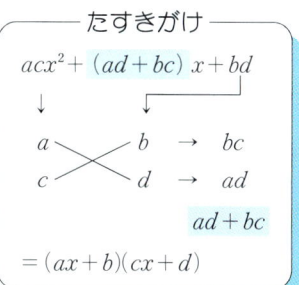

(5) 左頁の3乗の展開公式をよくみて

与式$=(t-1)^3$

(6) 与式$=a^3+(2b)^3$
$=(a+2b)\{a^2-a\cdot 2b+(2b)^2\}$
$=(a+2b)(a^2-2ab+4b^2)$

― たすきがけ ―

― 因数分解公式 ―

■ $a^3\pm b^3=(a\pm b)(a^2\mp ab+b^2)$ （複号同順）

― 展開公式 ―

たすきがけはいろいろな組合せをためしてみて。

問題 1.4（解答は p.131）

次の式を因数分解してください。

(1) $16x^2-9y^2$ (2) $t^2-6t-16$ (3) $15x^2-x-2$
(4) $x^2-10x+25$ (5) $27x^3-y^3$ (6) $a^3+6a^2+12a+8$

1. 数と式の計算

平方根の計算

$a>0$, $b>0$ のとき

- $(\sqrt{a})^2=a$
- $\sqrt{a}\sqrt{b}=\sqrt{ab}$
- $\dfrac{\sqrt{b}}{\sqrt{a}}=\sqrt{\dfrac{b}{a}}$
- $\sqrt{a^2 b}=a\sqrt{b}$
- $\dfrac{1}{\sqrt{a}}=\dfrac{\sqrt{a}}{a}$

展開公式

- $(a+b)^2=a^2+2ab+b^2$
- $(a+b)(a-b)=a^2-b^2$
- $(ax+b)(cx+d)$
  $=acx^2+(ad+bc)x+bd$

例題 1.5 [平方根]

次の式を計算してみましょう。

(1) $(\sqrt{3}-1)^2+\sqrt{27}$　　(2) $(3\sqrt{2}+\sqrt{3})(3\sqrt{2}-\sqrt{3})$

(3) $\dfrac{\sqrt{5}+\sqrt{2}}{\sqrt{5}-\sqrt{2}}$　　(4) $\dfrac{1}{(\sqrt{3}+\sqrt{6})^2}$

解 (1) 展開公式を使って

$$\text{与式}=\{(\sqrt{3})^2-2\cdot\sqrt{3}\cdot1+1^2\}+\sqrt{3^2\cdot3}$$
$$=3-2\sqrt{3}+1+3\sqrt{3}=\boxed{4+\sqrt{3}}$$

(2) 展開公式を使うと

$$\text{与式}=(3\sqrt{2})^2-(\sqrt{3})^2=9\cdot2-3=18-3=\boxed{15}$$

(3) 分母，分子に $(\sqrt{5}+\sqrt{2})$ をかけて分母を有理化すると

$$\text{与式}=\dfrac{(\sqrt{5}+\sqrt{2})(\sqrt{5}+\sqrt{2})}{(\sqrt{5}-\sqrt{2})(\sqrt{5}+\sqrt{2})}$$
$$=\dfrac{(\sqrt{5}+\sqrt{2})^2}{(\sqrt{5}-\sqrt{2})(\sqrt{5}+\sqrt{2})}$$

展開公式を使って計算すると

$$=\dfrac{(\sqrt{5})^2+2\cdot\sqrt{5}\cdot\sqrt{2}+(\sqrt{2})^2}{(\sqrt{5})^2-(\sqrt{2})^2}$$
$$=\dfrac{5+2\sqrt{10}+2}{5-2}=\boxed{\dfrac{7+2\sqrt{10}}{3}}$$

(4) 展開公式を使って分母を計算すると

$$\text{与式}=\dfrac{1}{(\sqrt{3})^2+2\cdot\sqrt{3}\cdot\sqrt{6}+(\sqrt{6})^2}=\dfrac{1}{3+2\sqrt{18}+6}$$
$$=\dfrac{1}{9+2\sqrt{3^2\cdot2}}=\dfrac{1}{9+2\cdot3\sqrt{2}}=\dfrac{1}{3(3+2\sqrt{2})}$$

分母，分子に $(3-2\sqrt{2})$ をかけて分母を有理化すると

$$=\dfrac{3-2\sqrt{2}}{3(3+2\sqrt{2})(3-2\sqrt{2})}=\dfrac{3-2\sqrt{2}}{3\{3^2-(2\sqrt{2})^2\}}$$
$$=\dfrac{3-2\sqrt{2}}{3(9-4\cdot2)}=\dfrac{3-2\sqrt{2}}{3(9-8)}=\boxed{\dfrac{3-2\sqrt{2}}{3}}\quad\text{（解終）}$$

問題 1.5（解答は p.131）

次の式を計算してください。

(1) $(\sqrt{3}-\sqrt{2})^2+\sqrt{24}$　　(2) $(\sqrt{5}-2\sqrt{2})(\sqrt{5}+2\sqrt{2})$　　(3) $\dfrac{2-\sqrt{5}}{5+\sqrt{5}}$

例題 1.6 [複素数]

次の複素数の計算をしてみましょう。

（1）　$(5+2i)(3-i)$　　（2）　$(4-3i)^2$

（3）　$\dfrac{3-2i}{3+2i}$　　（4）　$\dfrac{3}{1+i}+\dfrac{2}{1-i}$

i のきまり

- $i^2=-1$
- $\sqrt{-a}=\sqrt{a}\,i\quad(a>0)$

解　i は**虚数単位**（きょすうたんい）とよばれます。

（1）　まず展開公式を使って展開すると

$$与式=5\cdot3+\{5\cdot(-1)+2\cdot3\}i+2i\cdot(-i)=15+i-2i^2$$

$i^2=-1$ なので

$$=15+i-2\cdot(-1)=15+i+2=\boxed{17+i}$$

複素数（ふくそすう）とは
a+bi（a, b は実数）
と表わせる数のことよ。

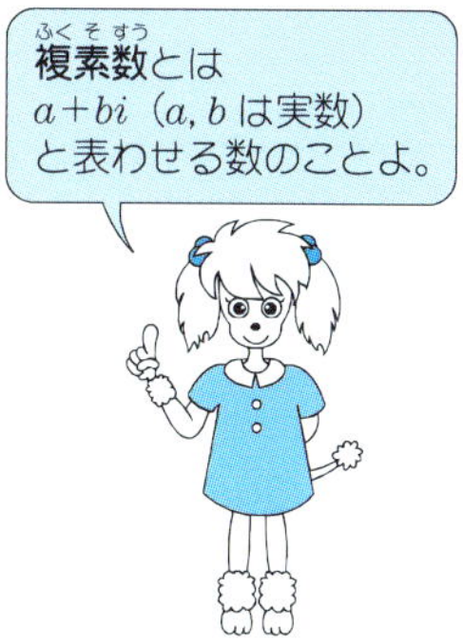

（2）　展開公式で展開して

$$与式=4^2-2\cdot4\cdot3i+(3i)^2=16-24i+9i^2$$

$$=16-24i+9\cdot(-1)=16-24i-9=\boxed{7-24i}$$

（3）　平方根の計算と同様に，分母，分子に $(3+2i)$ の**共役複素数**（きょうやくふくそすう）$(3-2i)$ をかけて計算すると

➡ $a+bi$ に対して $a-bi$ を共役複素数といいます。

$$与式=\frac{(3-2i)(3-2i)}{(3+2i)(3-2i)}=\frac{(3-2i)^2}{(3+2i)(3-2i)}$$

展開公式で展開して

$$=\frac{3^2-2\cdot3\cdot2i+(2i)^2}{3^2-(2i)^2}=\frac{9-12i+4\cdot i^2}{9-2^2\cdot i^2}$$

$$=\frac{9-12i+4\cdot(-1)}{9-4\cdot(-1)}=\frac{9-12i-4}{9+4}=\boxed{\frac{5-12i}{13}}$$

i の性質

- $i^2=-1$
- $i^3=i^2\cdot i=(-1)i=-i$
- $i^4=(i^2)^2=(-1)^2=1$

（4）　通分して

$$与式=\frac{3(1-i)+2(1+i)}{(1+i)(1-i)}=\frac{3-3i+2+2i}{1^2-i^2}$$

$$=\frac{5-i}{1-(-1)}=\boxed{\frac{5-i}{2}}$$

（解終）

問題 1.6 （解答は p. 132）

次の計算をしてください。

（1）　$(3-2i)(2+3i)$　　（2）　$\dfrac{5+2i}{5-2i}$　　（3）　$\dfrac{4}{2+i}-\dfrac{1}{2-i}$

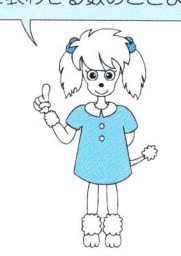

例題 1.7［分数式の計算］

次の**分数式**の計算をしてみましょう。

(1) $\dfrac{x-y}{x+y} \times \dfrac{x^2-y^2}{x^2-xy}$

(2) $\dfrac{3}{x+3} - \dfrac{1}{x-2}$

(3) $\dfrac{1}{x^2-3x+2} - \dfrac{1}{x^2-1}$

警告！

$$\dfrac{3}{x+3} \not= \dfrac{3}{x} + \dfrac{3}{3}$$

$$\dfrac{1}{x-2} \not= \dfrac{1}{x} - \dfrac{1}{2}$$

↑ 間違えやすい例をこのように「警告！」します。同じ間違えをしていないかよく注意してください。

解 分数式は**有理式**（ゆうりしき）ともよばれます。

(1) 因数分解ができるところはしておき，約分すると

$$\text{与式} = \dfrac{x-y}{x+y} \times \dfrac{(x+y)(x-y)}{x(x-y)} = \boxed{\dfrac{x-y}{x}}$$

(2) 通分して計算すると

$$\text{与式} = \dfrac{3(x-2)-(x+3)}{(x+3)(x-2)} = \dfrac{3x-6-x-3}{(x+3)(x-2)}$$

$$= \boxed{\dfrac{2x-9}{(x+3)(x-2)}}$$

(3) 分母を因数分解して通分すると

$$\text{与式} = \dfrac{1}{(x-2)(x-1)} - \dfrac{1}{(x+1)(x-1)}$$

$$= \dfrac{1\cdot(x+1)-1\cdot(x-2)}{(x-2)(x-1)(x+1)}$$

$$= \dfrac{x+1-x+2}{(x-2)(x-1)(x+1)}$$

$$= \boxed{\dfrac{3}{(x-2)(x-1)(x+1)}}$$

（解終）

共通分母を $(x-2)(x-1)^2(x+1)$ としてしまったら，あとで約分が必要よ。

問題 1.7（解答は p.132）

次の式を計算してください。

(1) $\dfrac{x^2-2x}{x^2-5x-6} \times \dfrac{x-6}{x-2}$

(2) $\dfrac{3}{x-3} + \dfrac{1}{x+1}$

(3) $\dfrac{3x-1}{x(x+1)} - \dfrac{x}{(x+1)(x-2)}$

例題 1.8［部分分数展開］

次の式をみたす定数 a, b, c を求めて，次の有理式を**部分分数**に展開してみましょう．

(1) $\dfrac{4}{(x-1)(x+3)} = \dfrac{a}{x-1} + \dfrac{b}{x+3}$

(2) $\dfrac{1}{x^2(x+1)} = \dfrac{a}{x} + \dfrac{b}{x^2} + \dfrac{c}{x+1}$

○「部分分数展開」は有理関数の積分やラプラス逆変換などに使われます．

【解】 右辺を通分し，分子が左辺と等しくなるように a, b, c を決めます．

(1) 右辺 $= \dfrac{a(x+3)+b(x-1)}{(x-1)(x+3)} = \dfrac{ax+3a+bx-b}{(x-1)(x+3)}$

$= \dfrac{(a+b)x+(3a-b)}{(x-1)(x+3)}$

この分子を左辺の分子と比較すると，

$\left.\begin{array}{l} a+b=0 \\ 3a-b=4 \end{array}\right\}$ これを解くと $\left\{\begin{array}{l} a=1 \\ b=-1 \end{array}\right.$

$\therefore \quad \dfrac{4}{(x-1)(x+3)} = \dfrac{1}{x-1} + \dfrac{-1}{x+3} = \boxed{\dfrac{1}{x-1} - \dfrac{1}{x+3}}$

(2) 右辺 $= \dfrac{ax(x+1)+b(x+1)+cx^2}{x^2(x+1)}$

(1)とは異なった方法で求めてみましょう．左辺と右辺の分子を比較すると

$1 = ax(x+1) + b(x+1) + cx^2$

ここで x に3つの適当な値を代入して，a, b, c の関係式を3つ求めます．

$\left.\begin{array}{ll} x=0 \text{ を代入} & 1=0+b+0 \\ x=-1 \text{ を代入} & 1=0+0+c \\ x=1 \text{ を代入} & 1=2a+2b+c \end{array}\right\}$ これを解くと $\left\{\begin{array}{l} a=-1 \\ b=1 \\ c=1 \end{array}\right.$

$\therefore \quad \dfrac{1}{x^2(x+1)} = \boxed{-\dfrac{1}{x} + \dfrac{1}{x^2} + \dfrac{1}{x+1}}$ （解終）

分母の因数で分数式を展開することを"部分分数展開"というのよ．

○ 通分するとき，分田に気をつけましょう．

○ 問題1.8のヒント

(1) 分田を因数分解しましょう．

(2) 与式 $= \dfrac{a}{x} + \dfrac{b}{x+1} + \dfrac{c}{(x+1)^2}$

(3) 与式 $= \dfrac{a}{x} + \dfrac{bx+c}{x^2+1}$

問題 1.8（解答は p.133）

次の式を部分分数展開してください．

(1) $\dfrac{6}{x^2+4x-5}$ (2) $\dfrac{1}{x(x+1)^2}$ (3) $\dfrac{1}{x(x^2+1)}$

10   1. 数と式の計算

例題 1.9［無理式の計算］

次の式を簡単にしてみましょう。

(1) $(x+\sqrt{1+x^2})(x-\sqrt{1+x^2})$ (2) $x+\dfrac{1}{x+\sqrt{x^2+1}}$

(3) $\dfrac{1}{x-\sqrt{x^2+1}}\left\{1-\dfrac{x}{\sqrt{x^2+1}}\right\}$

少し複雑な関数の微分や積分の計算に現われる式です。

警告！
$\sqrt{x^2+1} \neq \sqrt{x^2}+1$

解 上記のような式を**無理式**（むりしき）といいます。

平方根のときと同じように計算しましょう。

(1) 展開公式を使って計算すると

$$\text{与式}=x^2-(\sqrt{1+x^2})^2=x^2-(1+x^2)$$
$$=x^2-1-x^2=\boxed{-1}$$

(2) まず第 2 項の分母と分子に $(x-\sqrt{x^2+1})$ をかけて有理化すると

$$\text{与式}=x+\dfrac{x-\sqrt{x^2+1}}{(x+\sqrt{x^2+1})(x-\sqrt{x^2+1})}$$
$$=x+\dfrac{x-\sqrt{x^2+1}}{x^2-(\sqrt{x^2+1})^2}=x+\dfrac{x-\sqrt{x^2+1}}{x^2-(x^2+1)}$$
$$=x+\dfrac{x-\sqrt{x^2+1}}{-1}=x-(x-\sqrt{x^2+1})$$
$$=x-x+\sqrt{x^2+1}=\boxed{\sqrt{x^2+1}}$$

気をつけてね。

(3) ｛ ｝の中を通分してから計算すると

$$\text{与式}=\dfrac{1}{x-\sqrt{x^2+1}}\times\dfrac{\sqrt{x^2+1}-x}{\sqrt{x^2+1}}$$
$$=\dfrac{1}{x-\sqrt{x^2+1}}\times\dfrac{-(x-\sqrt{x^2+1})}{\sqrt{x^2+1}}$$
$$=\boxed{-\dfrac{1}{\sqrt{x^2+1}}}$$

分母が比較的簡単な無理式なら有理化しなくてもかまいません。

(解終)

問題 1.9 （解答は p.134）

次の式を計算してください。

(1) $\dfrac{1}{\sqrt{x^2+1}+x}-\dfrac{1}{\sqrt{x^2+1}-x}$ (2) $\dfrac{1+\dfrac{x}{\sqrt{1-x^2}}}{x+\sqrt{1-x^2}}$

⟨2⟩ 方程式

例題 1.10 [連立 1 次方程式]

次の**連立 1 次方程式**を解いてみましょう。

(1) $\begin{cases} x+y=2 & ① \\ 3x-y=0 & ② \end{cases}$ (2) $\begin{cases} a+2b+c=3 & ① \\ 2a+b-2c=1 & ② \\ -a+3b+3c=0 & ③ \end{cases}$

○ 方程式において，これから求めようとする値
  (1)では x と y
  (2)では a, b, c
を**未知数**といいます。

解 各式に上のように番号をつけておきます。係数をよくながめて，どの未知数をはじめに消去するか，方針をたてましょう。

(1) ①+② より $4x=2$ ∴ $x=\dfrac{1}{2}$

①へ代入して $\dfrac{1}{2}+y=2$ $y=2-\dfrac{1}{2}=\dfrac{4-1}{2}=\dfrac{3}{2}$

以上より $\boxed{x=\dfrac{1}{2},\ y=\dfrac{3}{2}}$

(2) たとえば a を消去する方針で解くと

①+③ より $5b+4c=3$ ④
③×2 より $-2a+6b+6c=0$ ⑤
②+⑤ より $7b+4c=1$ ⑥

④と⑥を連立させて，b と c の値を求めます。

⑥－④ より $2b=-2 \to b=-1$
⑥へ代入して $7\cdot(-1)+4c=1 \to -7+4c=1$
$\to 4c=8 \to c=2$

①へ $b=-1, c=2$ を代入すると
$a+2\cdot(-1)+2=3 \to a-2+2=3 \to a=3$

以上より $\boxed{a=3,\ b=-1,\ c=2}$ （解終）

『線形代数』ではもっと一般の連立 1 次方程式を勉強しま～す。解が無数にある場合や，解がない場合もあるのよ。

問題 1.10 (解答は p.134)

次の連立 1 次方程式を解いてください。

(1) $\begin{cases} 3a+2b=-2 & ① \\ 6a+5b=-6 & ② \end{cases}$ (2) $\begin{cases} x+4y+3z=7 & ① \\ -2x+y+z=1 & ② \\ 3x-y-2z=2 & ③ \end{cases}$

1. 数と式の計算

n 次方程式（＝代数方程式）は複素数まで考えると必ず n 個の解を持ちます。

---**2次方程式**---

- $ax^2+bx+c=0$ の解
$$x=\frac{-b\pm\sqrt{b^2-4ac}}{2a}$$
- $ax^2+2b'x+c=0$ の解
$$x=\frac{-b'\pm\sqrt{b'^2-ac}}{a}$$

---解の公式---

---**警告！**---

$\sqrt{-2}=\sqrt{2}\,i$
$\sqrt{-2}\neq\sqrt{2}\,i$

---**因数定理**---

$P(a)=0$ なら，多項式 $P(x)$ は $(x-a)$ で割り切れる。

$$\begin{array}{r}x^2+3x+2\\x-1\overline{)x^3+2x^2-x-2}\\\underline{x^3-x^2}\\3x^2-x\\\underline{3x^2-3x}\\2x-2\\\underline{2x-2}\\0\end{array}$$

例題 1.11 [代数方程式]

次の方程式の解をすべて求めてみましょう。

(1) $3x^2+2x-1=0$　　(2) $3x^2+x-1=0$
(3) $3x^2+2x+1=0$　　(4) $x^3+2x^2-x-2=0$
(5) $x^4-x=0$

解　まず，因数分解ができるかどうか考えましょう。

(1) たすきがけで因数分解すると
$$(3x-1)(x+1)=0$$
$$\therefore\ x=\boxed{\frac{1}{3},\ -1}$$

$$\begin{array}{ccc}3&&-1\to -1\\&\times&\\1&&1\to\ \ 3\\\hline&&2\end{array}$$

(2) 整数を使っての因数分解はできないので解の公式を使うと
$$x=\frac{-1\pm\sqrt{1^2-4\cdot 3\cdot(-1)}}{2\cdot 3}=\frac{-1\pm\sqrt{1+12}}{6}=\boxed{\frac{-1\pm\sqrt{13}}{6}}$$

(3) これも整数で因数分解できません。
$3x^2+2\cdot 1x+1=0$ なので，b' の方の解の公式を使うと
$$x=\frac{-1\pm\sqrt{1^2-3\cdot 1}}{3}=\frac{-1\pm\sqrt{-2}}{3}=\boxed{\frac{-1\pm\sqrt{2}\,i}{3}}$$

(4) 因数をさがしましょう。
$P(x)=x^3+2x^2-x-2$ とおいて $P(a)=0$ となる a をさがします。
$$P(1)=1^3+2\cdot 1^2-1-2=0$$
なので因数定理より $P(x)$ は $(x-1)$ を因数にもちます。$P(x)$ を $(x-1)$ で割って他の因数を求めると
$$P(x)=(x-1)(x^2+3x+2)=(x-1)(x+1)(x+2)$$
これより $P(x)=0$ の解は　$x=\boxed{1,\ -1,\ -2}$

(5) 因数分解の公式を使って
$$x^4-x=x(x^3-1)=x(x-1)(x^2+x+1)=0$$
これより　$x=0,\ x-1=0,\ x^2+x+1=0$
2次方程式は解の公式を用いると
$$x=\frac{-1\pm\sqrt{1^2-4\cdot 1\cdot 1}}{2}=\frac{-1\pm\sqrt{-3}}{2}=\frac{-1\pm\sqrt{3}\,i}{2}$$
$$\therefore\ x=\boxed{0,\ 1,\ \frac{-1\pm\sqrt{3}\,i}{2}}$$
（解終）

問題 1.11（解答は p.134）

次の方程式の解をすべて求めてください。

(1) $3x^2-7x-6=0$　(2) $3x^2-6x-1=0$　(3) $3x^2-3x+1=0$　(4) $x^4-x^3+2x=0$

❷ 関数とグラフ

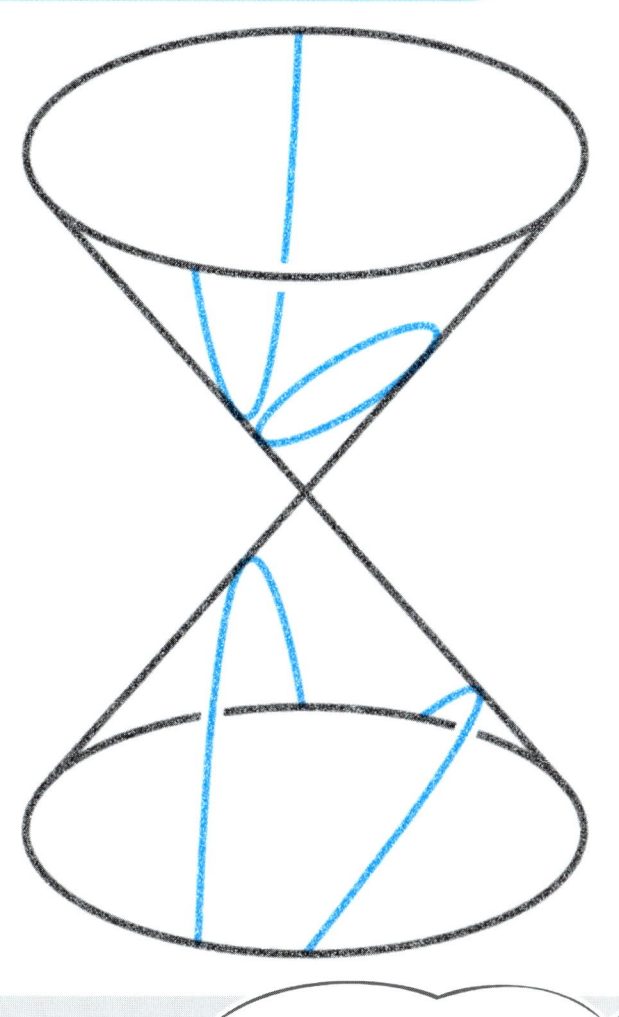

円錐を切ると放物線, 楕円, 双曲線が現われます。

⟨0⟩ 関　数

x は実数の値のみ考えます ➡

x をいろいろな値をとる**変数**とします。

各 x に対してそれぞれ1つの値 y を対応させる関係
$$x \longmapsto y$$
があるとき
$$y \text{ は } x \text{ の 関数である}$$
といい，

function（関数）の f ➡

$$y = f(x)$$
とかきます。この表示は

　　y の値は x によって決定されますよ

という意味です。

　　$y = f(x)$ と表わされているとき
　　　　x を**独立変数**
　　　　y を**従属変数**
といいます。また
　　　　x のとる値の範囲を**定義域**
　　　　それに従って y のとる値の範囲を**値域**
といいます。特に指定のない限り，定義域はなるべく広くとるのが普通です。

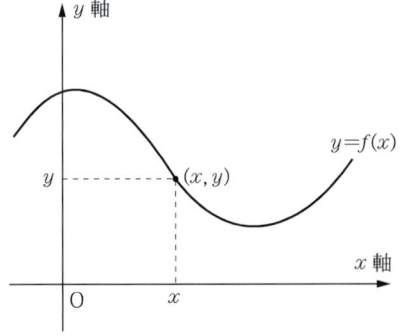

　　関数 $y = f(x)$ について，対応している x と y の値の組 (x, y) を xy 座標平面上に点として表示したとき，それらの点全体を
　　　　関数 $y = f(x)$ の**グラフ**
といいます。

　　この章ではグラフが
　　　　直線，放物線，円，楕円，双曲線
となる関数について勉強していきましょう。

⟨1⟩ 直線

y が x の1次式
$$y = ax + b$$
で表わされる関数は **1次関数** とよばれます。

この関数のグラフは右のような **直線** となり

a は **傾き**，　b は **y 切片**

を表わしています。

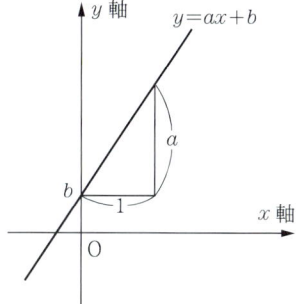

また特に

　y 軸に平行な直線　$x = p$
　x 軸に平行な直線　$y = q$

とかくことができます。

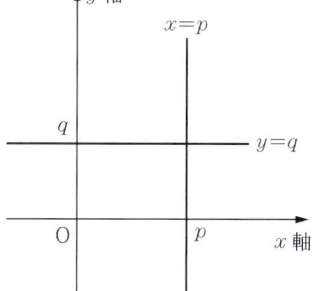

例題 2.1 [直線]

次の関数のグラフを描いてみましょう。
① $y = 2x$　② $y = -x + 3$　③ $2x + 4y = 1$
④ $x = 1$　⑤ $y = -2$

解　③は $y = -\dfrac{1}{2}x + \dfrac{1}{4}$ と変形してから描きましょう。①〜⑤の
グラフは下の通り。

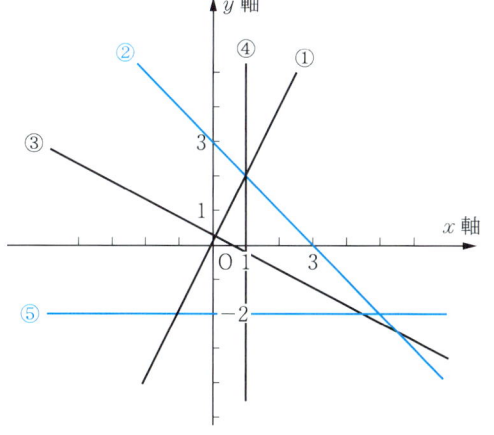

グラフを描くときは
軸の名前と原点 O，目盛り
を忘れないでね。

- x 軸の方程式：$y = 0$
- y 軸の方程式：$x = 0$

（解終）

問題 2.1（解答は p.135）

次の関数のグラフを描いてください。
① $y = -3x$　② $y = x - 2$　③ $5x - 3y = -6$　④ $2y = 7$　⑤ $x = -4$

⟨2⟩ 放物線

y が x の2次式
$$y = ax^2 + bx + c \quad (a \neq 0)$$
で表わされる関数は **2次関数** とよばれます。

上の式を変形して標準形
$$y = a(x-p)^2 + q$$
の形に直しておくと, グラフは

頂点 (p, q)

$a > 0$ のときは **下に凸**

$a < 0$ のときは **上に凸**

の**放物線**となることがわかります。

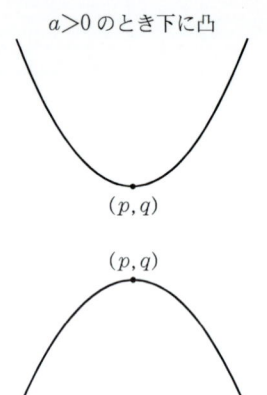

$a > 0$ のとき下に凸

(p, q)

(p, q)

$a < 0$ のとき上に凸

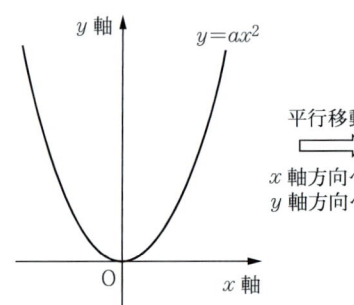

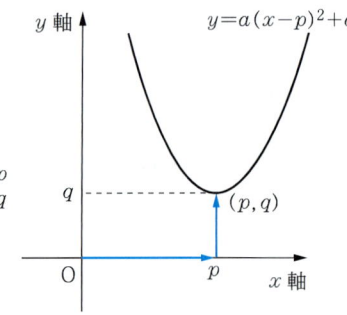

平行移動
x 軸方向へ p
y 軸方向へ q

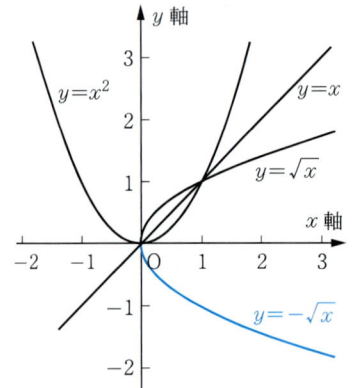

$y = x^2$ のグラフを直線 $y = x$ について対称に移すと, 変数 x と変数 y が入れかわって $x = y^2$ という方程式をもった関数となります。これを "$y =$" にかき直すと $y = \pm\sqrt{x}$ となります。つまり, 横向きの放物線の

上半分は　$y = \sqrt{x}$

下半分は　$y = -\sqrt{x}$

という式をもちます。

例題 2.2 [放物線 1]

次の放物線を描いてみましょう。

① $y = x^2 - 4$　　② $y = -x^2 + 4x$　　③ $y = 2x^2 - 2x + 1$

放物線
$y = a(x-p)^2 + q$
- 頂点 (p, q)
- $a > 0$ のとき下に凸
- $a < 0$ のとき上に凸

[解] 頂点の座標がわかるように，式を平方完成して標準形に直しておきます。

① $y = (x-0)^2 - 4$ なので，頂点は $(0, -4)$。
この頂点から $y = x^2$ のグラフを描きます（下図①）。

② 標準形に変形すると
$$y = -(x^2 - 4x) = -\{(x-2)^2 - 2^2\} = -(x-2)^2 + 4$$
これより，頂点の座標は $(2, 4)$。
ここから $y = -x^2$ の放物線を描きます（下図②）。

③ 標準形に直すと
$$y = 2(x^2 - x) + 1 = 2\left\{\left(x - \frac{1}{2}\right)^2 - \left(\frac{1}{2}\right)^2\right\} + 1$$
$$= 2\left\{\left(x - \frac{1}{2}\right)^2 - \frac{1}{4}\right\} + 1 = 2\left(x - \frac{1}{2}\right)^2 - 2 \times \frac{1}{4} + 1$$
$$= 2\left(x - \frac{1}{2}\right)^2 + \frac{1}{2}$$

これより頂点は $\left(\dfrac{1}{2}, \dfrac{1}{2}\right)$。

ここから $y = 2x^2$ のグラフを描きます（下図③）。

平方完成
$$ax^2 + bx + c \quad (a \neq 0)$$
$$= a\left(x^2 + \frac{b}{a}x\right) + c$$
$$= a\left\{\left(x + \frac{b}{2a}\right)^2 - \left(\frac{b}{2a}\right)^2\right\} + c$$
$$= a\left(x + \frac{b}{2a}\right)^2 - a\left(\frac{b}{2a}\right)^2 + c$$

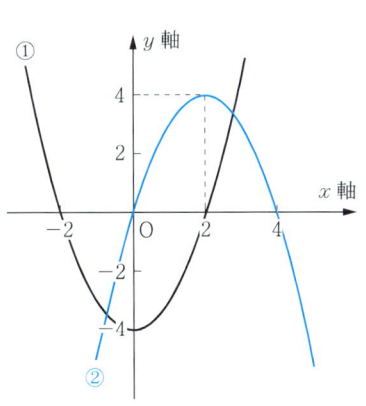
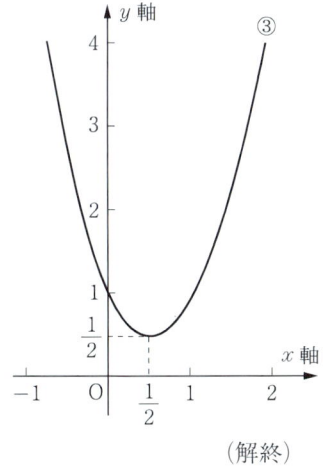

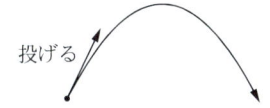
投げる

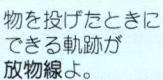

物を投げたときにできる軌跡が**放物線**よ。

（解終）

問題 2.2 （解答は p.135）

次の放物線を描いてください。

① $y = -x^2 + 2$　　② $y = -x^2 + 2x$　　③ $y = \dfrac{1}{2}x^2 + x + \dfrac{1}{2}$

18   2. 関数とグラフ

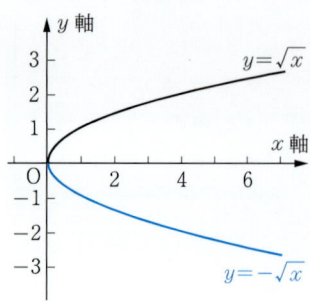

例題 2.3 [放物線 2]

次の関数のグラフを描いてみましょう。

① $y=\sqrt{x-1}$ ② $y=-\sqrt{x+2}$ ③ $y^2=4x$

解 まず基本の関数 $y=\sqrt{x}$ と $y=-\sqrt{x}$ のグラフを確認しましょう。

$y=\sqrt{x}$　：左図，横になった放物線の上半分

$y=-\sqrt{x}$　：左図，横になった放物線の下半分

①，②の式を見て，どちらのグラフをどのように平行移動させたらよいかを考えます。

① $y=\sqrt{x}$ のグラフを「右へ1」平行移動させれば，$y=\sqrt{x-1}$ のグラフとなります（下図①）。

② $y=-\sqrt{x+2}=-\sqrt{x-(-2)}$ なので $y=-\sqrt{x}$ のグラフを

「右（x 軸方向）へ -2」＝「左へ2」

平行移動させれば求めるグラフになります（下図②）。

③ $x=\dfrac{1}{4}y^2$ と変形されるので，$y=\dfrac{1}{4}x^2$ のグラフを $y=x$ について対称に移したグラフとなります。$y=2\sqrt{x}$，$y=-2\sqrt{x}$ のグラフを合わせた曲線です（下図③）。

平行移動

$y=f(x)$

平行移動 $\begin{cases} x\text{ 軸方向へ } p \\ y\text{ 軸方向へ } q \end{cases}$

$y-q=f(x-p)$

警告！

$\sqrt{x-1} \neq \sqrt{x}-1$

こんな変形をしてはダメよ。

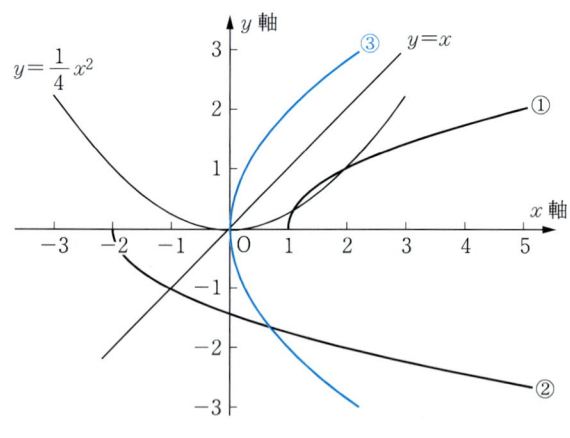

（解終）

🌸🌸 **問題 2.3** （解答は p.136） 🌸🌸🌸🌸🌸🌸🌸🌸🌸🌸🌸🌸🌸🌸

次の関数のグラフを描いてください。

① $y=\sqrt{x+2}$ ② $y=-\sqrt{x-3}$ ③ $x=4y^2$

〈3〉 円

中心が原点 O $(0,0)$，半径 r の円の方程式は
$$x^2+y^2=r^2$$
です。この式を "$y=$" の形に直すと
$$y^2=r^2-x^2 \quad より \quad y=\pm\sqrt{r^2-x^2}$$
となるので厳密には
$$y=\sqrt{r^2-x^2} \quad :右図，上半分のグラフ$$
$$y=-\sqrt{r^2-x^2} \quad :右図，下半分のグラフ$$
となります。

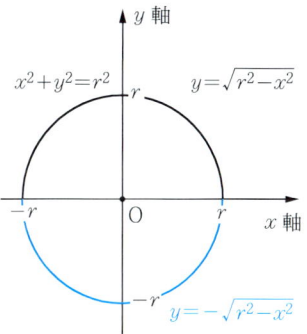

$x^2+y^2=r^2$ のグラフを
  x 軸方向へ p
  y 軸方向へ q
平行移動させると
$$(x-p)^2+(y-q)^2=r^2$$
つまり，これが中心 (p,q)，半径 r の円の方程式です。

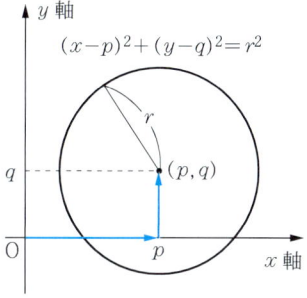

例題 2.4 [円]

次の方程式をもつ円を描いてみましょう。
① $x^2+y^2=4$ ② $(x-1)^2+y^2=1$
③ $x^2+y^2+2x-2y=2$

解 ① 中心 $(0,0)$，半径 2 の円。
② 中心 $(1,0)$，半径 1 の円。
③ x と y を別々に平方完成すると
$(x^2+2x)+(y^2-2y)=2$
$\{(x+1)^2-1^2\}+\{(y-1)^2-1^2\}=2$
$(x+1)^2+(y-1)^2=4$
これより中心 $(-1,1)$，半径 2 の円となることがわかります（右図③）。

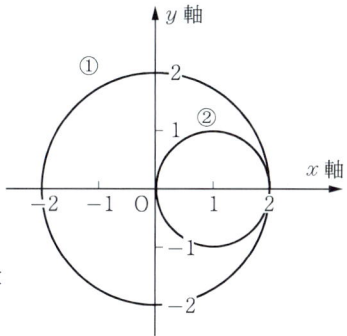
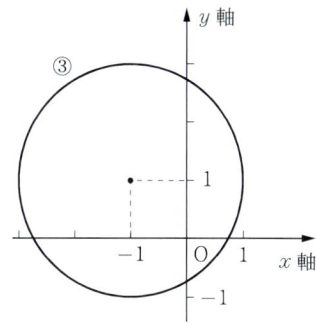

（解終）

問題 2.4 （解答は p.136）

次の方程式をもつ円を描いてください。
① $x^2+y^2=9$ ② $(x+2)^2+(y-1)^2=5$ ③ $x^2-6x+y^2+4y=3$

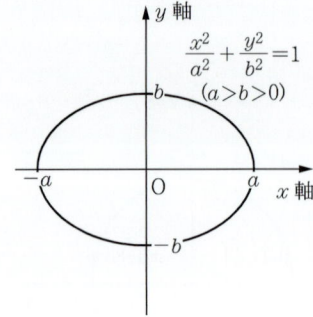

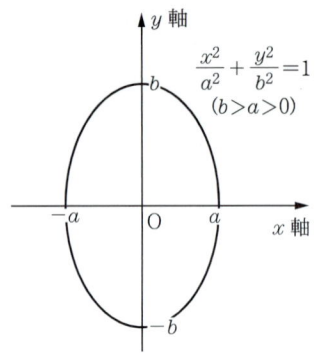

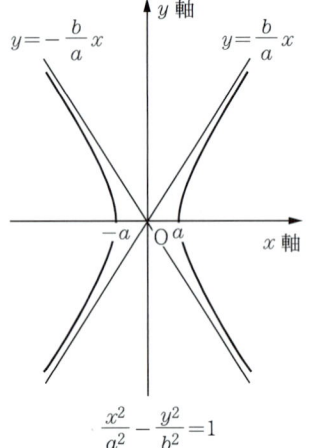

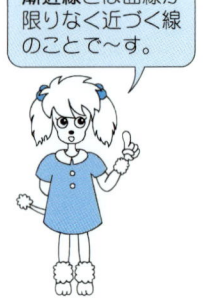

〈4〉 楕円と双曲線

次の関係式をみたす点 (x, y) の集まりを**楕円**（だえん）といいます。

$$\frac{x^2}{a^2}+\frac{y^2}{b^2}=1 \quad (a>0,\ b>0)$$

$a>b$ のときは，横長の楕円（左上図）

$b>a$ のときは，縦長の楕円（左下図）

となります。

次の関係式をみたす点 (x, y) の集まりを**双曲線**（そうきょくせん）といいます $(a>0,\ b>0)$。

$\dfrac{x^2}{a^2}-\dfrac{y^2}{b^2}=1$　：左右に分かれた双曲線（下図左）

漸近線は $y=\pm\dfrac{b}{a}x$

$\dfrac{x^2}{a^2}-\dfrac{y^2}{b^2}=-1$　：上下に分かれた双曲線（下図右）

漸近線は $y=\pm\dfrac{b}{a}x$

$xy=k$　：直角双曲線（一番下の図２つ）

漸近線は x 軸と y 軸

$$\frac{x^2}{a^2}-\frac{y^2}{b^2}=1$$

$$\frac{x^2}{a^2}-\frac{y^2}{b^2}=-1$$

$xy=k \quad (k>0)$

$xy=k \quad (k<0)$

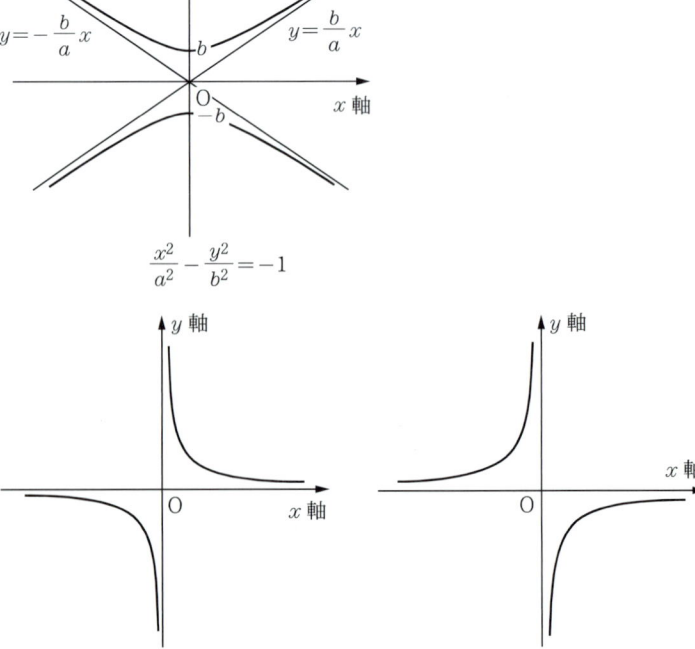

〈4〉 楕円と双曲線　　21

例題 2.5 [楕円と双曲線]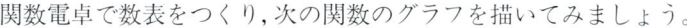

関数電卓で数表をつくり，次の関数のグラフを描いてみましょう。

① $\dfrac{x^2}{9}+\dfrac{y^2}{4}=1$　② $\dfrac{x^2}{4}-\dfrac{y^2}{9}=1$　③ $xy=1$

x	$y=\pm\dfrac{2}{3}\sqrt{9-x^2}$
± 3	0
± 2.5	± 1.1055
± 2	± 1.4907
± 1.5	± 1.7320
± 1	± 1.8856
± 0.5	± 1.9720
0	± 2

解 ① $\dfrac{x^2}{3^2}+\dfrac{y^2}{2^2}=1$ より " $y=$ " に直すと

$$\dfrac{y^2}{2^2}=1-\dfrac{x^2}{3^2} \longrightarrow \left(\dfrac{y}{2}\right)^2=\dfrac{1}{3^2}(3^2-x^2)$$

$$\longrightarrow \dfrac{y}{2}=\pm\dfrac{1}{3}\sqrt{9-x^2}$$

$$\therefore\ y=\pm\dfrac{2}{3}\sqrt{9-x^2}\quad (9-x^2\geqq 0\ \text{より}\ -3\leqq x\leqq 3)$$

この表示を使って，何点か座標を求め（右上の数表），なめらかにつなぐと下図①の楕円が描けます。

x	$y=\pm\dfrac{3}{2}\sqrt{x^2-4}$
± 2	0
± 3	± 3.3541
± 4	± 5.1961
± 5	± 6.8738
± 6	± 8.4852
⋮	⋮

② $\dfrac{x^2}{2^2}-\dfrac{y^2}{3^2}=1$ より，①と同様に " $y=$ " に直すと

$$\left(\dfrac{y}{3}\right)^2=\dfrac{1}{2^2}(x^2-2^2) \longrightarrow y=\pm\dfrac{3}{2}\sqrt{x^2-4}\ \begin{pmatrix} x^2-4\geqq 0\ \text{より} \\ x\leqq -2,\ 2\leqq x \end{pmatrix}$$

この式より何点か座標を求め（右中の数表），なめらかにつなぐと下図②の双曲線が描けます。漸近線は $y=\pm\dfrac{3}{2}x$ です。

③ $y=\dfrac{1}{x}$ なので，何点か求め（右下の数表），グラフを描くと右下図③のような直角双曲線となります。

x	$y=\dfrac{1}{x}$
0	$\pm\infty$
⋮	⋮
± 0.2	± 5
± 0.5	± 2
± 1	± 1
± 1.5	± 0.6666
± 2	± 0.5
± 3	± 0.3333
⋮	⋮
$\pm\infty$	0

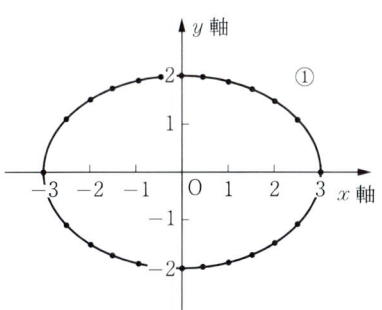

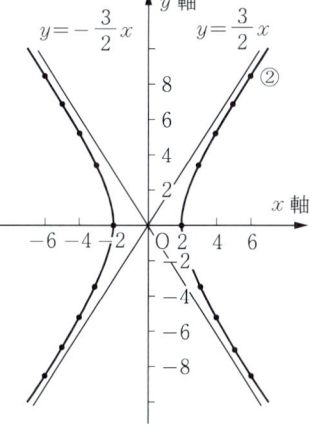

（小数第 5 位以下切り捨て，最後の数表のみ複号同順）

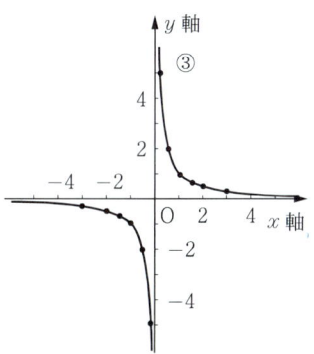

問題 2.5（解答は p.136）

関数電卓で数表をつくり，次の関数のグラフを描いてください。

① $\dfrac{x^2}{4}+y^2=1$　② $x^2-y^2=-1$　③ $xy=-2$

〈5〉 不 等 式

例題 2.6 [2 次不等式]

次の不等式をみたす x の範囲を求めてみましょう。

(1) $x^2-2x>0$ 　　(2) $x^2-2x-3\leqq 0$

解 2次不等式は放物線を利用して解きましょう。

(1) $y=x^2-2x$ とおき，この放物線の概形をかきます。

$y>0$ となる範囲を求めたいので，$y=0$ となる x，つまり放物線と x 軸との交点を求めると

$$x^2-2x=0 \quad \text{より} \quad x(x-2)=0 \quad \therefore \quad x=0,\ 2$$

グラフは左下のようになります。

したがって $y>0$ となる x の範囲は　　$x<0,\ 2<x$

(2) $y=x^2-2x-3=(x-3)(x+1)$ なので，この放物線のグラフは右下のようになります。これより $y\leqq 0$ となる x の範囲は

$$-1\leqq x\leqq 3$$

（解終）

グラフ上で
- ● は範囲に含まれ
- ○ は範囲に含まれない

ことを示しています。

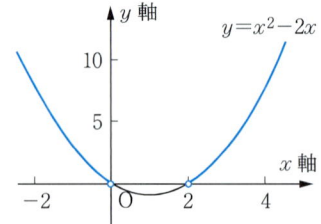
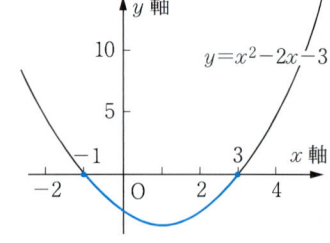

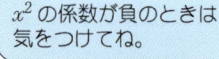
x^2 の係数が負のときは気をつけてね。

問題 2.6 （解答は p.137）

次の不等式をみたす x の範囲を求めてください。

(1) $x^2+4x\leqq 0$ 　　(2) $-x^2-x+6<0$

次は x と y を含んだ式 $f(x, y)$ についての不等式を考えましょう。
不等式
$$f(x, y) > 0 \quad \text{または} \quad f(x, y) \geqq 0$$
をみたす点 (x, y) 全体の集合を，この不等式の表わす領域といいます。また，この領域に対し
$$f(x, y) = 0$$
をみたす点 (x, y) 全体の集合，つまり $f(x, y) = 0$ のグラフを，その領域の境界といいます。

領域は**重積分**などで使いま〜す。

$f(x, y)$ が x と y の多項式ならば，x と y の連続的な変化につれて $f(x, y)$ も連続的に変化します。したがって，境界に属さないある点 (p, q) について，不等式をみたすかどうか調べれば求める領域がわかります。つまり $f(x, y)$ に $x = p$, $y = q$ を代入し

 不等式をみたせば，点 (p, q) の属す側

 不等式をみたさなければ，点 (p, q) の属さない側

が不等式の表わす領域となります。

一般的に境界が直線，放物線，円の場合には，下のような領域をもっています。

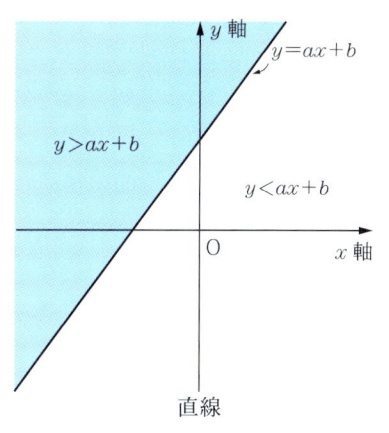

直線

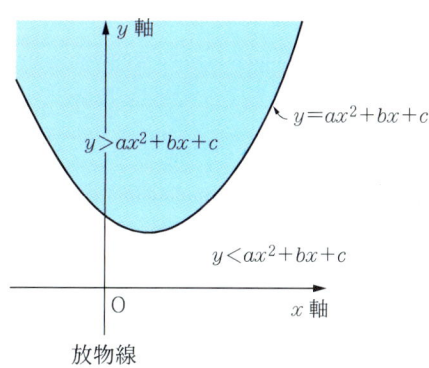

放物線

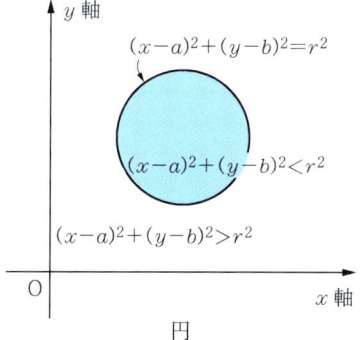

円

例題 2.7 [領域]

(1) 次の不等式の表わす領域を図示してみましょう。
   ① $x+y<2$ ② $y \geq x^2$
(2) (1)の①②を同時にみたす領域を図示してみましょう。

解 まず，それぞれの境界となる直線または曲線を描き，次に境界上にない点について不等式をみたすかどうか調べましょう。

(1) ① 境界は $x+y=2$ の直線。変形すると
$$y = -x + 2$$
この直線を描いておき，境界上にない点，たとえば点 $(0,0)$ について不等式が成立するかしないか調べてみます。$x=0,\ y=0$ を代入すると
$$0+0<2$$
この式は成立するので，点 $(0,0)$ の属する側が求める領域です。左図上の色をつけた部分となります。ただし境界は含みません。

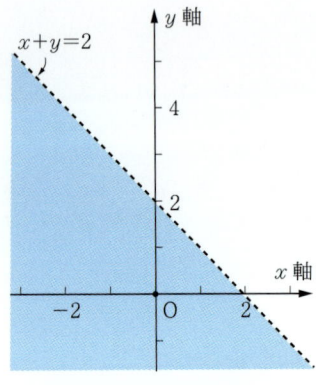

② 境界は $y=x^2$ の放物線。

点 $(0,0)$ は境界上にあるので他の点で調べましょう。たとえば点 $(1,0)$ について調べると，$x=1,\ y=0$ を代入して
$$0 > 1^2$$
この不等号は成立しないので，点 $(1,0)$ の属さない側が求める領域です。左図中の色の部分です。ただし境界も含みます。

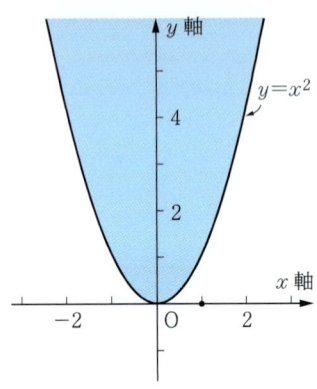

(2) ①②を同時にみたす点 (x,y) の集合なので，①と②の領域の共通部分をとります。境界に気をつけましょう。

求める領域は左図下のようになります。ただし実線は含み，点線，白丸の点は含みません。 (解終)

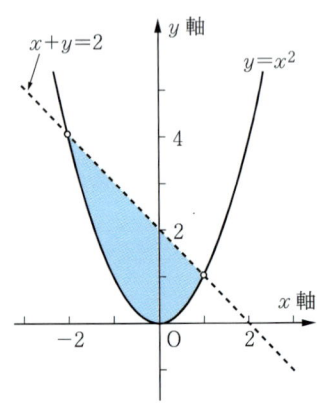

問題 2.7 (解答は p.137)

(1) 次の不等式の表わす領域を図示してください。
   ① $x \leq 2y$ ② $(x-1)^2 + (y-2)^2 \leq 5$
(2) (1)の①と②を同時にみたす領域を図示してください。

❸ 三角関数

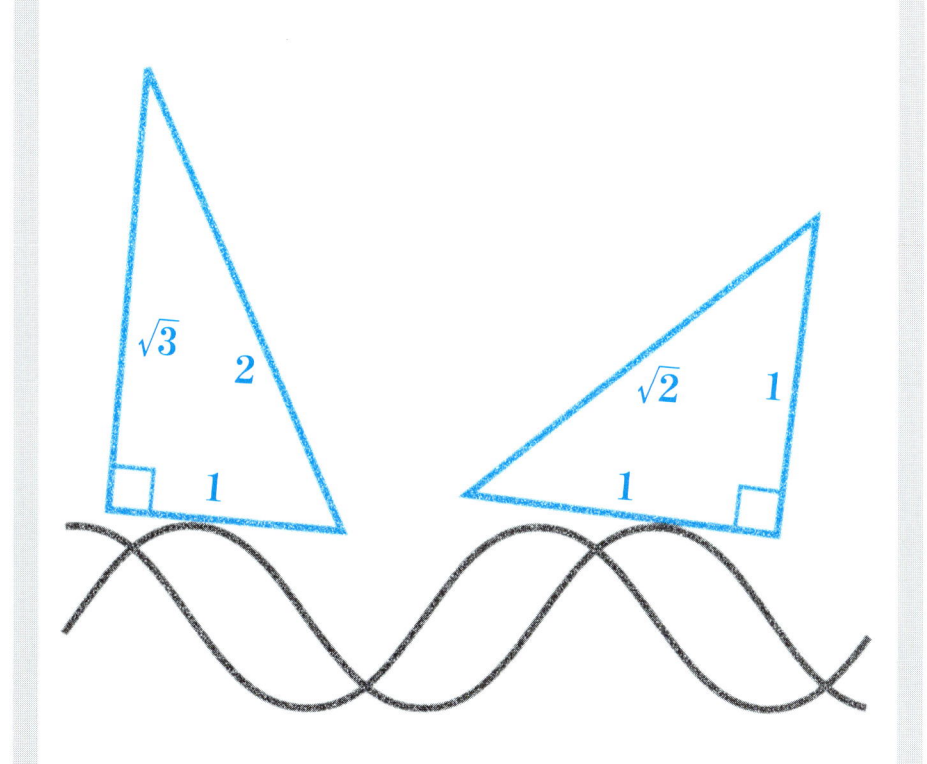

三角比はB.C.2世紀頃の
ギリシア天文学で考え出されたそうよ。
苦手な人が多いけど
現在でも大切な関数で〜す。

〈1〉 三 角 比

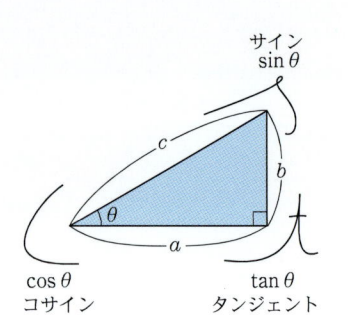

三角比を思い出しましょう。
左の直角三角形において，各辺3つの比の値
$$\sin\theta=\frac{b}{c}, \quad \cos\theta=\frac{a}{c}, \quad \tan\theta=\frac{b}{a}$$
を角 θ の**三角比**というのでした。

■ 例題 3.1［三角比］

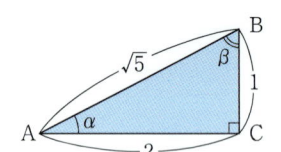

（1） 左の直角三角形 ABC において次の三角比の値を求めてみましょう。

$\sin\alpha, \quad \cos\alpha, \quad \tan\alpha$
$\sin\beta, \quad \cos\beta, \quad \tan\beta$

（2） 次の三角比の値を求めてみましょう。

$\sin 30°, \quad \cos 60°, \quad \tan 45°$

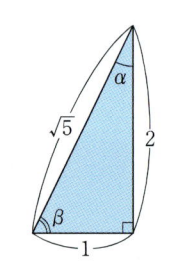

解 （1） α の三角比の値はすぐに求まります。

$$\sin\alpha=\boxed{\frac{1}{\sqrt{5}}}, \quad \cos\alpha=\boxed{\frac{2}{\sqrt{5}}}, \quad \tan\alpha=\boxed{\frac{1}{2}}$$

β の方はわかりにくかったら三角形をひっくり返し，かき直して求めましょう。

$$\sin\beta=\boxed{\frac{2}{\sqrt{5}}}, \quad \cos\beta=\boxed{\frac{1}{\sqrt{5}}}, \quad \tan\beta=\frac{2}{1}=\boxed{2}$$

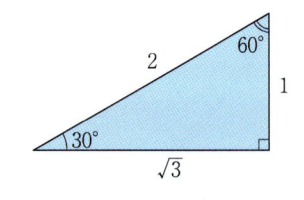

（2） 30°，60°，45° の三角比の値は特別な直角三角形のもつ各辺の比より求めることができます。

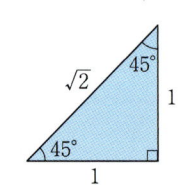

$$\sin 30°=\boxed{\frac{1}{2}}, \quad \cos 60°=\boxed{\frac{1}{2}}, \quad \tan 45°=\frac{1}{1}=\boxed{1} \quad \text{（解終）}$$

❖ 問題 3.1（解答は p. 138）

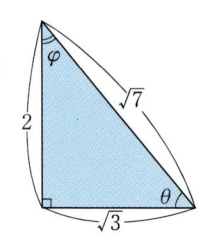

（1） 右の直角三角形において，次の三角比の値を求めてください。

$\sin\theta, \quad \cos\theta, \quad \tan\theta, \quad \sin\varphi, \quad \cos\varphi, \quad \tan\varphi$

（2） 次の三角比の値を求めてください。

$\sin 45°, \quad \cos 30°, \quad \tan 60°$

〈2〉 ラジアン単位と一般角

角の大きさを表わす新しい単位を導入しましょう。

これは、いままでの"度（°）"の単位で表わされた数字は角だけにしか使えず、一般の長さなどを表わす数字と直接には関連づけられないからです。

半径1の円Oを考えます。

円周上に2点A, Bをとり、"弧ABの長さ＝θ"のとき

$$\angle AOB = \theta \text{ ラジアン}$$

と定義します。この表わし方は、角の大きさを弧の長さで表わすので**弧度法**（**ラジアン単位**）とよばれます。単位"ラジアン"は普通省略しますが、かきたいときは数値の右肩に"rad"とかきます。

半径1の円の円周の長さは"直径×π＝2π"なので

$$360° = 2\pi \quad \text{つまり} \quad 180° = \pi$$

という関係が成立します。

この関係式より

$$1° = \left(\frac{\pi}{180}\right)^{\text{rad}}, \quad 1^{\text{rad}} = \left(\frac{180}{\pi}\right)°$$

となります。

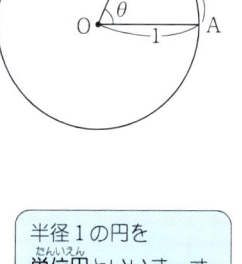

> 半径1の円を**単位円**といいま〜す。

例題 3.2 ［ラジアン］

次の角の単位を、度（°）はラジアンに、ラジアンは度（°）にかえてみましょう。

(1) 30°　(2) 150°　(3) $\frac{\pi}{4}$　(4) $\frac{2}{3}\pi$

【解】°とラジアンの関係式を使うと

(1) $30° = 30 \times \frac{\pi}{180} = \boxed{\frac{\pi}{6}}$　(2) $150° = 150 \times \frac{\pi}{180} = \boxed{\frac{5}{6}\pi}$

(3) $\frac{\pi}{4} = \frac{1}{4} \times 180° = \boxed{45°}$　(4) $\frac{2}{3}\pi = \frac{2}{3} \times 180° = \boxed{120°}$

（解終）

問題 3.2 （解答は p.138）

度（°）はラジアンに、ラジアンは度（°）にかえてください。

(1) 60°　(2) 270°　(3) $\frac{3}{4}\pi$　(4) $\frac{7}{6}\pi$

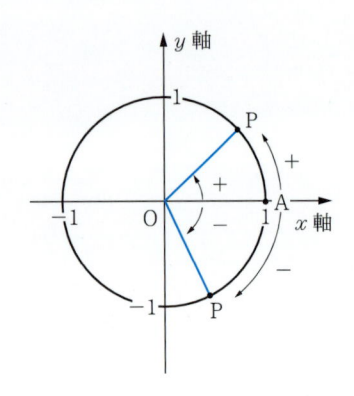

次に，角に符号をつけます。

座標平面に原点 O を中心とした半径 1 の円を考えましょう。

A(1, 0) とし，P は円 O の円周上を動くとします。

P が A から反時計回りに動いたときにできる ∠AOP を "＋" の角，P が A から時計回りに動いたときにできる ∠AOP を "－" の角と定めます。たとえば下図のようになります。

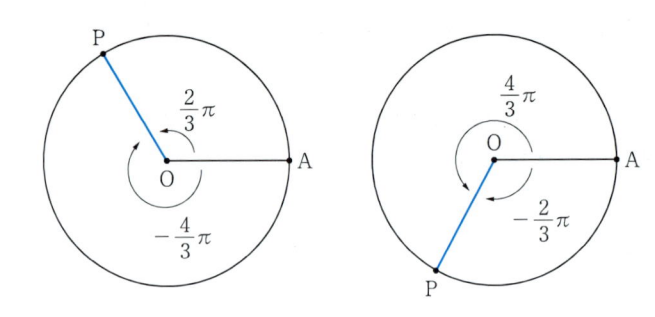

> 半径 OP は P が動くとき一緒に動くので動径というのよ。

さらに，P が A を出発して円周をぐるぐる回わったとき，∠AOP は回わった分だけ角の大きさを増やして考えます。たとえば

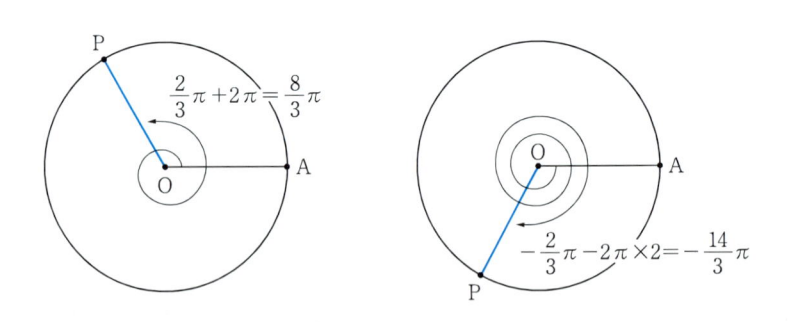

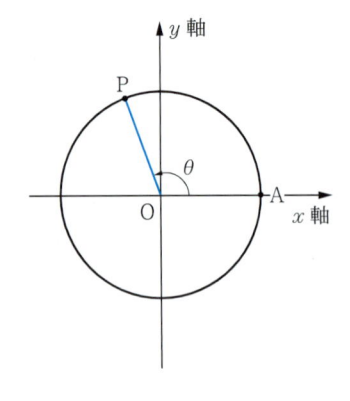

このような角の表わし方を<u>一般角</u>といいます。

つまり，左図のような動径 OP があったとき，OP の表わす角は OP がどのようにその位置に来たかにより

$$\theta + 2n\pi \quad (n：整数)$$

とかき表わすことができるわけです。$2\pi = 360°$ なので，n が正の整数なら反時計回りに n 周，n が負の整数なら時計回りに n 周してきたことになります。

例題 3.3 [一般角]

次の一般角を表わす動径を図示してみましょう。

(1) ① 0,　　② π,　　③ 2π

(2) ④ $\dfrac{\pi}{6}$,　　⑤ $\dfrac{5}{6}\pi$,　　⑥ $\dfrac{7}{6}\pi$

(3) ⑦ $-\dfrac{\pi}{3}$,　　⑧ $-\dfrac{2}{3}\pi$,　　⑨ $-\dfrac{5}{3}\pi$

$\pi = 180°$

$\dfrac{\pi}{6}=30°,\ \dfrac{\pi}{4}=45°,\ \dfrac{\pi}{3}=60°$

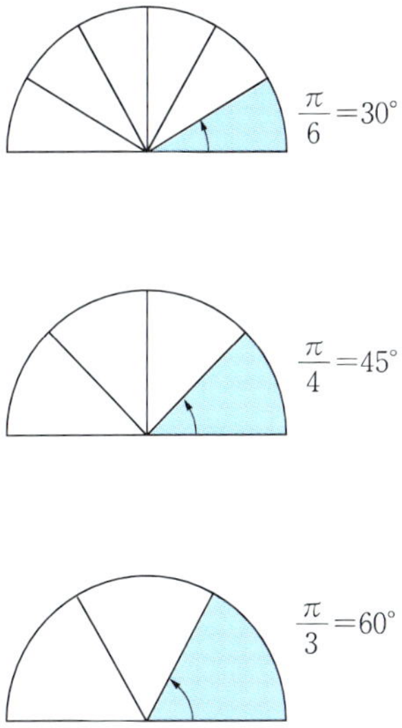

解　(1) ①と③は同じ動径。 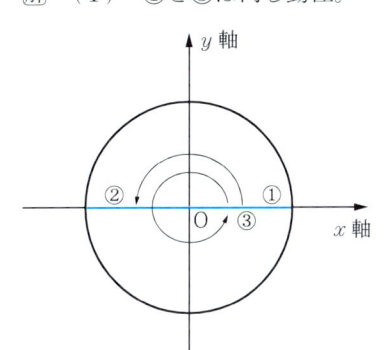　(2)

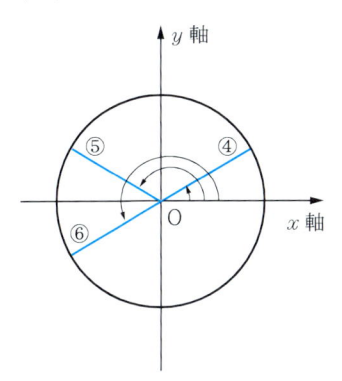

(3)

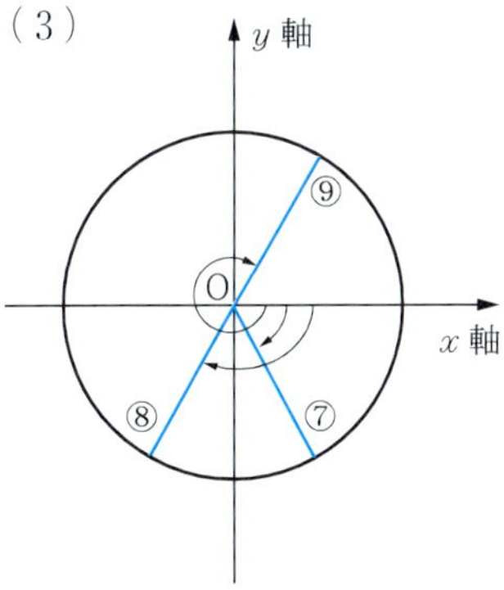

○ ④+π=⑥
○ ⑧−π=⑨

いちいち°に直さなくても動径の位置がわかるようになってね。

(解終)

問題 3.3 (解答は p.138)

次の一般角を表わす動径を図示してください。

(1) ① $\dfrac{\pi}{2}$,　　② $\dfrac{3}{2}\pi$,　　③ $-\dfrac{\pi}{2}$

(2) ④ $\dfrac{\pi}{4}$,　　⑤ $\dfrac{3}{4}\pi$,　　⑥ $-\dfrac{\pi}{4}$

(3) ⑦ $\dfrac{4}{3}\pi$,　　⑧ $-\dfrac{5}{6}\pi$,　　⑨ $-\pi$

〈3〉 三角関数

一般角 θ に対して $\sin\theta$, $\cos\theta$, $\tan\theta$ を定義しましょう。

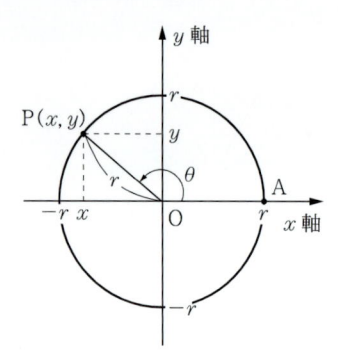

原点 O を中心とし，半径 r の円を考えます。（半径 r は 1 でも 1 でなくてもかまいません。）円周上の点 P に対し，動径 OP の表わす一般角を θ とします。P の座標が (x, y) のとき，一般角 θ に対し

$$\sin\theta = \frac{y}{r}, \quad \cos\theta = \frac{x}{r}, \quad \tan\theta = \frac{y}{x}$$

と定義します。（このように半径と x 座標，y 座標の比を考えるので，r はどんな正の数でもよいのです。）

θ がいろいろな値をとるにつれて，P の座標 (x, y) も変わるので，いま定義した $\sin\theta$, $\cos\theta$, $\tan\theta$ は θ を独立変数とする関数です。これらを**三角関数**といいます。

○ 半径 1 の円を r 倍すると円周上の点の x, y 座標も r 倍されます。

$\sin\theta$ は 正弦関数
$\cos\theta$ は 余弦関数
$\tan\theta$ は 正接関数
ともいいま〜す。

例題 3.4 ［三角関数の値 1］

次の三角関数の値を求めてみましょう。

(1) $\sin\frac{3}{4}\pi, \quad \cos\frac{3}{4}\pi, \quad \tan\frac{3}{4}\pi$

(2) $\sin\left(-\frac{\pi}{3}\right), \quad \cos\left(-\frac{\pi}{3}\right), \quad \tan\left(-\frac{\pi}{3}\right)$

(3) $\sin\left(-\frac{5}{6}\pi\right), \quad \cos\left(-\frac{5}{6}\pi\right), \quad \tan\left(-\frac{5}{6}\pi\right)$

解 (1) まず $\frac{3}{4}\pi$ を表わす動径 OP を描きましょう。P より x 軸に垂線 PH を下すと，△OPH は辺の比

$$1 : 1 : \sqrt{2}$$

の直角三角形になっています。

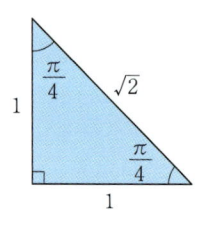

そこで円 O の半径を斜辺の値の $\sqrt{2}$ とします。すると点 P の座標は $(-1, 1)$ となるので△OPH は右図のような符号をつけた辺の長さをもっていると考えて∠POH の三角比をとります。

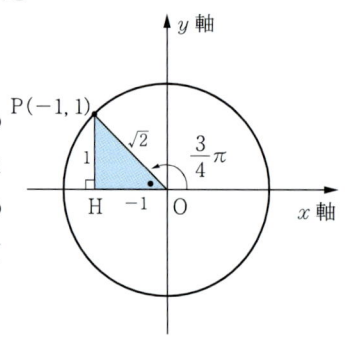

x 軸の負の方向にある辺に "−"（マイナス）をつけます。

$$\sin\frac{3}{4}\pi = \boxed{\frac{1}{\sqrt{2}}}, \quad \cos\frac{3}{4}\pi = \frac{-1}{\sqrt{2}} = \boxed{-\frac{1}{\sqrt{2}}}, \quad \tan\frac{3}{4}\pi = \frac{1}{-1} = \boxed{-1}$$

(2) $-\dfrac{\pi}{3}$ を表わす動径 OP を描きましょう。

P より x 軸に垂線 PH を下すと △OPH は辺の比
$$1:2:\sqrt{3}$$
の直角三角形になっています。そこで円 O の半径を斜辺の値の 2 とします。すると点 P の座標は $(1,-\sqrt{3})$ となるので △OPH の各辺の長さを右図のように考えて ∠POH の三角比をとります。

⇐ y 軸の負の方向にある辺に "−"（マイナス）をつけます。

$$\sin\left(-\dfrac{\pi}{3}\right)=\dfrac{-\sqrt{3}}{2}=\boxed{-\dfrac{\sqrt{3}}{2}},\quad \cos\left(-\dfrac{\pi}{3}\right)=\boxed{\dfrac{1}{2}},$$
$$\tan\left(-\dfrac{\pi}{3}\right)=\dfrac{-\sqrt{3}}{1}=\boxed{-\sqrt{3}}$$

(3) $-\dfrac{5}{6}\pi$ を表わす動径 OP を描き，P より x 軸に垂線 PH を下します。直角三角形 OPH を考えることにより

$$\sin\left(-\dfrac{5}{6}\pi\right)=\dfrac{-1}{2}=\boxed{-\dfrac{1}{2}}$$
$$\cos\left(-\dfrac{5}{6}\pi\right)=\dfrac{-\sqrt{3}}{2}=\boxed{-\dfrac{\sqrt{3}}{2}}$$
$$\tan\left(-\dfrac{5}{6}\pi\right)=\dfrac{-1}{-\sqrt{3}}=\boxed{\dfrac{1}{\sqrt{3}}}$$

（解終）

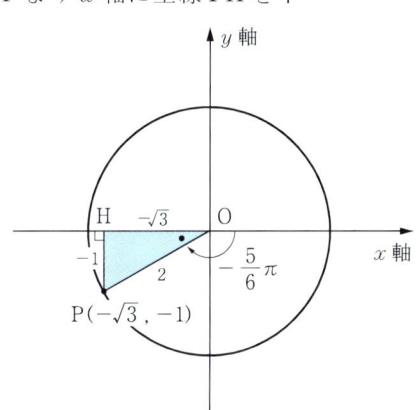

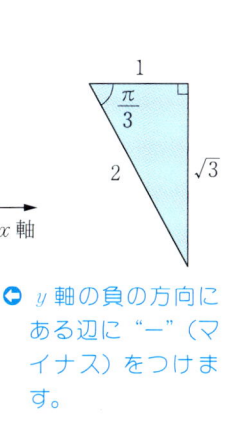

⇐ x 軸 y 軸の負の方向にある辺に "−"（マイナス）をつけます。

問題 3.4（解答は p. 138）
次の三角関数の値を求めてください。

(1) $\sin\dfrac{\pi}{6},\ \cos\dfrac{\pi}{6},\ \tan\dfrac{\pi}{6}$ 　　(2) $\sin\dfrac{2}{3}\pi,\ \cos\dfrac{2}{3}\pi,\ \tan\dfrac{2}{3}\pi$

(3) $\sin\left(-\dfrac{\pi}{4}\right),\ \cos\left(-\dfrac{\pi}{4}\right),\ \tan\left(-\dfrac{\pi}{4}\right)$ 　　(4) $\sin\dfrac{7}{6}\pi,\ \cos\dfrac{7}{6}\pi,\ \tan\dfrac{7}{6}\pi$

3. 三角関数

例題 3.5 [三角関数の値 2]

次の三角関数の値を求めてみましょう。

(1) $\sin 0$, $\cos 0$, $\tan 0$

(2) $\sin\left(-\dfrac{\pi}{2}\right)$, $\cos\left(-\dfrac{\pi}{2}\right)$

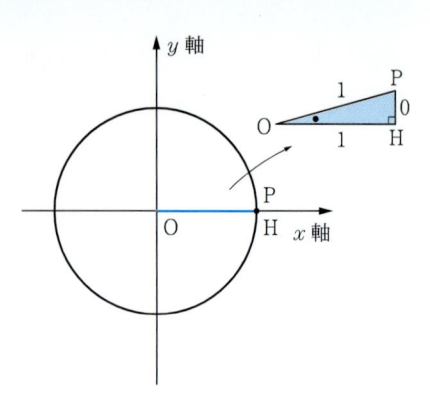

[解] (1) まず角を表わす動径 OP を描きます。

次に P より x 軸に垂線 PH を下そうとしますが、P が x 軸上にあるので P と H は一致してしまい直角三角形はできません。

そこで P を少しずらして垂線を下してみましょう。できた直角三角形 OPH の各辺は上図のような長さをもっていると考えて、∠POH の三角比をとります。

$$\sin 0 = \frac{0}{1} = 0, \quad \cos 0 = \frac{1}{1} = 1, \quad \tan 0 = \frac{0}{1} = 0$$

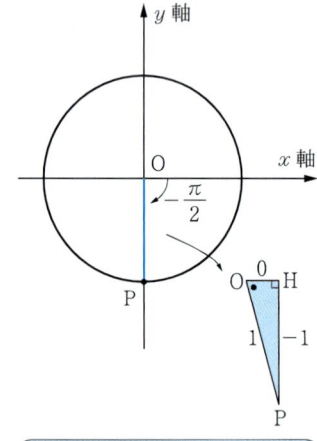

(2) 角を表わす動径 OP を描きます（左図）。

次に P より x 軸に垂線 PH を下すと動径 OP と一致してしまい、直角三角形はできません。そこで P をちょっと手前にずらして垂線を下してみましょう。できた直角三角形 OPH の各辺は図のような長さ（符号に気をつけてください）をもっていると考え、∠POH の三角比をとります。

$$\sin\left(-\frac{\pi}{2}\right) = \frac{-1}{1} = -1, \quad \cos\left(-\frac{\pi}{2}\right) = \frac{0}{1} = 0 \qquad \text{(解終)}$$

> 上の直角三角形で $\tan\left(-\dfrac{\pi}{2}\right)$ を考えると、-1 を 0 で割ることになるので値は発散してしまい存在しないのよ。
> p.36 のグラフや p.62 の極限のところも見てみて。

問題 3.5 （解答は p.139）

次の三角関数の値を求めてください。

(1) $\sin\dfrac{\pi}{2}$, $\cos\dfrac{\pi}{2}$ (2) $\sin\pi$, $\cos\pi$, $\tan\pi$ (3) $\sin(-\pi)$, $\cos(-\pi)$, $\tan(-\pi)$

例題 3.6 [三角関数の値 3]

関数電卓を使って次の三角関数の値を求めてみましょう。（小数第 5 位以下は切り捨ててください。）

(1) $\sin 1°$, $\cos 1°$, $\tan 1°$

(2) $\sin 1$, $\cos 1$, $\tan 1$

(3) $\sin 20°$, $\cos 40°$, $\tan 175°$

(4) $\sin \pi$, $\cos \dfrac{\pi}{4}$, $\tan \dfrac{6}{13}\pi$

30°, 45°, 60° や，この倍数以外の角の三角比を計算で求めることはむずかしいのよ。

解 使用する関数電卓のマニュアルをよく見てください。

角の単位は°（degree）とラジアン（radian）がありますので，どちらの単位で入力するのか，モードを合わせておきましょう。通常

　°の単位は　　　DEG や D

　ラジアンの単位は　RED や R

などで表示されます。

(1) °の単位で入力すると

$\sin 1° = $ 0.0174, $\cos 1° = $ 0.9998, $\tan 1° = $ 0.0174

となります。

$1° = \left(\dfrac{\pi}{180}\right)^{\text{rad}} \fallingdotseq 0.0174^{\text{rad}}$

$1^{\text{rad}} = \left(\dfrac{180}{\pi}\right)° \fallingdotseq 57.3°$

(2) ラジアンの単位に切りかえて求めると

$\sin 1 = $ 0.8414, $\cos 1 = $ 0.5403, $\tan 1 = $ 1.5574

となります。

(3) 再び°の単位に切りかえて

$\sin 20° = $ 0.3420, $\cos 40° = $ 0.7660, $\tan 175° = $ −0.0874

(4) またラジアンに切りかえます。今度は π が入っているので，π キーをそのまま使いましょう。入力のとき，気をつけてください。角を表わす数値は（ ）でくくって入力しないと異なった値となってしまいます。

$\sin \pi = $ 0, $\cos \dfrac{\pi}{4} = \cos(\pi \div 4) = $ 0.7071

$\tan \dfrac{6}{13}\pi = \tan(6 \times \pi \div 13) = $ 8.2357 　　　（解終）

$\pi = 3.141592654\cdots$

🔵 パソコンの入力でも同様の注意が必要です。

🔵 $\cos \pi \div 4 = \dfrac{\cos \pi}{4} = -0.25$

$\tan 6 \times \pi \div 13$
$= \dfrac{(\tan 6) \times \pi}{13} = -0.0703$

問題 3.6（解答は p.140）

関数電卓を使って次の値を求めてください。（小数第 5 位以下切り捨て）

(1) $\sin 10°$　(2) $\cos 130°$　(3) $\tan 200°$　(4) $\sin \dfrac{8}{7}\pi$　(5) $\cos \pi$

(6) $\tan \dfrac{7}{10}\pi$

例題 3.7 [三角関数の値 4]

指定された θ の範囲で，次の三角関数の値をもつ角をラジアン単位で求めてみましょう。

(1) $\sin\theta = \dfrac{1}{2}$ $\left(-\dfrac{\pi}{2} \leqq \theta \leqq \dfrac{\pi}{2}\right)$ (2) $\cos\theta = -\dfrac{1}{2}$ $(0 \leqq \theta \leqq \pi)$

(3) $\tan\theta = -1$ $\left(-\dfrac{\pi}{2} < \theta < \dfrac{\pi}{2}\right)$ (4) $\sin\theta = 0$ $\left(-\dfrac{\pi}{2} \leqq \theta \leqq \dfrac{\pi}{2}\right)$

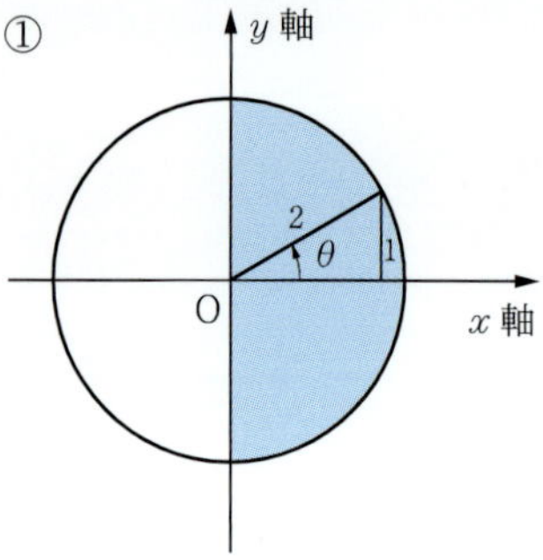

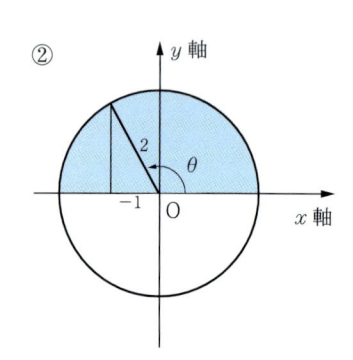

解 いずれも指定された範囲では，θ の値はただ 1 つ見つかります。

(1) $-\dfrac{\pi}{2} \leqq \theta \leqq \dfrac{\pi}{2}$ の範囲で $\sin\theta = \dfrac{1}{2}$ となる θ をさがすと（図①）

$$\theta = \boxed{\dfrac{\pi}{6}}$$

(2) $0 \leqq \theta \leqq \pi$ の範囲で $\cos\theta = -\dfrac{1}{2}$ となる θ をさがすと（図②）

$$\theta = \boxed{\dfrac{2}{3}\pi}$$

(3) $-\dfrac{\pi}{2} \leqq \theta \leqq \dfrac{\pi}{2}$ の範囲で $\tan\theta = -1$ となる θ をさがすと（図③）

$$\theta = \boxed{-\dfrac{\pi}{4}}$$

(4) $-\dfrac{\pi}{2} \leqq \theta \leqq \dfrac{\pi}{2}$ で $\sin\theta = 0$ となる θ（図④）は $\theta = \boxed{0}$。（解終）

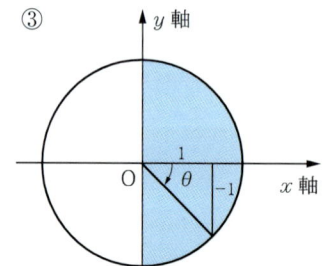

「逆三角関数」を勉強するとき，役に立ちま〜す。

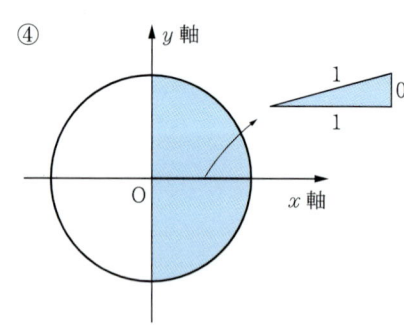

問題 3.7 （解答は p.140）

指定された θ の範囲で，次の三角関数の値をもつ角をラジアン単位で求めてください。

(1) $\sin\theta = \dfrac{1}{\sqrt{2}}$ $\left(-\dfrac{\pi}{2} \leqq \theta \leqq \dfrac{\pi}{2}\right)$ (2) $\sin\theta = -\dfrac{\sqrt{3}}{2}$ $\left(-\dfrac{\pi}{2} \leqq \theta \leqq \dfrac{\pi}{2}\right)$

(3) $\cos\theta = \dfrac{\sqrt{3}}{2}$ $(0 \leqq \theta \leqq \pi)$ (4) $\cos\theta = -1$ $(0 \leqq \theta \leqq \pi)$

(5) $\tan\theta = \sqrt{3}$ $\left(-\dfrac{\pi}{2} < \theta < \dfrac{\pi}{2}\right)$ (6) $\tan\theta = -\dfrac{1}{\sqrt{3}}$ $\left(-\dfrac{\pi}{2} < \theta < \dfrac{\pi}{2}\right)$

〈4〉 三角関数のグラフ

いままで一般角を θ で表わしてきましたが，これからは x を使うことにします。

ここでは 3 つの三角関数

$$y = \sin x, \quad y = \cos x, \quad y = \tan x$$

のグラフを描いてみましょう。横軸に x 軸，縦軸に y 軸をとります。x をラジアン単位にしておけば普通の実数と同じに扱えます。

$y = \sin x$，$y = \cos x$ は x の値が 2π 増えたり，減ったりしても同じ値なので，$0 \leqq x \leqq 2\pi$ または $-\pi \leqq x \leqq \pi$ などの範囲で数表をつくってグラフを描き，他の範囲は同じ曲線をくり返して描けばよいのです。

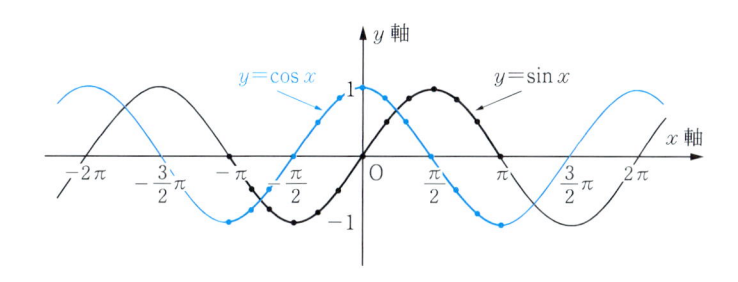

関数電卓への入力は °の単位に直した方が簡単です。

x	$y = \sin x$	$y = \cos x$
⋮	⋮	⋮
$-\pi$	0	-1
$-\dfrac{5}{6}\pi$	$-\dfrac{1}{2} = -0.5$	$-\dfrac{\sqrt{3}}{2} = -0.8660$
$-\dfrac{3}{4}\pi$	$-\dfrac{1}{\sqrt{2}} = -0.7071$	$-\dfrac{1}{\sqrt{2}} = -0.7071$
$-\dfrac{2}{3}\pi$	$-\dfrac{\sqrt{3}}{2} = -0.8660$	$-\dfrac{1}{2} = -0.5$
$-\dfrac{\pi}{2}$	-1	0
$-\dfrac{\pi}{3}$	$-\dfrac{\sqrt{3}}{2} = -0.8660$	$\dfrac{1}{2} = 0.5$
$-\dfrac{\pi}{4}$	$-\dfrac{1}{\sqrt{2}} = -0.7071$	$\dfrac{1}{\sqrt{2}} = 0.7071$
$-\dfrac{\pi}{6}$	$-\dfrac{1}{2} = -0.5$	$\dfrac{\sqrt{3}}{2} = 0.8660$
0	0	1
$\dfrac{\pi}{6}$	$\dfrac{1}{2} = 0.5$	$\dfrac{\sqrt{3}}{2} = 0.8660$
$\dfrac{\pi}{4}$	$\dfrac{1}{\sqrt{2}} = 0.7071$	$\dfrac{1}{\sqrt{2}} = 0.7071$
$\dfrac{\pi}{3}$	$\dfrac{\sqrt{3}}{2} = 0.8660$	$\dfrac{1}{2} = 0.5$
$\dfrac{\pi}{2}$	1	0
$\dfrac{2}{3}\pi$	$\dfrac{\sqrt{3}}{2} = 0.8660$	$-\dfrac{1}{2} = -0.5$
$\dfrac{3}{4}\pi$	$\dfrac{1}{\sqrt{2}} = 0.7071$	$-\dfrac{1}{\sqrt{2}} = -0.7071$
$\dfrac{5}{6}\pi$	$\dfrac{1}{2} = 0.5$	$-\dfrac{\sqrt{3}}{2} = -0.8660$
π	0	-1
⋮	⋮	⋮

$y = \sin x$ と $y = \cos x$ のグラフは次の特徴をもっています。

- 定義域は $-\infty < x < \infty$ （全実数）
- 値域は $-1 \leqq y \leqq 1$
- グラフは連続
- 2π ごとに同じパターンが現われる周期関数
- $y = \cos x$ のグラフを右へ $\dfrac{\pi}{2}$ だけ平行移動させると $y = \sin x$ のグラフと重なる

（小数第 5 位以下切り捨て）

3. 三角関数

x	$y=\tan x$
⋮	⋮
$-\pi$	0
$-\dfrac{5}{6}\pi$	$\dfrac{1}{\sqrt{3}}=0.5773$
$-\dfrac{3}{4}\pi$	1
$-\dfrac{2}{3}\pi$	$\sqrt{3}=1.7320$
$-\dfrac{5}{9}\pi=-100°$	5.6712
⋮	⋮
$-\dfrac{\pi}{2}$	なし $\begin{pmatrix}+\infty\\-\infty\end{pmatrix}$
⋮	⋮
$-\dfrac{4}{9}\pi=-80°$	-5.6712
$-\dfrac{\pi}{3}$	$-\sqrt{3}=-1.7320$
$-\dfrac{\pi}{4}$	-1
$-\dfrac{\pi}{6}$	$-\dfrac{1}{\sqrt{3}}=-0.5773$
0	0
$\dfrac{\pi}{6}$	$\dfrac{1}{\sqrt{3}}=0.5773$
$\dfrac{\pi}{4}$	1
$\dfrac{\pi}{3}$	$\sqrt{3}=1.7320$
$\dfrac{4}{9}\pi=80°$	5.6712
$\dfrac{\pi}{2}$	なし $\begin{pmatrix}+\infty\\-\infty\end{pmatrix}$
⋮	⋮
$\dfrac{5}{9}\pi$	-5.6712
$\dfrac{2}{3}\pi$	$-\sqrt{3}=-1.7320$
$\dfrac{3}{4}\pi$	-1
$\dfrac{5}{6}\pi$	$-\dfrac{1}{\sqrt{3}}=-0.5773$
π	0
⋮	⋮

（小数第 5 位以下切り捨て）

次に $y=\tan x$ のグラフを描いてみましょう。

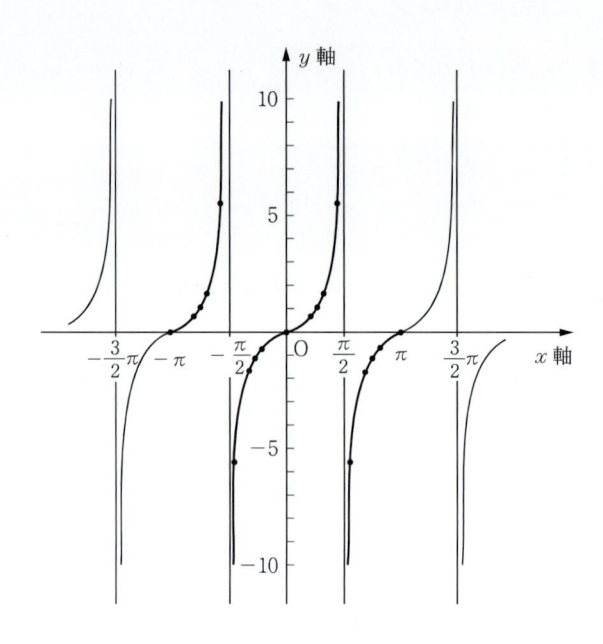

$y=\tan x$ のグラフの特徴は次のとおりです。

- 定義域は $\dfrac{\pi}{2}+n\pi$ （n は整数）以外の実数
- 値域は $-\infty<y<\infty$ （全実数）
- グラフは $x=\dfrac{\pi}{2}+n\pi$ （n は整数）のところで不連続
- π ごとに同じパターンが現われる周期関数

> y 軸に平行な直線
> $x=\dfrac{\pi}{2}+n\pi$ （n は整数）
> はみなこのグラフの漸近線で〜す。

例題 3.8 [三角関数のグラフ]

数表をつくって，$y=\sin 2x$ と $y=2\cos x$ のグラフを $0 \leqq x \leqq \pi$ の範囲で描いてみましょう。

解 数表は関数電卓でつくってみましょう。

数表をもとに点をとり，なめらかにつなげると下の図のようになります。

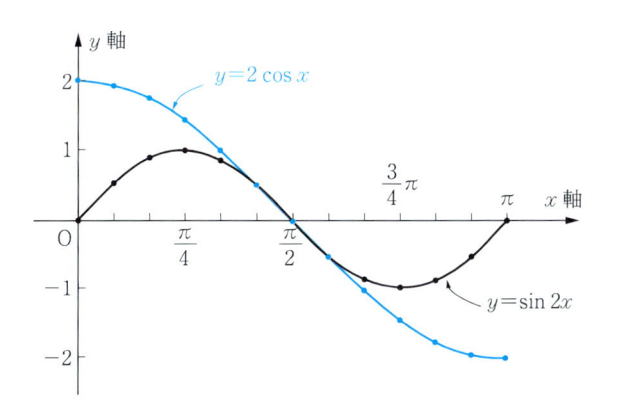

x	$y=\sin 2x$	$y=2\cos x$
0	0	2
$\frac{1}{12}\pi = 15°$	0.5	1.9318
$\frac{1}{6}\pi = 30°$	0.8660	1.7320
$\frac{1}{4}\pi = 45°$	1	1.4142
$\frac{1}{3}\pi = 60°$	0.8660	1
$\frac{5}{12}\pi = 75°$	0.5	0.5176
$\frac{1}{2}\pi = 90°$	0	0
$\frac{7}{12}\pi = 105°$	-0.5	-0.5176
$\frac{2}{3}\pi = 120°$	-0.8660	-1
$\frac{3}{4}\pi = 135°$	-1	-1.4142
$\frac{5}{6}\pi = 150°$	-0.8660	-1.7320
$\frac{11}{12}\pi = 165°$	-0.5	-1.9318
$\pi = 180°$	0	-2

（小数第 5 位以下切り捨て）

$y=\sin 2x$ の周期は $y=\sin x$ の周期の $\frac{1}{2}$ 倍，つまり π です。

また，$y=2\cos x$ は $y=\cos x$ を y 軸方向上下に 2 倍に引き伸ばしたグラフです。 （解終）

警告！

$\sin 2x \neq 2\sin x$
$2\cos x \neq \cos 2x$

電卓の入力には °の単位の方がカンタンね。

問題 3.8 （解答は p.140）

関数電卓で数表をつくり，$y=-2\sin x$ と $y=\cos \frac{x}{2}$ のグラフを $-\frac{\pi}{2} \leqq x \leqq \frac{\pi}{2}$ の範囲で描いてください。

〈5〉 三角関数の公式

三角関数には，いろいろな公式が成り立っています。

三角関数の入った式を変形したいとき，これらの公式の中から選んで使ってください。

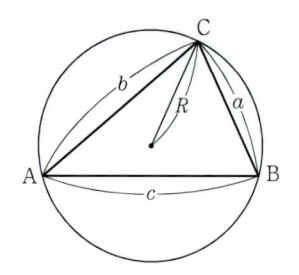

- $\tan x = \dfrac{\sin x}{\cos x}$
- $\sin^2 x + \cos^2 x = 1$
- $1 + \tan^2 x = \dfrac{1}{\cos^2 x}$

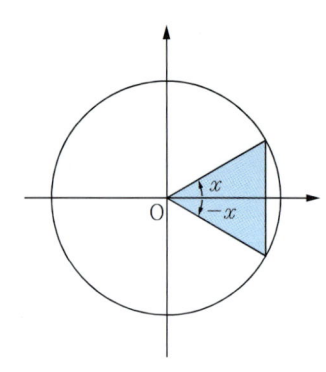

正弦定理
- $\dfrac{a}{\sin A} = \dfrac{b}{\sin B} = \dfrac{c}{\sin C} = 2R$

- $\sin(-x) = -\sin x$
- $\cos(-x) = \cos x$
- $\tan(-x) = -\tan x$

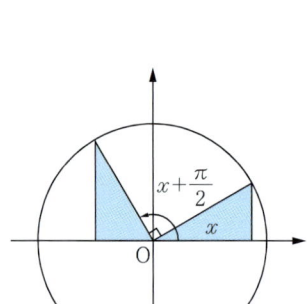

余弦定理
- $\cos A = \dfrac{b^2 + c^2 - a^2}{2bc}$
- $\cos B = \dfrac{a^2 + c^2 - b^2}{2ac}$
- $\cos C = \dfrac{a^2 + b^2 - c^2}{2ab}$

- $\sin\left(x + \dfrac{\pi}{2}\right) = \cos x$
- $\cos\left(x + \dfrac{\pi}{2}\right) = -\sin x$
- $\tan\left(x + \dfrac{\pi}{2}\right) = -\dfrac{1}{\tan x}$

- $\sin(x + \pi) = -\sin x$
- $\cos(x + \pi) = -\cos x$
- $\tan(x + \pi) = \tan x$

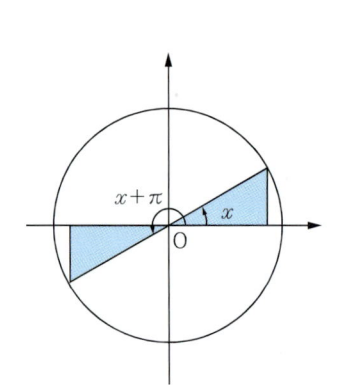

- $\sin(x + 2n\pi) = \sin x$
- $\cos(x + 2n\pi) = \cos x$
- $\tan(x + 2n\pi) = \tan x$

〈5〉 三角関数の公式

― 加法定理 ―

- $\sin(\alpha \pm \beta) = \sin\alpha\cos\beta \pm \cos\alpha\sin\beta$
- $\cos(\alpha \pm \beta) = \cos\alpha\cos\beta \mp \sin\alpha\sin\beta$
- $\tan(\alpha \pm \beta) = \dfrac{\tan\alpha \pm \tan\beta}{1 \mp \tan\alpha\tan\beta}$ （複号同順）

◆ 下の公式はすべてこの加法定理より導かれます。

― 和を積に直す公式 ―

- $\sin\alpha + \sin\beta = 2\sin\dfrac{\alpha+\beta}{2}\cos\dfrac{\alpha-\beta}{2}$
- $\sin\alpha - \sin\beta = 2\cos\dfrac{\alpha+\beta}{2}\sin\dfrac{\alpha-\beta}{2}$
- $\cos\alpha + \cos\beta = 2\cos\dfrac{\alpha+\beta}{2}\cos\dfrac{\alpha-\beta}{2}$
- $\cos\alpha - \cos\beta = -2\sin\dfrac{\alpha+\beta}{2}\sin\dfrac{\alpha-\beta}{2}$

― 半角公式 ―

- $\sin^2\alpha = \dfrac{1}{2}(1-\cos 2\alpha)$
- $\cos^2\alpha = \dfrac{1}{2}(1+\cos 2\alpha)$
- $\sin^2\dfrac{\alpha}{2} = \dfrac{1}{2}(1-\cos\alpha)$
- $\cos^2\dfrac{\alpha}{2} = \dfrac{1}{2}(1+\cos\alpha)$

― 積を和に直す公式 ―

- $\sin\alpha\cos\beta = \dfrac{1}{2}\{\sin(\alpha+\beta) + \sin(\alpha-\beta)\}$
- $\cos\alpha\sin\beta = \dfrac{1}{2}\{\sin(\alpha+\beta) - \sin(\alpha-\beta)\}$
- $\cos\alpha\cos\beta = \dfrac{1}{2}\{\cos(\alpha+\beta) + \cos(\alpha-\beta)\}$
- $\sin\alpha\sin\beta = -\dfrac{1}{2}\{\cos(\alpha+\beta) - \cos(\alpha-\beta)\}$

― 倍角公式 ―

- $\sin 2\alpha = 2\sin\alpha\cos\alpha$
- $\cos 2\alpha = \cos^2\alpha - \sin^2\alpha$
  $= 1 - 2\sin^2\alpha$
  $= 2\cos^2\alpha - 1$
- $\tan 2\alpha = \dfrac{2\tan\alpha}{1-\tan^2\alpha}$

― 三角関数の合成 ―

- $a\sin x + b\cos x = \sqrt{a^2+b^2}\sin(x+\theta)$

ただし $\cos\theta = \dfrac{a}{\sqrt{a^2+b^2}}$

$\sin\theta = \dfrac{b}{\sqrt{a^2+b^2}}$

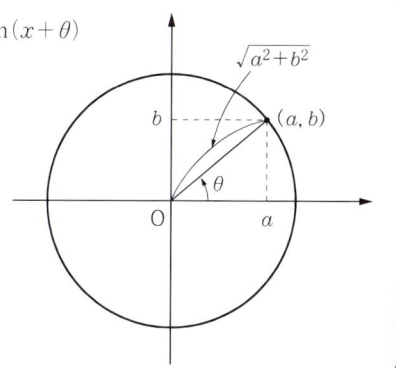

$\sin^2 x = (\sin x)^2$
$\cos^2 x = (\cos x)^2$
$\tan^2 x = (\tan x)^2$

40　3. 三角関数

とくとく情報［フーリエ級数］

　グラフに同じパターンがくり返し現われる関数を**周期関数**といいます。

　三角関数の $\sin x$, $\cos x$ は一番基本的な周期関数です。そして，周期 2π をもつほとんどの関数 $f(x)$ は，2つの三角関数を使って

$$f(x) = \frac{a_0}{2} + (a_1 \cos x + b_1 \sin x) + (a_2 \cos 2x + b_2 \sin 2x) + \cdots$$

と表わすことができるのです。この表わし方を $f(x)$ の**フーリエ級数展開**といいます。この展開の係数（**フーリエ係数**）を調べることにより，関数 $f(x)$ を解析することができるのです。

　たとえば，下のグラフをもつノコギリ波 $f(x)$ は

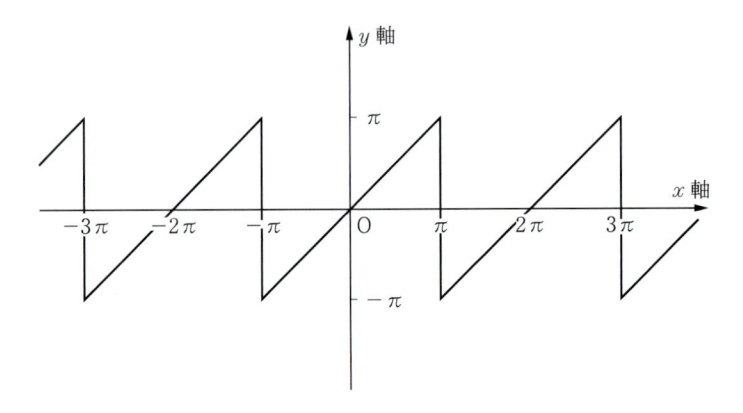

$$f(x) = 2\left(\sin x - \frac{1}{2}\sin 2x + \frac{1}{3}\sin 3x - \cdots + \frac{(-1)^{n+1}}{n}\sin nx + \cdots \right)$$

のフーリエ級数展開をもっているので，$y = 2\sin x$ の周期に強く影響されていることがわかります。

『フーリエ解析』『応用解析』『関数解析』などの授業で勉強しま～す。

❹ 指数関数

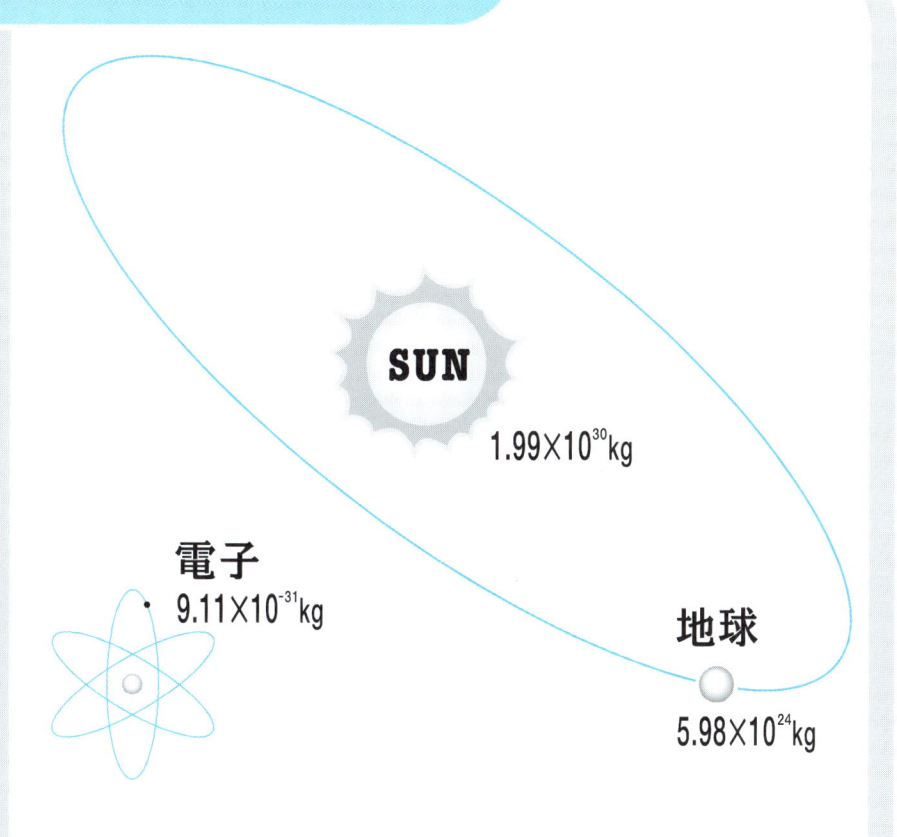

SUN
1.99×10^{30} kg

電子
9.11×10^{-31} kg

地球
5.98×10^{24} kg

指数は
とっても大きい数や
とっても小さい数を
表わすのに便利で〜す。

4. 指数関数

〈1〉 指数と指数法則

a を正の定数とします。

a の有理数乗については、次のように定義されていました。

> n を自然数、m を整数とするとき、
> $$a^n = \overbrace{aa\cdots a}^{n個}, \quad a^0 = 1, \quad a^{-n} = \frac{1}{a^n}$$
> $$a^{\frac{m}{n}} = \sqrt[n]{a^m}$$

➡ n 乗すると a となる正の実数を $\sqrt[n]{a}$ とかきます。

a の無理数乗については、次のように定義します。左の例を参照しながら読んでください。

$\sqrt{3} = 1.732050808\cdots$

2^1	$= 2$
$2^{1.7}$	$= 3.249009585\cdots$
$2^{1.73}$	$= 3.317278183\cdots$
$2^{1.732}$	$= 3.321880096\cdots$
$2^{1.7320}$	$= 3.321880096\cdots$
$2^{1.73205}$	$= 3.321995226\cdots$
$2^{1.732050}$	$= 3.321995226\cdots$
$2^{1.7320508}$	$= 3.321997068\cdots$
$\vdots$	$\vdots$
$2^{\sqrt{3}}$	$= 3.321997085\cdots$

➡ $\sqrt[n]{a}$ の形を a の累乗根またはベキ根といいます。

> p が無理数のときは
> $$p = \alpha.\alpha_1\alpha_2\alpha_3\cdots$$
> と無限に続く循環しない小数でかくことができます。
> $\alpha, \alpha_1, \alpha_2, \cdots$ は 0~9 の自然数です。ここで
> $$\alpha, \ \alpha.\alpha_1, \ \alpha.\alpha_1\alpha_2, \ \cdots$$
> と、どんどんと p に近づく有限小数、つまり有理数の数列を考え、この数列を使って a の有理数乗の数列
> $$a^\alpha, \ a^{\alpha.\alpha_1}, \ a^{\alpha.\alpha_1\alpha_2}, \ \cdots$$
> を考えます。そしてこの数列が限りなく近づく値を
> $$a^p$$
> と定義するのです。

以上のことにより、すべての実数 p について
$$a^p$$
が定義されました。

a^p の形を a の**累乗**または**ベキ乗**

p を**指数**

といいます。

例題 4.1 [指数]

次の式を指数を使ってかき直してみましょう。

(1) $\sqrt{x}$　　(2) $\sqrt[3]{x^2}$　　(3) $\dfrac{1}{\sqrt{1+x}}$

関数電卓を使って次の値を求めてみましょう。（小数第 5 位以下切り捨て）

(4) $\dfrac{1}{\sqrt{3}}$　　(5) $\sqrt[3]{2}$　　(6) $3^{\sqrt{2}}$

○ 関数を指数を用いて表示すると微分や積分計算に便利です。

【解】 (1) $\sqrt{x} = \sqrt[2]{x} = x^{\frac{1}{2}}$

(2) $\sqrt[3]{x^2} = x^{\frac{2}{3}}$

(3) $\dfrac{1}{\sqrt{1+x}} = \dfrac{1}{\sqrt[2]{1+x}} = \dfrac{1}{(1+x)^{\frac{1}{2}}} = (1+x)^{-\frac{1}{2}}$

(4) $\sqrt{}$ キーをそのまま使って

$\dfrac{1}{\sqrt{3}} = 1 \div \sqrt{3} = 0.5773$

(5) マニュアルでどのキーをどう押したらよいか確認しましょう。(たとえば $a^{\frac{m}{n}}$ は「$a\wedge(m/n)$」など)

$\sqrt[3]{2} = 1.2599$

(6) $3^{\sqrt{2}} = 4.7288$ （解終）

> $\sqrt{x}$ だけ 2 が省略されているので気をつけて。

- $a^{\frac{m}{n}} = \sqrt[n]{a^m}$
- $\dfrac{1}{a^n} = a^{-n}$

警告！
$\sqrt{x^2+1} \neq \sqrt{x^2} + \sqrt{1}$
$(x^2+1)^{\frac{1}{2}} \neq (x^2)^{\frac{1}{2}} + 1^{\frac{1}{2}}$

問題 4.1 （解答は p.141）

次の式を指数を使ってかき直してください。

(1) $\sqrt{x^2+1}$　　(2) $\dfrac{1}{\sqrt[3]{x}}$　　(3) $\dfrac{1}{\sqrt[3]{(1+x)^2}}$

関数電卓を使って次の値を求めてください。（小数第 5 位以下切り捨て）

(4) $\sqrt{5}$　　(5) $\dfrac{1}{\sqrt[4]{2}}$　　(6) $5^{0.3}$　　(7) $2^{\sqrt{5}}$

4. 指数関数

$a>0$, $b>0$ のとき，実数 p, q について，次の**指数法則**が成り立っています。

---**指数法則**---
- $a^p a^q = a^{p+q}$
- $\dfrac{a^p}{a^q} = a^{p-q}$
- $(a^p)^q = a^{pq}$
- $(ab)^p = a^p b^p$
- $\left(\dfrac{a}{b}\right)^p = \dfrac{a^p}{b^p}$

指数法則をしっかり身につけてね。

例題 4.2 [指数法則 1]

次の値を求めてみましょう。

(1) $16^{\frac{1}{2}}$ (2) $81^{\frac{3}{2}}$ (3) $64^{-\frac{1}{3}}$ (4) $27^{-\frac{2}{3}}$

(5) $\left(\dfrac{16}{9}\right)^{\frac{3}{2}}$ (6) $\dfrac{\sqrt[4]{2} \times \sqrt[8]{8}}{\sqrt{2}}$

[解] 上の指数法則を見ながら計算しましょう。（計算の方法はいろいろあります。）

(1) $16^{\frac{1}{2}} = (4^2)^{\frac{1}{2}} = 4^{2 \times \frac{1}{2}} = 4^1 = \boxed{4}$

(2) $81^{\frac{3}{2}} = (9^2)^{\frac{3}{2}} = 9^{2 \times \frac{3}{2}} = 9^3 = \boxed{729}$

(3) $64^{-\frac{1}{3}} = (4^3)^{-\frac{1}{3}} = 4^{3 \times (-\frac{1}{3})} = 4^{-1} = \boxed{\dfrac{1}{4}}$

(4) $27^{-\frac{2}{3}} = (3^3)^{-\frac{2}{3}} = 3^{3 \times (-\frac{2}{3})} = 3^{-2} = \dfrac{1}{3^2} = \boxed{\dfrac{1}{9}}$

(5) $\left(\dfrac{16}{9}\right)^{\frac{3}{2}} = \left\{\left(\dfrac{4}{3}\right)^2\right\}^{\frac{3}{2}} = \left(\dfrac{4}{3}\right)^{2 \times \frac{3}{2}} = \left(\dfrac{4}{3}\right)^3 = \dfrac{4^3}{3^3} = \boxed{\dfrac{64}{27}}$

(6) 与式 $= \dfrac{2^{\frac{1}{4}} \times 8^{\frac{1}{8}}}{2^{\frac{1}{2}}} = 2^{\frac{1}{4}} \cdot (2^3)^{\frac{1}{8}} \cdot 2^{-\frac{1}{2}}$

$= 2^{\frac{1}{4}} \cdot 2^{\frac{3}{8}} \cdot 2^{-\frac{1}{2}} = 2^{\frac{1}{4} + \frac{3}{8} - \frac{1}{2}}$

$= 2^{\frac{1}{8}} = \boxed{\sqrt[8]{2}}$

(解終)

警告！
$a^p \times a^q \not= a^{p \times q}$
$\dfrac{a^p}{a^q} \not= a^{\frac{p}{q}}$

※ ※ **問題 4.2**（解答は p.141）※ ※ ※ ※ ※ ※ ※ ※ ※ ※ ※ ※ ※ ※ ※ ※

次の値を求めてください。

(1) $64^{\frac{1}{4}}$ (2) $8^{-\frac{2}{3}}$ (3) $(2^2 \times 3^{-1})^{\frac{1}{2}} \div 3^{\frac{3}{2}}$ (4) $\dfrac{\sqrt[3]{9}}{\sqrt[6]{3} \times \sqrt{3}}$

例題 4.3 [指数法則 2]

次の式を $a^p b^q$ の形にしてみましょう。(ただし $a>0$, $b>0$)

(1) $\dfrac{(a^3 b)^2 \times (ab^2)^3}{ab^3}$ (2) $\sqrt[4]{a^2 b} \times \sqrt{ab} \times \sqrt[4]{ab^2}$

(3) $\dfrac{\sqrt[3]{a^5 b} \times \sqrt{a^3 b^7}}{\sqrt[6]{a^3 b^5}}$

解 指数法則をよく見て計算しましょう。(計算の方法はひと通りではありません。)

(1) 与式 $= \dfrac{a^{3 \cdot 2} b^2 \times a^3 b^{2 \cdot 3}}{ab^3}$

$= \dfrac{a^6 b^2 a^3 b^6}{ab^3}$

$= \left(\dfrac{a^6 a^3}{a^1}\right)\left(\dfrac{b^2 b^6}{b^3}\right)$

$= a^{6+3-1} b^{2+6-3}$

$= \boxed{a^8 b^5}$

(2) 与式 $= (a^2 b)^{\frac{1}{4}} (ab)^{\frac{1}{2}} (ab^2)^{\frac{1}{4}}$

$= (a^{\frac{2}{4}} b^{\frac{1}{4}})(a^{\frac{1}{2}} b^{\frac{1}{2}})(a^{\frac{1}{4}} b^{\frac{2}{4}})$

$= (a^{\frac{1}{2}} a^{\frac{1}{2}} a^{\frac{1}{4}})(b^{\frac{1}{4}} b^{\frac{1}{2}} b^{\frac{1}{2}})$

$= a^{\frac{1}{2}+\frac{1}{2}+\frac{1}{4}} b^{\frac{1}{4}+\frac{1}{2}+\frac{1}{2}}$

$= \boxed{a^{\frac{5}{4}} b^{\frac{5}{4}}}$

(3) 与式 $= \dfrac{(a^5 b)^{\frac{1}{3}} (a^3 b^7)^{\frac{1}{2}}}{(a^3 b^5)^{\frac{1}{6}}} = (a^5 b)^{\frac{1}{3}} (a^3 b^7)^{\frac{1}{2}} (a^3 b^5)^{-\frac{1}{6}}$

$= (a^{\frac{5}{3}} b^{\frac{1}{3}})(a^{\frac{3}{2}} b^{\frac{7}{2}})(a^{-\frac{3}{6}} b^{-\frac{5}{6}})$

$= (a^{\frac{5}{3}} a^{\frac{3}{2}} a^{-\frac{1}{2}})(b^{\frac{1}{3}} b^{\frac{7}{2}} b^{-\frac{5}{6}})$

$= a^{\frac{5}{3}+\frac{3}{2}-\frac{1}{2}} b^{\frac{1}{3}+\frac{7}{2}-\frac{5}{6}}$

$= \boxed{a^{\frac{8}{3}} b^3}$

(解終)

指数法則, もう覚えた?

問題 4.3 (解答は p. 141)

次の式を $x^p y^q$ の形に直してください。($x>0$, $y>0$ とします。)

(1) $\dfrac{(x^4 y^5)^3}{(x^2 y^3)^4 \times xy}$ (2) $\sqrt[3]{xy^2} \times \sqrt[4]{x^3 y} \times \sqrt[6]{x}$ (3) $\dfrac{\sqrt{x^3 y^3}}{\sqrt[3]{y^5} \times \sqrt[4]{x^2 y}}$

〈2〉 指数関数とグラフ

a を 1 でない正の数とします。

x がいろいろな実数値をとるとき，それにつれて a^x もいろいろな値をとります。そこで関数

$$y = a^x$$

を考えます。この関数を

a を底とする指数関数

といいます。

定義域は　$-\infty < x < \infty$　（全実数）
値域は　　$y > 0$　　　　　（正の実数）

です。

この関数のグラフは a の値によってグラフの概形が異なっています。

$0 < a < 1$ のときは　右下がりのグラフ
$1 < a$ のときは　　　右上がりのグラフ

となりますが，a がどんな値でも必ず $(0, 1)$ を通ります。

また，関数の値は x の増加につれ急激に減少または増加していきます（下図参照）。具体的な関数のグラフを例題と問題で描いてみましょう。

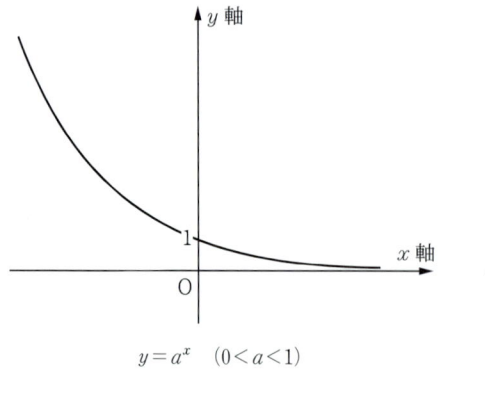

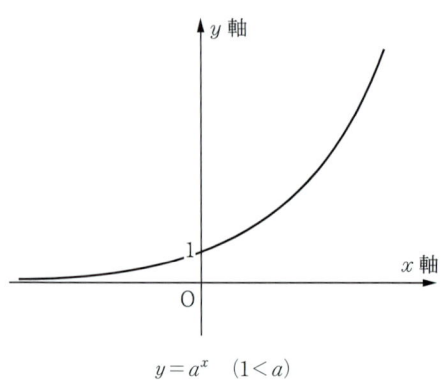

> "急激に増加する" ことを "指数関数的に増加する" ということもあるのよ。

$y = a^x \quad (0 < a < 1)$　　　　　　$y = a^x \quad (1 < a)$

例題 4.4 [指数関数のグラフ]

関数電卓で数表をつくり，次の指数関数のグラフを描いてみましょう。

① $y=2^x$　② $y=\left(\dfrac{1}{3}\right)^x$

解 関数の値は急激に増加または減少していくので，$-3 \leqq x \leqq 3$ の範囲で数表をつくってみます。

数表を見ながら点をとり，なめらかに結んで曲線を描きましょう。

x	$y=2^x$	$y=\left(\dfrac{1}{3}\right)^x = 3^{-x}$
⋮	⋮	⋮
-3	0.125	27
-2.5	0.1767	15.5884
-2	0.25	9
-1.5	0.3535	5.1961
-1	0.5	3
-0.5	0.7071	1.7320
0	1	1
0.5	1.4142	0.5773
1	2	0.3333
1.5	2.8284	0.1924
2	4	0.1111
2.5	5.6568	0.0641
3	8	0.0370
⋮	⋮	⋮

（小数第 5 位以下切り捨て）

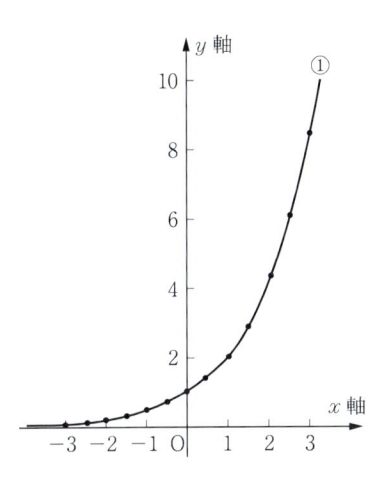

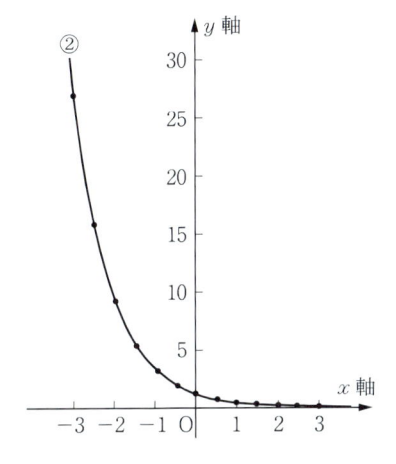

②の式はかき直すと $y=3^{-x}$ です。　　　　　　　　　　（解終）

問題 4.4 （解答は p.142）

関数電卓で数表をつくり，次の指数関数のグラフを描いてください。

① $y=3^x$　② $y=\left(\dfrac{1}{2}\right)^x$

〈3〉 特別な指数関数 $y = e^x$

例題 4.4 と問題 4.4 で描いた 2 つの指数関数
$$y = 2^x \quad と \quad y = 3^x$$
のグラフを少し詳しく見てみましょう。

$-1 \leqq x \leqq 1$ の間のグラフを拡大して一緒に描いてみます。

x	$y=2^x$	$x+1$	$y=3^x$
⋮	⋮	⋮	⋮
-1	0.5	0	0.3333
-0.8	0.5743	0.2	0.4152
-0.6	0.6597	0.4	0.5172
-0.4	0.7578	0.6	0.6443
-0.2	0.8705	0.8	0.8027
0	1	1	1
0.2	1.1486	1.2	1.2457
0.4	1.3195	1.4	1.5518
0.6	1.5157	1.6	1.9331
0.8	1.7411	1.8	2.4082
1	2	2	3
⋮	⋮	⋮	⋮

（小数第 5 位以下切り捨て）

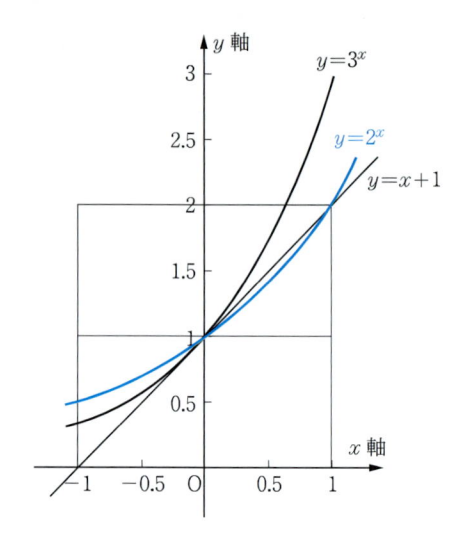

さらに，傾き 1 をもつ直線 $y = x + 1$ を描いてみます。

この 3 つのグラフを比較すると

　　点 $(0, 1)$ において $y = 2^x$ に接する直線（接線）の傾きは
　　1 より小さい

　　点 $(0, 1)$ において $y = 3^x$ に接する直線（接線）の傾きは
　　1 より大きい

ということに気がつきます（左上の数表をよく見てください）。

上で描いた 2 つの指数関数 $y = 2^x$ と $y = 3^x$ の間には無数の指数関数

$$y = a^x \quad (2 < a < 3)$$

が描けます。ですから，その中から特に

　　点 $(0, 1)$ における接線の傾きがちょうど 1 である指数関数

を選び出し，特別な記号 "e" を使って

$$y = e^x$$

とかくことにします。

この特別な数 "e" は無理数で，次のような無限小数なのです。

$$e = 2.718281828\cdots$$

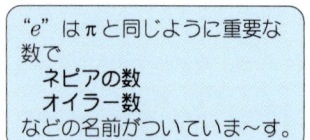

> "e" は π と同じように重要な数で
> 　ネピアの数
> 　オイラー数
> などの名前がついていま〜す。

とくとく情報［ネピアの数 e］

不思議な数"e"を発見した人は，スコットランド貴族のネピア男爵（1550～1617）です。数学は彼の趣味の1つでした。

彼は，はじめに対数の考え方を思いつき，対数の特別な底として"e"を発見したのです。しかし，その時はまだ"e"の記号は使われていませんでした。

後にスイス人のオイラー（1707～1783）が対数の研究をしている際

$$\text{ネピアの発見した特別な数} = \lim_{n \to \infty}\left(1+\frac{1}{n}\right)^n$$

であることに気がついたのです。そしてこの特別な数に"e"という記号を与えました。（彼はまた円周率の記号 π，虚数単位の記号 i にも大きく貢献しています。）

指数関数 $y=e^{ax}$ は放射性物質の寿命，生物の増殖などの自然現象や，投資の連続複利計算などの実生活にも広く使われています。また $y=e^{-ax^2}$ という関数も『確率統計』では不可欠の関数です。

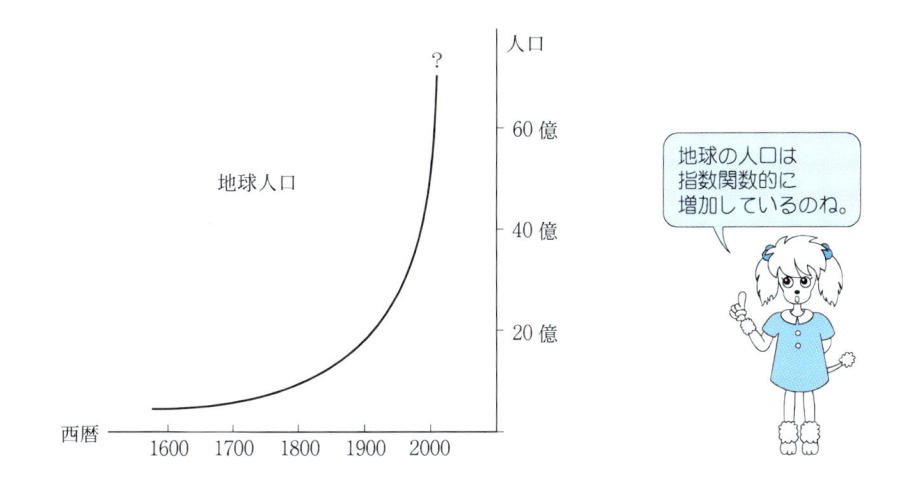

地球の人口は指数関数的に増加しているのね。

とくとく情報［双曲線関数］

2つの指数関数

$$y = e^x \quad と \quad y = e^{-x}$$

を組み合わせてつくった3つの関数

$$\sinh x = \frac{e^x - e^{-x}}{2}$$

$$\cosh x = \frac{e^x + e^{-x}}{2}$$

$$\tanh x = \frac{e^x - e^{-x}}{e^x + e^{-x}}$$

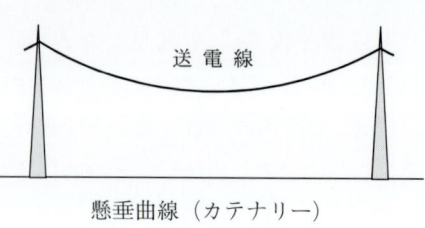

懸垂曲線（カテナリー）

$$y = \frac{e^{ax} + e^{-ax}}{2}$$

を **双曲線関数**（**ハイパボリックファンクション**）といいます。

特に $y = \cosh x$ は2ヶ所でささえられたひもの状態を表わす **懸垂曲線**（けんすい）に使われます。

3つの三角関数

$$y = \sin x, \quad y = \cos x, \quad y = \tan x$$

は単位円 $x^2 + y^2 = 1$ をもとに考えられましたが，双曲線関数は単位双曲線 $x^2 - y^2 = 1$ をもとにつくられた関数で，三角関数に似た次の種々の公式が成り立っています。p.38, 39 の三角関数の定理と比較してみてください。

$$\tanh x = \frac{\sinh x}{\cosh x}, \quad \cosh^2 x - \sinh^2 x = 1$$

$$\sinh(\alpha \pm \beta) = \sinh \alpha \cosh \beta \pm \cosh \alpha \sinh \beta$$

$$\cosh(\alpha \pm \beta) = \cosh \alpha \cosh \beta \pm \sinh \alpha \sinh \beta$$

$$\tanh(\alpha \pm \beta) = \frac{\tanh \alpha \pm \tanh \beta}{1 \pm \tanh \alpha \tanh \beta}$$

$$\sinh 2\alpha = 2 \sinh \alpha \cosh \alpha$$

$$\cosh 2\alpha = \cosh^2 \alpha + \sinh^2 \alpha$$

$$= 2 \cosh^2 x - 1$$

$$= 1 + 2 \sinh^2 x$$

$$\tanh 2\alpha = \frac{2 \tanh x}{1 + \tanh^2 x}$$

（複号同順）

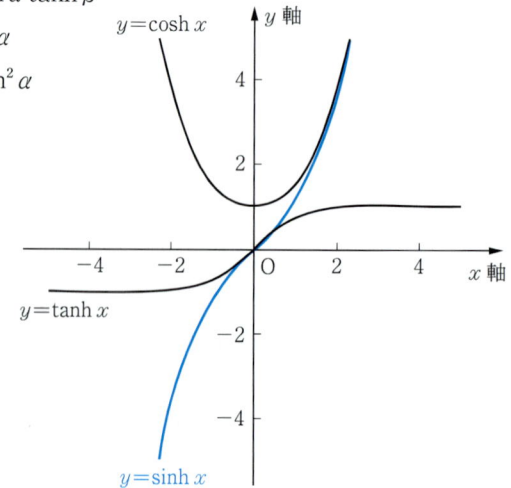

❺ 対数関数

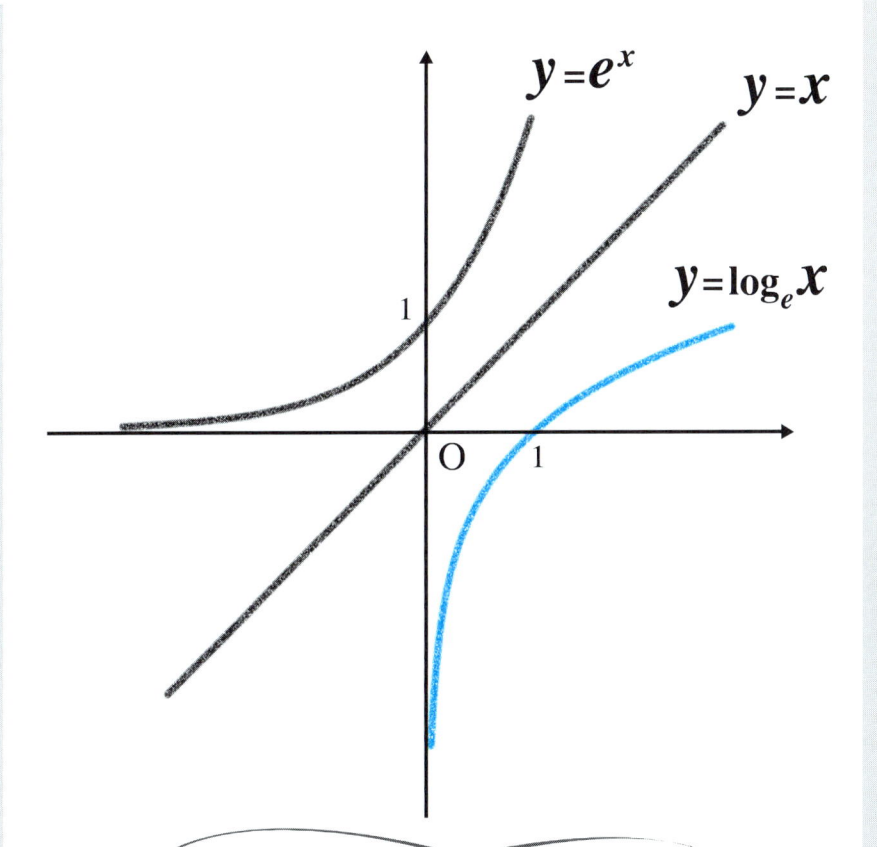

$y = e^x$
$y = x$
$y = \log_e x$

変化をおだやかにする性質を利用して，対数はわりと身近な指標，たとえば
化学で使われる　pH
騒音の大きさの　ホン
地震の強さの　　マグニチュード
などに使われています。

〈1〉 対数と対数法則

前の章で，a^p（$a>0$, p：実数）を定義しました。そこで
$$q=a^p \quad (\text{ただし } a \neq 1 \text{ とします})$$
という関係があり，ここから"$p=$"に直したいときに，次の記号を使います。
$$p=\log_a q$$
右辺を
$$a \text{ を}\underset{\text{てい}}{\text{底}} \text{ とする } q \text{ の}\underset{\text{たいすう}}{\text{対数}}$$
といいます。また q を $\underset{\text{しんすう}}{\text{真数}}$ といいます。

対数を使う表わし方は，指数を使う表わし方の言い換えにすぎません。つまり，指数表記と対数表記は

$$q=a^p \iff p=\log_a q$$

の関係になっています。

例題 5.1［対数］

次の指数表記を対数表記にかき直してみましょう。
（1） $2^3=8$ （2） $10^3=1000$
（3） $3^{-2}=\dfrac{1}{9}$ （4） $10^{-2}=\dfrac{1}{100}$ （5） $5^0=1$

> $q=a^p \iff p=\log_a q$ の関係を忘れないでね。この関係があるから，q が激しく変化しても p はそれほど変化しないのよ。

[解]　$a^p=q \iff p=\log_a q$
なので
（1） $3=\log_2 8$ 　　　　（2） $3=\log_{10} 1000$
（3） $-2=\log_3 \dfrac{1}{9}$ 　　（4） $-2=\log_{10} \dfrac{1}{100}$
（5） $0=\log_5 1$ 　　　　　　　　　　　　　　　（解終）

問題 5.1（解答は p.142）

次の指数表記を対数表記にかえてください。
（1） $3^4=81$ 　（2） $8^{\frac{1}{3}}=2$ 　（3） $10^5=100000$ 　（4） $10^{-5}=0.00001$ 　（5） $5^1=5$

〈1〉 対数と対数法則　53

$a>0$, $a\neq 1$, $p>0$, $q>0$ とするとき，次の **対数法則** が成立します。

---- 対数法則 ----
- $\log_a pq = \log_a p + \log_a q$
- $\log_a \dfrac{p}{q} = \log_a p - \log_a q$
- $\log_a q^p = p\log_a q$

- $a^1 = a \iff \log_a a = 1$
- $a^0 = 1 \iff \log_a 1 = 0$

例題 5.2 [対数法則 1]

次の対数の値を求めてみましょう。

(1) $\log_2 16$　　(2) $\log_3 3\sqrt{3}$　　(3) $\log_{10} \dfrac{1}{1000}$

(4) $\log_2 \sqrt[3]{4}$　　(5) $\log_e e^2$

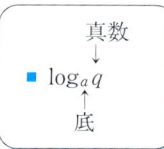

真数
↓
■ $\log_a q$
↑
底

解　真数を底と同じ数字の累乗の形に直して，上の対数法則を用いて値を求めましょう。

(1) $\log_2 16 = \log_2 2^4 = 4\log_2 2 = 4\cdot 1 = \boxed{4}$

(2) $\log_3 3\sqrt{3} = \log_3 3\cdot 3^{\frac{1}{2}} = \log_3 3^{1+\frac{1}{2}} = \log_3 3^{\frac{3}{2}}$
$= \dfrac{3}{2}\log_3 3 = \dfrac{3}{2}\cdot 1 = \boxed{\dfrac{3}{2}}$

(3) $\log_{10}\dfrac{1}{1000} = \log_{10}\dfrac{1}{10^3} = \log_{10} 10^{-3}$
$= -3\log_{10} 10 = -3\cdot 1 = \boxed{-3}$

(4) $\log_2 \sqrt[3]{4} = \log_2 4^{\frac{1}{3}} = \dfrac{1}{3}\log_2 4$
$= \dfrac{1}{3}\log_2 2^2 = \dfrac{2}{3}\log_2 2 = \dfrac{2}{3}\cdot 1 = \boxed{\dfrac{2}{3}}$

(5) $\log_e e^2 = 2\log_e e = 2\cdot 1 = \boxed{2}$　　　　　（解終）

e は $e=2.718\cdots$ という特別な数だったわね。

問題 5.2（解答は p.142）

次の対数の値を求めてください。

(1) $\log_3 81$　　(2) $\log_2 8\sqrt{2}$　　(3) $\log_{10} 0.01$　　(4) $\log_{10}\dfrac{1}{\sqrt[3]{100}}$

(5) $\log_e \dfrac{1}{e}$

5. 対数関数

対数法則

（i） $\log_a pq$
　　　$= \log_a p + \log_a q$

（ii） $\log_a \dfrac{p}{q}$
　　　$= \log_a p - \log_a q$

（iii） $\log_a q^p = p \log_a q$

■ $\log_a a = 1$
■ $\log_a 1 = 0$

例題 5.3 [対数法則 2]

対数法則を使って，次の式を簡単にしてみましょう．

（1） $\log_3 \dfrac{3}{8} + \log_3 72$　　　（2） $\log_{10} 200 - \log_{10} 2\sqrt{10}$

（3） $\log_e 3e - \dfrac{1}{2} \log_e 9\sqrt{e}$

解 対数法則を使いながら計算しますが，計算方法はいろいろあります．以下は一例です．左上のどの法則を使ったか "=" のところにかいておきます．

（1）　与式 $\overset{(\text{i})}{=} \log_3 \left(\dfrac{3}{8} \times 72 \right) = \log_3 27 = \log_3 3^3$

$\overset{(\text{iii})}{=} 3 \log_3 3 = 3 \cdot 1 = \boxed{3}$

（2）　与式 $\overset{(\text{ii})}{=} \log_{10} \dfrac{200}{2\sqrt{10}} = \log_{10} \dfrac{100}{\sqrt{10}} = \log_{10} \dfrac{10^2}{10^{\frac{1}{2}}}$

$= \log_{10} 10^2 \cdot 10^{-\frac{1}{2}} = \log_{10} 10^{2-\frac{1}{2}} = \log_{10} 10^{\frac{3}{2}}$

$\overset{(\text{iii})}{=} \dfrac{3}{2} \log_{10} 10 = \dfrac{3}{2} \cdot 1 = \boxed{\dfrac{3}{2}}$

（3）　与式 $\overset{(\text{i})}{=} (\log_e 3 + \log_e e) - \dfrac{1}{2} (\log_e 9 + \log_e \sqrt{e})$

$= (\log_e 3 + 1) - \dfrac{1}{2} (\log_e 3^2 + \log_e e^{\frac{1}{2}})$

$\overset{(\text{iii})}{=} \log_e 3 + 1 - \dfrac{1}{2} \left(2 \log_e 3 + \dfrac{1}{2} \log_e e \right)$

$= \log_e 3 + 1 - \log_e 3 - \dfrac{1}{4} \cdot 1$

$= 1 - \dfrac{1}{4} = \boxed{\dfrac{3}{4}}$　　　　　　　　　　　　　（解終）

"e" をおそれないでね．

問題 5.3 （解答は p.143）

対数法則を使って次の式を簡単にしてください．

（1） $\log_2 27 + \log_2 \dfrac{8}{9} - \log_2 48$　　　（2） $2 \log_{10} \dfrac{\sqrt{3}}{10} - \log_{10} 30$

（3） $\log_e \dfrac{1}{2e} + \dfrac{1}{2} \log_e 2e^2 + \log_e \sqrt{2}$

次に対数の底を変える公式を紹介します。

底の変換公式

- $\log_p q = \dfrac{\log_a q}{\log_a p}$

例題 5.4 [底の変換]

次の対数の底を 10 に変換してみましょう。

（1） $\log_2 3$　　（2） $\log_3 100$　　（3） $\log_e 10$

次の対数の底を e に変換してみましょう。

（4） $\log_2 3$　　（5） $\log_3 e^3$　　（6） $\log_{10} e$

解 底の変換公式をよく見ながら

（1） $\log_2 3 = \dfrac{\log_{10} 3}{\log_{10} 2}$

（2） $\log_3 100 = \dfrac{\log_{10} 100}{\log_{10} 3} = \dfrac{\log_{10} 10^2}{\log_{10} 3} = \dfrac{2\log_{10} 10}{\log_{10} 3}$

　　　　$= \dfrac{2 \cdot 1}{\log_{10} 3} = \dfrac{2}{\log_{10} 3}$

（3） $\log_e 10 = \dfrac{\log_{10} 10}{\log_{10} e} = \dfrac{1}{\log_{10} e}$

（4） $\log_2 3 = \dfrac{\log_e 3}{\log_e 2}$

（5） $\log_3 e^3 = \dfrac{\log_e e^3}{\log_e 3} = \dfrac{3\log_e e}{\log_e 3} = \dfrac{3 \cdot 1}{\log_e 3} = \dfrac{3}{\log_e 3}$

（6） $\log_{10} e = \dfrac{\log_e e}{\log_e 10} = \dfrac{1}{\log_e 10}$

（解終）

警告！

$\dfrac{\log_a q}{\log_a p} \neq \log_a q - \log_a p$

警告！

$\dfrac{1}{\log_a p} \neq -\log_a p$

- $\log_a a = 1$
- $\log_a 1 = 0$

問題 5.4（解答は p. 143）

次の対数の底を 10 と e の 2 通りに変換してください。

（1） $\log_5 100$　　（2） $\log_3 10e$

〈2〉 常用対数と自然対数

対数の中で特に
　　10 を底とする対数 $\log_{10} a$ を **常用対数**
　　e を底とする対数 $\log_e a$ を **自然対数**

といいます。数学では自然対数がよく使われ，底の e を省略して
　　$\log a$
とかきます。

しかし，自然現象を対象とする物理や化学では，常用対数，自然対数の両方とも重要でよく使われます。専門書を読むときは，それぞれにどの記号が使われているか，よく確かめましょう。

10 進法では 10 が基準 ➡
微分積分では e が基準 ➡

e は "自然対数の底" ともよばれま〜す。

例題 5.5 [対数の値]

関数電卓を使って次の値を求めてみましょう。

（1）$\log_{10} 3$　　（2）$\log_{10} \dfrac{1}{2}$　　（3）$\log_2 3$

（4）$\log_e 2$　　（5）$\log_e 10$　　（小数第 5 位以下切り捨て）

解 関数電卓には常用対数と自然対数のキーしかありません。その他の底のときは，底の変換公式を使って底を 10 か e に直して求めましょう。キーの記号は電卓の機種によって異なりますのでマニュアルをよく見てください。たとえば

　　常用対数 …… $\boxed{\log}$ $\boxed{\text{Log}}$ $\boxed{\text{LOG}}$ など
　　自然対数 …… $\boxed{\ln}$ $\boxed{\text{Ln}}$ $\boxed{\text{LN}}$ など

です。

（1），（2），（3）は，常用対数のキーを使って

（1）$\log_{10} 3 = $ 0.4771　　　（2）$\log_{10} \dfrac{1}{2} = \log_{10} 0.5 = $ -0.3010

（3）$\log_2 3 = \dfrac{\log_{10} 3}{\log_{10} 2} = $ 1.5849　$\left(\dfrac{\log_e 3}{\log_e 2} \text{でもよい} \right)$

（4），（5）は，自然対数のキーを使って

（4）$\log_e 2 = $ 0.6931　　　（5）$\log_e 10 = $ 2.3025　　　（解終）

log は logarithm ➡
ln は logarithm natural ➡

── 底の変換 ──
■ $\log_q p = \dfrac{\log_a p}{\log_a q}$

問題 5.5 （解答は p.143）

関数電卓を使って次の値を求めてください。（小数第 5 位以下切り捨て）

（1）$\log_{10} 5$　　（2）$\log_{10} \dfrac{2}{3}$　　（3）$\log_3 5$　　（4）$\log_e 5$　　（5）$\log_e \dfrac{3}{2}$

〈3〉 対数関数とグラフ

a を 1 でない正の数とします。x が正の値をいろいろとるとき、それにつれて $\log_a x$ の値もいろいろと変わります。そこで関数

$$y = \log_a x$$

を考えます。この関数を

a を底とする対数関数

といいます。

対数と指数は次の関係にありました。

$$y = \log_a x \iff x = a^y$$

右側の指数関数は、前の章で学んだ指数関数 $y = a^x$ と x と y が逆になっています。ですから

$y = \log_a x$ と $y = a^x$ のグラフは

　直線 $y = x$ について対称

という性質をもっています。したがって対数関数のグラフは下のようになります。

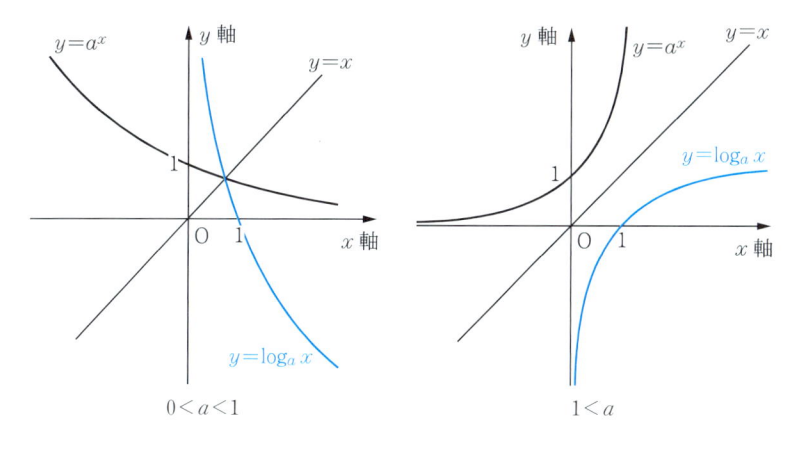

■ $q = a^p \iff p = \log_a q$

$0 < a < 1$　　　　　　$1 < a$

$y = \log_a x$ は必ず点 $(1, 0)$ を通り、指数関数のグラフと対称的に、おだやかに減少または増加していきます。

　　定義域は　　$x > 0$　　　（正の実数）
　　値域は　　　$-\infty < y < \infty$　（全実数）

となります。

> $y = a^x$ と $y = \log_a x$ のグラフは $y = x$ について対称よ。
> だって、$y = \log_a x$ は $x = a^y$ のかき換えにすぎないもの。

5. 対数関数

例題 5.6［対数関数のグラフ］

関数電卓で数表をつくり，次の対数関数のグラフを描いてみましょう。

① $y = \log_2 x$ ② $y = \log_{\frac{1}{2}} x$

[解] 電卓で計算できるように底を変換しておきましょう。

① $y = \log_2 x = \dfrac{\log_{10} x}{\log_{10} 2}$

② 底をまず 2 に変換してみると

$$y = \log_{\frac{1}{2}} x = \dfrac{\log_2 x}{\log_2 \frac{1}{2}} = \dfrac{\log_2 x}{\log_2 2^{-1}}$$

$$= \dfrac{\log_2 x}{-\log_2 2} = \dfrac{\log_2 x}{-1} = -\log_2 x$$

―― 底の変換 ――
■ $\log_q p = \dfrac{\log_a p}{\log_a q}$

したがって，①と②は一緒に数表をつくることができます。グラフは下のようになります。

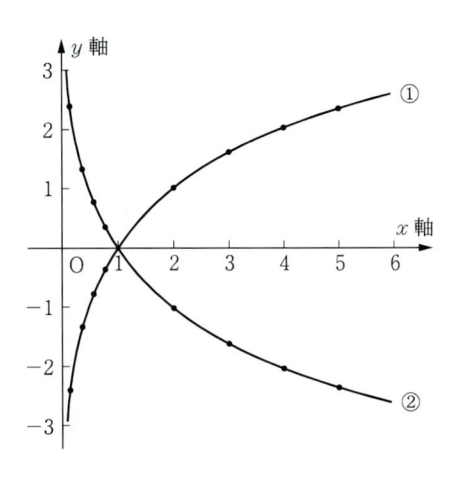

x	$y = \log_2 x$	$y = \log_{\frac{1}{2}} x$
0	$-\infty$	$+\infty$
0.2	-2.3219	2.3219
0.4	-1.3219	1.3219
0.6	-0.7369	0.7369
0.8	-0.3219	0.3219
1	0	0
2	1	-1
3	1.5849	-1.5849
4	2	-2
5	2.3219	-2.3219
⋮	⋮	⋮

（小数第 5 位以下切り捨て）

①と②は x 軸について対称ね。

（解終）

問題 5.6（解答は p.144）

関数電卓で数表をつくり，次の関数のグラフを描いてください。

① $y = \log_3 x$ ② $y = \log_{\frac{1}{3}} x$

❻ 関数の極限

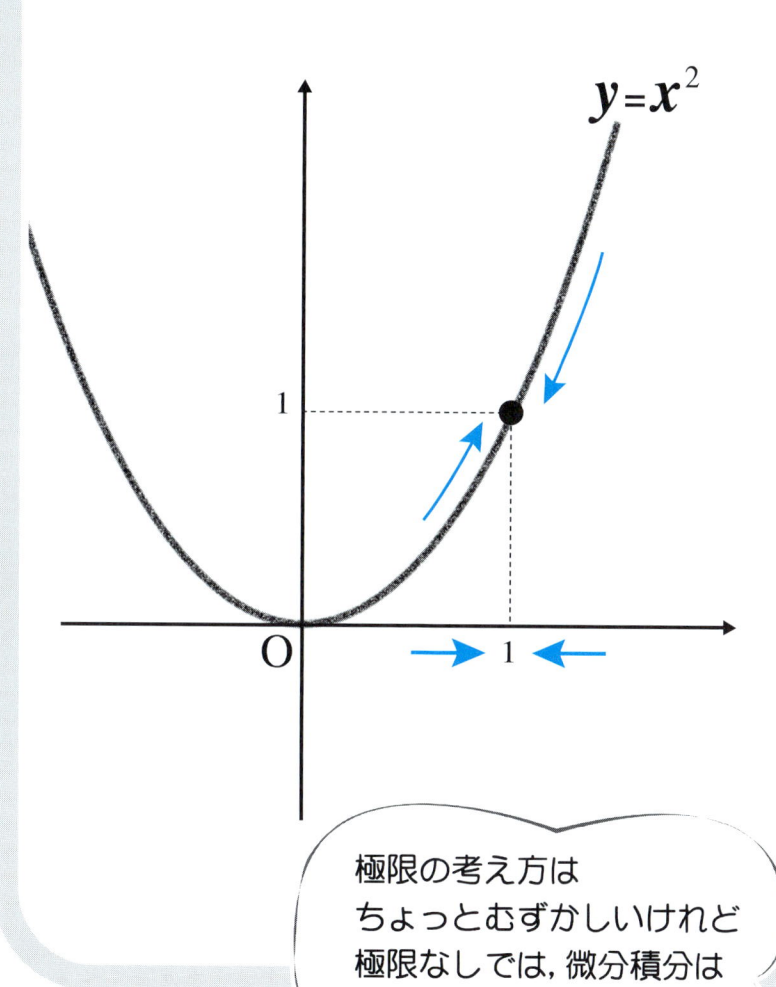

$y=x^2$

1

O　　1

極限の考え方は
ちょっとむずかしいけれど
極限なしでは、微分積分は
語れないのよ。

〈1〉 収束と発散

関数 $y=f(x)$ において，x が p 以外の値をとりながら限りなく p に近づくとき，$f(x)$ の値が一定の値 q に限りなく近づくならば

$$x \to p \quad \text{のとき} \quad f(x) \text{ は } q \text{ に } \textbf{収束} \text{ する}$$

といい，

$$\lim_{x \to p} f(x) = q$$

とかきます。また q を $x \to p$ のときの $f(x)$ の **極限値** といいます。

たとえば関数 $y=x^2$ を考えてみましょう。x を 1 以外の値をとりながら限りなく 1 に近づけてみます。このとき，x は $x>1$ の場合も $x<1$ の場合も考えます。すると y の値は x の変化につれ，どんどんと限りなく 1 に近づいていきます。ですから

$$\lim_{x \to 1} x^2 = 1$$

です。

このように関数が $x=p$ を含め，その前後で連続的に変化しているところでは，

$$\lim_{x \to p} f(x) = f(p) \quad \cdots (☆)$$

となります。

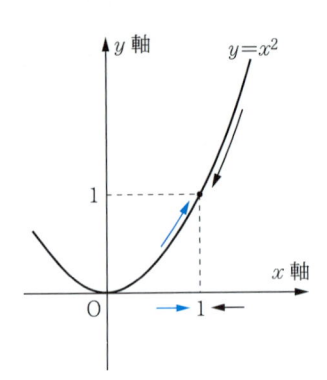

	x	$y=x^2$
	⋮	⋮
	0.9	0.81
	0.99	0.9801
$x<1$	0.999	0.998001
	0.9999	0.99980001
	0.99999	0.99998000
	⋮	⋮
	↓	↓
	1	**1**
	↑	↑
	⋮	⋮
	1.00001	1.00002000
	1.0001	1.00020001
$x>1$	1.001	1.002001
	1.01	1.0201
	1.1	1.21
	⋮	⋮

（小数第9位以下切り捨て）

実は，この（☆）の式が関数が連続であることの定義なので～す。

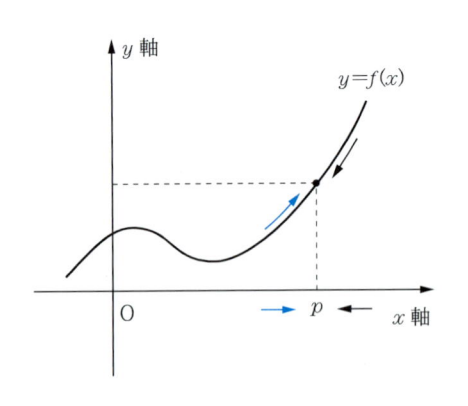

しかし，関数が連続的に変化していないところでは，様子が違ってきます。

たとえば，電気信号などに現われる右のグラフをもつ関数を考えてみましょう。この関数を $y=f(x)$ とし，$x\to 0$ のときの値を考えてみます。すると

$x<0$ で $x\to 0$ のとき（$x\to 0-0$ とかきます），$f(x)\to 0$

$x>0$ で $x\to 0$ のとき（$x\to 0+0$ とかきます），$f(x)\to 1$

となってしまいます。したがって，$x\to 0$ のとき $f(x)$ は一定の値には近づかないので

$x\to 0$ のとき $f(x)$ は **収束しない**

または

$x\to 0$ のときの $f(x)$ の **極限値は存在しない**

ということになります。

x		$y=f(x)$
	⋮	⋮
	-0.1	0
	-0.01	0
$x<0$	-0.001	0
	-0.0001	0
	-0.00001	0
	⋮	⋮
	↓	↓
	0	**?**
	↑	↑
	⋮	⋮
	-0.00001	1
	-0.0001	1
$x>0$	-0.001	1
	-0.01	1
	-0.1	1
	⋮	⋮

例題 6.1 ［極限値 1］

次の極限値を求めてみましょう。

（1）$\displaystyle\lim_{x\to 0}(2x+1)$　　（2）$\displaystyle\lim_{x\to 1}f(x)$, $f(x)=\begin{cases} 1 & (x\leqq 1) \\ 0 & (x>1) \end{cases}$

解　（1）$y=2x+1$ のグラフはどこでも連続なので

$\displaystyle\lim_{x\to 0}(2x+1)=\boxed{1}$

（2）$y=f(x)$ のグラフを描くと右下のようになります。

$x\to 1-0$ のとき　$f(x)\to 1$

$x\to 1+0$ のとき　$f(x)\to 0$

なので

$\displaystyle\lim_{x\to 1}f(x)$ は **存在しない**

となります。　　　（解終）

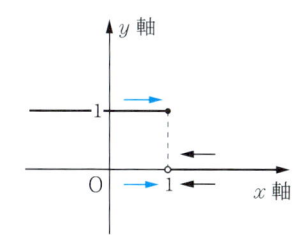

問題 6.1（解答は p.144）

次の極限値を求めてください。

（1）$\displaystyle\lim_{x\to -1}x^2$　　（2）$\displaystyle\lim_{x\to 0}f(x)$, $f(x)=\begin{cases} -x & (x<0) \\ x & (x\geqq 0) \end{cases}$　　（3）$\displaystyle\lim_{x\to 1}g(x)$, $g(x)=\begin{cases} x & (x\neq 1) \\ 0 & (x=1) \end{cases}$

6. 関数の極限

x が限りなく大きくなることを

$$x \to \infty \quad \text{または} \quad x \to +\infty$$

とかきます。また x が負の値をとりながら絶対値が限りなく大きくなることを

$$x \to -\infty$$

とかきます。

関数 $y = f(x)$ について，$x \to p$ のとき $f(x)$ の値が限りなく大きくなるとき

$$f(x) \text{ は（正の）無限大に発散する}$$

といい

$$\lim_{x \to p} f(x) = \infty \quad (\text{または} +\infty)$$

とかきます。逆に $x \to p$ のとき，$f(x)$ の値が負の値で，絶対値が限りなく大きくなるとき

$$f(x) \text{ は負の無限大に発散する}$$

といい

$$\lim_{x \to p} f(x) = -\infty$$

とかきます。

たとえば，関数 $y = \dfrac{1}{x}$ において $x \to +\infty$，$x \to -\infty$ のときを考えると分母の絶対値は両方の場合とも限りなく限りなく大きくなるので

$$\lim_{x \to +\infty} \frac{1}{x} = 0 \quad (\text{ただし正の値をとりながら限りなく 0 に近づく})$$

$$\lim_{x \to -\infty} \frac{1}{x} = 0 \quad (\text{ただし負の値をとりながら限りなく 0 に近づく})$$

となります。

また

$$\lim_{x \to 0+0} \frac{1}{x} = +\infty$$

$$\lim_{x \to 0-0} \frac{1}{x} = -\infty$$

です。

> ∞ は無限大
> +∞ は正の（またはプラスの）無限大
> −∞ は負の（またはマイナスの）無限大
> とよみま〜す。

x	$y = \dfrac{1}{x}$
0	**±∞**
↑	↑
⋮	⋮
±0.00001	±100000
±0.0001	±10000
±0.001	±1000
±0.01	±100
±0.1	±10
⋮	⋮
±10	±0.1
±100	±0.01
±1000	±0.001
±10000	±0.0001
⋮	⋮
↓	↓
±∞	0

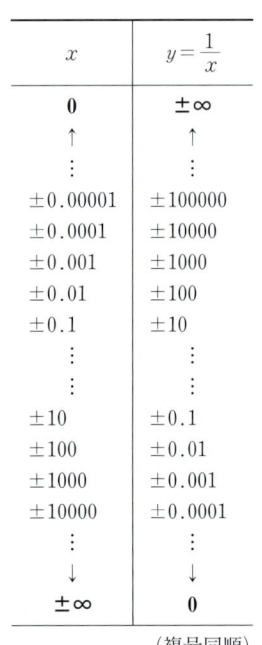

（複号同順）

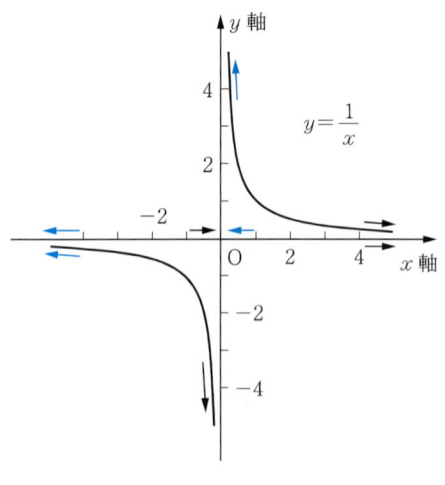

例題 6.2 [極限値 2]

次の極限を考えてみましょう。

(1) $\lim_{x \to +\infty} \dfrac{1}{x^2}$ (2) $\lim_{x \to -\infty} \left(1 - \dfrac{1}{x^2}\right)$ (3) $\lim_{x \to 0} \dfrac{1}{x^2}$

解 (1) $x \to +\infty$ のとき，$x^2 \to +\infty$ なので $\dfrac{1}{x^2} \to +0$ となります。

つまり $\lim_{x \to +\infty} \dfrac{1}{x^2} = 0$

(2) $x \to -\infty$ のとき，$x^2 \to +\infty$ となり $\dfrac{1}{x^2} \to +0$ となります。

したがって $1 - \dfrac{1}{x^2} \to 1$ なので

$$\lim_{x \to -\infty} \left(1 - \dfrac{1}{x^2}\right) = 1$$

(3) $x \to 0$ のとき $x^2 \to +0$ なので $\dfrac{1}{x^2} \to +\infty$ となります。

したがって $\lim_{x \to 0} \dfrac{1}{x^2} = +\infty$ （解終）

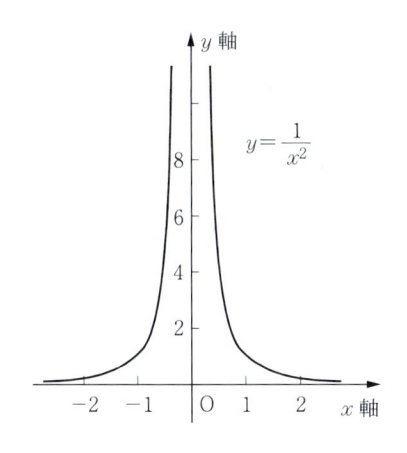

> $\dfrac{1}{x^2} \to +0$ は
> 正の値をとりながら
> 0 に限りなく近づく
> という記号です。

問題 6.2 (解答は p.145)

次の極限を考えてください。

(1) $\lim_{x \to +\infty} \dfrac{1}{x+1}$ (2) $\lim_{x \to -\infty} \dfrac{1}{x^3}$ (3) $\lim_{x \to 0} \left(1 - \dfrac{1}{x^2}\right)$

6. 関数の極限

極限値の性質

$\lim_{x \to p} f(x) = q$,

$\lim_{x \to p} g(x) = r$

と収束すれば

- $\lim_{x \to p} \{f(x) \pm g(x)\}$
  $= q \pm r$ （複号同順）
- $\lim_{x \to p} k f(x) = kq$
- $\lim_{x \to p} \dfrac{f(x)}{g(x)} = \dfrac{q}{r}$ （$r \neq 0$）

例題 6.3 ［極限値 3］

$f(x) = x^3 - 2x^2 - x + 1$ のとき，次の極限を考えてみましょう。

(1) $\lim_{x \to 0} f(x)$　　(2) $\lim_{x \to +\infty} f(x)$　　(3) $\lim_{x \to -\infty} f(x)$

解 (1) $x \to 0$ のとき $f(x)$ の各項は

$$x^3 \to 0, \quad x^2 \to 0, \quad x \to 0, \quad 1 \to 1$$

とそれぞれ極限値をもつので，左の性質より

$$\lim_{x \to 0} f(x) = 0 - 2 \cdot 0 - 0 + 1 = \boxed{1}$$

(2) $x \to +\infty$ のとき，$f(x)$ のはじめの 3 項は極限値をもたないので (1) のようには単純にいきません。次のように変形して考えましょう。

$$\lim_{x \to +\infty}(x^3 - 2x^2 - x + 1) = \lim_{x \to +\infty} x^3 \left(1 - \frac{2x^2}{x^3} - \frac{x}{x^3} + \frac{1}{x^3}\right)$$

$$= \lim_{x \to +\infty} x^3 \left(1 - \frac{2}{x} - \frac{1}{x^2} + \frac{1}{x^3}\right)$$

$x \to +\infty$ のとき $\dfrac{1}{x} \to +0$, $\dfrac{1}{x^2} \to +0$, $\dfrac{1}{x^3} \to +0$ なので

$$1 - \frac{2}{x} - \frac{1}{x^2} + \frac{1}{x^3} \to 1 - 2(+0) - (+0) + (+0) = 1$$

となります。一方，$x^3 \to +\infty$ なので，$f(x)$ については

$$\lim_{x \to +\infty} f(x) = \boxed{+\infty}$$

(3) $x \to -\infty$ のときも (2) と同様に考えます。

$x \to -\infty$ のとき $\dfrac{1}{x} \to -0$, $\dfrac{1}{x^2} \to +0$, $\dfrac{1}{x^3} \to -0$ なので

$$1 - \frac{2}{x} - \frac{1}{x^2} + \frac{1}{x^3} \to 1 - 2(-0) - (+0) + (-0) = 1$$

となります。一方，$x^3 \to -\infty$ なので，$f(x)$ については

$$\lim_{x \to -\infty} f(x) = \boxed{-\infty}$$

（解終）

$\infty + \infty = \infty$ だけど $\infty - \infty = 0$ とは限らないわよ。

問題 6.3 （解答は p.145）

$g(x) = 2 - x + 3x^2 - x^3$ のとき，次の極限を考えてください。

(1) $\lim_{x \to 0} g(x)$　　(2) $\lim_{x \to +\infty} g(x)$　　(3) $\lim_{x \to -\infty} g(x)$

〈1〉 収束と発散　65

　いままで学んできた三角関数，指数関数，対数関数の極限については次のことが成り立ちます。

$y=\sin x$	$y=\cos x$	$y=\tan x$
$\lim_{x\to 0}\sin x=0$	$\lim_{x\to 0}\cos x=1$	$\lim_{x\to 0}\tan x=0$
$\lim_{x\to+\infty}\sin x=$ なし	$\lim_{x\to+\infty}\cos x=$ なし	$\lim_{x\to\frac{\pi}{2}-0}\tan x=+\infty$
$\lim_{x\to-\infty}\sin x=$ なし	$\lim_{x\to-\infty}\cos x=$ なし	$\lim_{x\to\frac{\pi}{2}+0}\tan x=-\infty$

　関数 $y=\sin x$，$y=\cos x$ において $x\to+\infty$ または $x\to-\infty$ とするとき，y の値は -1 と 1 の間のすべての値をくり返しくり返しとり続けます（右上のグラフを参照してください）。このように一定の値には収束しないので，極限値は存在しません。このような状態を **振動する** ということもあります。

　関数 $y=e^x$ と $y=\log_e x$ の極限についても，グラフの特徴と照らし合わせて理解するとよいでしょう。

$y=e^x$	$y=\log_e x$
$\lim_{x\to 0}e^x=1$	$\lim_{x\to 0+0}\log_e x=-\infty$
$\lim_{x\to+\infty}e^x=+\infty$	$\lim_{x\to+\infty}\log_e x=+\infty$
$\lim_{x\to-\infty}e^x=+0$	

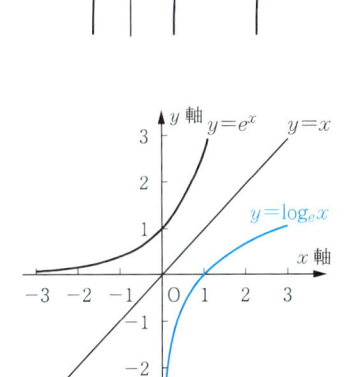

- $x\to a+0$ は
　　x を a より大きい右側から a に近づけること
- $x\to a-0$ は
　　x を a より小さい左側から a に近づけること

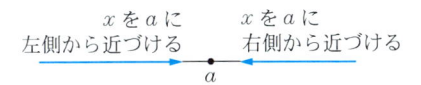

　　　　x を a に　　x を a に
　　　　左側から近づける　右側から近づける

グラフの特徴をよく覚えておいてね。

〈2〉 極限公式

ここでは三角関数や指数，対数関数の導関数を求めるのに必要な極限公式を紹介しておきます。グラフと照らし合わせて理解しておきましょう。（きちんとした証明はなかなか大変です。）

$$\blacksquare \lim_{x \to 0} \frac{\sin x}{x} = 1$$

$y=x$ と $y=\sin x$ の $x=0$ 付近のグラフを比べてみてください。$x=0$ では両方とも値は 0 ですが，その近くでも 2 つのグラフはほとんど一致してしまいます。ですから，$x \to 0$ のとき，$\sin x$ と x の比 $\dfrac{\sin x}{x}$ は 1 に限りなく近づいていきます。数値で比較しても確かめられます。ただし，x はラジアン単位でないと成立しないので気をつけてください。

x	$\sin x$
⋮	⋮
±0.1	±0.099833
±0.01	±0.009999
±0.001	±0.000999
±0.0001	±0.000099
±0.00001 *	±0.00001 *
⋮	⋮
↓	↓
0	0

（小数第 7 位以下切り捨て）

* $x=±0.00001$ では x と $\sin x$ の値の違いが電卓の計算の誤差内であるため，両方の値が一致してしまいました。（誤差は電卓の機種により多少差があります。）

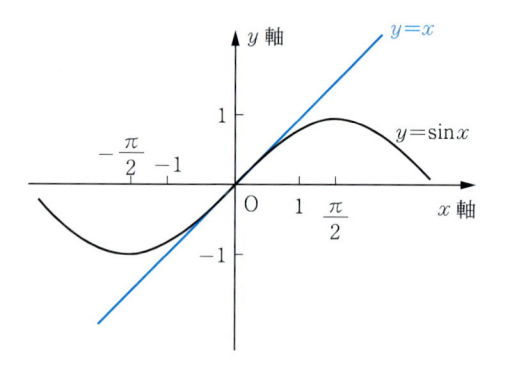

詳しい証明は『微分積分』で勉強してね。

〈2〉 極限公式

$$\lim_{x \to 0} \frac{e^x - 1}{x} = 1$$

x	$e^x - 1$
⋮	⋮
-0.1	-0.095162
-0.01	-0.009950
-0.001	-0.000999
-0.0001	-0.000099
-0.00001	-0.000009
⋮	⋮
↓	↓
0	0
↑	↑
⋮	⋮
0.00001 *	0.00001 *
0.0001	0.000100
0.001	0.001000
0.01	0.010050
0.1	0.105170
⋮	⋮

（小数第7位以下切り捨て
 ＊は左頁の注と同じ）

$y = x$ と $y = e^x - 1$ のグラフを比べてみてください。$y = e^x - 1$ は $y = e^x$ を y 軸下方へ1だけ平行移動したグラフです。$x = 0$ のときは両方とも値は0ですが，$x = 0$ 近くでもやはり両辺のグラフがほとんど一致していることが見てとれます。これは $y = e^x$ という特別な指数関数の性質から出て来たものです。

　　$y = e^x$ は $x = 0$ での接線の傾きが1
の特別な指数関数でした。$y = e^x - 1$ のグラフは $y = e^x$ のグラフを平行移動しただけなので，$y = e^x - 1$ と $y = x$ のグラフは $x = 0$ 付近ではとんど一致しているのです。右の数表でも確かめてください。

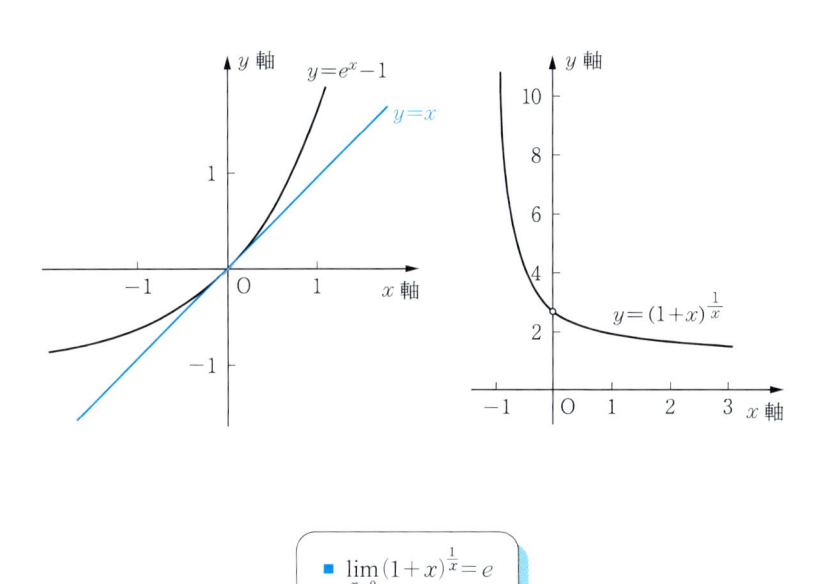

x	$(1+x)^{\frac{1}{x}}$
⋮	⋮
0.1	2.593742
0.01	2.704813
0.001	2.716923
0.0001	2.718145
0.00001	2.718268
⋮	⋮
↓	↓
0	e

（小数第7位以下切り捨て）

$$\lim_{x \to 0}(1+x)^{\frac{1}{x}} = e$$

◐ $e = 2.718281828\cdots$

この極限公式は特別な数 e の定義式ともいえる式です。

　関数 $f(x) = (1+x)^{\frac{1}{x}}$ について，$x \to 0$ のときの値の変化を調べて収束することを示すのですが，この証明はなかなか大変です。右上の数表（$x > 0$ のときのみ）で確かめてください。

とくとく情報［無限級数］

$$0.9999999999\cdots\cdots$$

と，小数に9が限りなく，無限に続くとどうなるでしょうか？

この数は

$$0.999\cdots = 0.9 + 0.09 + 0.009 + \cdots \quad (*)$$

のように，初項 0.9，公比 0.1 の無限等比数列の和で表わされます。有限個の第 n 項までの和 S_n は等比数列の和の公式より

$$S_n = \frac{0.9(1-0.1^n)}{1-0.1} = 1 - 0.1^n = 1 - \left(\frac{1}{10}\right)^n$$

となります。ここで $n \to \infty$ として，無限等比級数の和を求めると

$$0.999\cdots = \lim_{n \to \infty} S_n = \lim_{n \to \infty}\left\{1 - \left(\frac{1}{10}\right)^n\right\} = 1$$

となりました。つまり

$0.999\cdots$ は限りなく限りなく1に近づく

という意味で

$$0.999\cdots = 1$$

なのです。

上の（*）のように，無限に続く和で表わされた式を**無限級数**といいます。無限級数は収束しないと意味がありません。

さらに無限級数は，各項が関数のときもあります。特に

$$a_0 + a_1 x + a_2 x^2 + \cdots + a_n x^n + \cdots$$

という形の級数を**ベキ級数**といいます。ベキ級数の和を有限個で終らせてしまえば単なる多項式になるので，関数の近似によく使われます。

たとえば $|x|$ が十分小さければ

$$\sin x \fallingdotseq x$$

$$\cos x \fallingdotseq 1 - \frac{1}{2}x^2$$

$$e^x \fallingdotseq 1 + x + \frac{1}{2}x^2$$

$$\log(1+x) \fallingdotseq x - \frac{1}{2}x^2$$

$$\sqrt{1+x} \fallingdotseq 1 + \frac{1}{2}x - \frac{1}{8}x^2$$

という近似式が成り立ちます。

詳しくは『微分積分』の授業で勉強してね。

❼ 微分

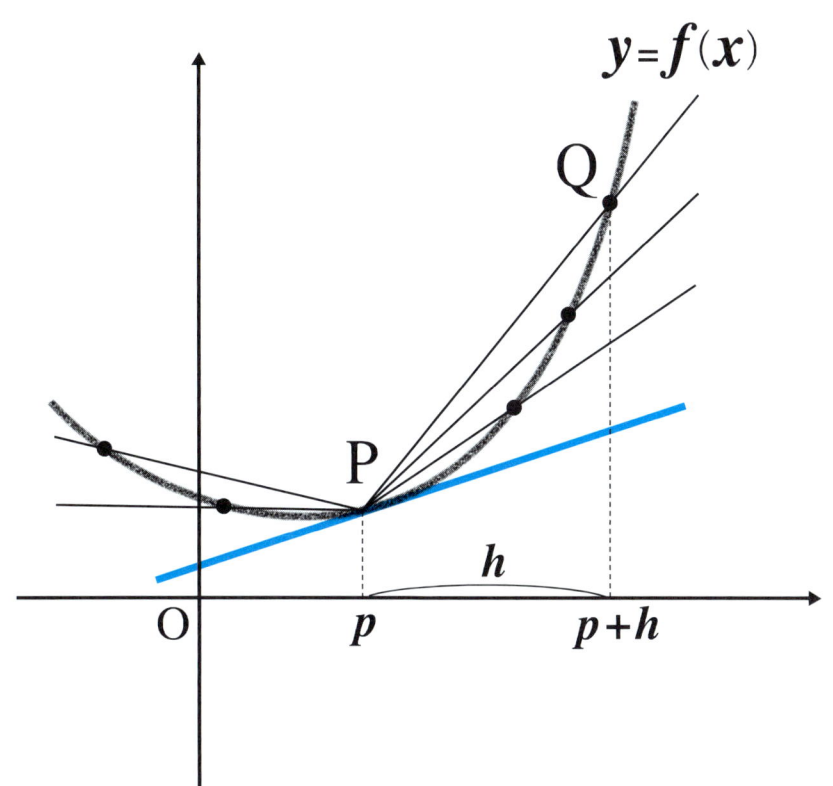

さまざまな現象を数学を使って処理するときには、微分の考え方が欠かせません。

⟨1⟩ 微分係数

関数 $y=f(x)$ をより詳しく知るために，x の値の変化につれて y はどのように変化するか調べてみましょう。

$y=f(x)$ のグラフ上の少し離れた 2 点
$$P(p, f(p)), \quad Q(p+h, f(p+h))$$
を考えます。この 2 点について

x 座標の変化は　p から $p+h$　　なので　h

y 座標の変化は　$f(p)$ から $f(p+h)$　なので　$f(p+h)-f(p)$

です。すると P と Q の間の $f(x)$ の変化の割合は

$$\frac{f(p+h)-f(p)}{h}$$

となります。これを $x=p$ から $x=p+h$ までの

　　平均変化率

といいます。

平均変化率は直線 PQ の傾きを表わしています。

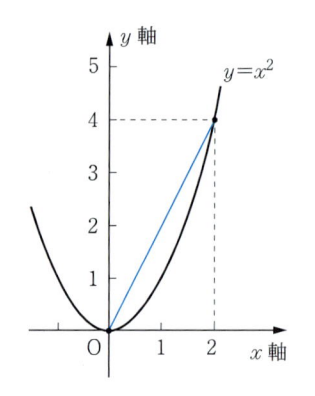

例題 7.1 [平均変化率]

次の平均変化率を求めてみましょう。

(1) 関数 $y=x^2$ について，$x=0$ から $x=2$ までの平均変化率

(2) 関数 $y=\sin x$ について，$x=0$ から $x=\dfrac{\pi}{3}$ までの平均変化率

解 (1) $f(x)=x^2$ とおいておきます。

$$平均変化率=\frac{y\,座標の変化}{x\,座標の変化}=\frac{f(2)-f(0)}{2-0}=\frac{2^2-0^2}{2}=\frac{4}{2}=\boxed{2}$$

(2) $f(x)=\sin x$ とおくと同様に

$$平均変化率=\frac{f\left(\dfrac{\pi}{3}\right)-f(0)}{\dfrac{\pi}{3}-0}=\frac{\sin\dfrac{\pi}{3}-\sin 0}{\dfrac{\pi}{3}}=\frac{\dfrac{\sqrt{3}}{2}-0}{\dfrac{\pi}{3}}$$

$$=\frac{\sqrt{3}}{2}\times\frac{3}{\pi}=\boxed{\frac{3\sqrt{3}}{2\pi}}$$

（解終）

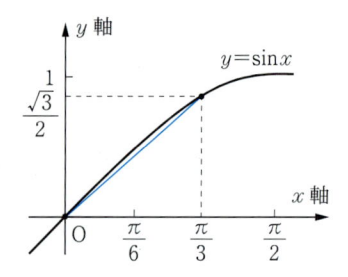

問題 7.1 (解答は p. 145)

(1) 関数 $y=(x-1)^2$ について，$x=1$ から $x=3$ までの平均変化率を求めてください。

(2) 関数 $y=e^x$ について，$x=0$ から $x=1$ までの平均変化率を求めてください。

〈1〉微分係数　71

次に，点Pと点Qのx座標の差hを限りなく0に近づけてみましょう。つまり$h \to 0$としてみます。

このとき，PとQの間の平均変化率の極限

$$\lim_{h \to 0} \frac{f(p+h) - f(p)}{h} \quad (☆)$$

はどうなるでしょう。

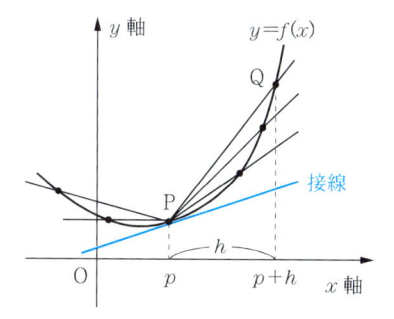

平均変化率は直線PQの傾きを表わしていたので，もし（☆）の極限値が存在するなら，それは直線PQの傾きが限りなく近づく値です。それは点Pにおける**接線**の傾きとなります。

$y = f(x)$ において，（☆）の極限値が存在するとき，

　　$y = f(x)$ は $x = p$ において**微分可能**である

といいます。また，その極限値を$f'(p)$で表わし，

　　$f(x)$ の $x = p$ における**微分係数**

といいます。

微分係数
- $f'(p) = \displaystyle\lim_{h \to 0} \frac{f(p+h) - f(p)}{h}$

$y = f(x)$ が $x = p$ で微分可能ということは，その点で接線が引けるということです。そして，接線の傾きが微分係数 $f'(p)$ なのです。

またこのとき，曲線はその点において連続でなめらかになっています。下左図の曲線のように $x = p$ で切れていたり，また下右図の曲線のように $x = p$ でとんがったりしていないということです。曲線がとんがっている点では接線は引けません。

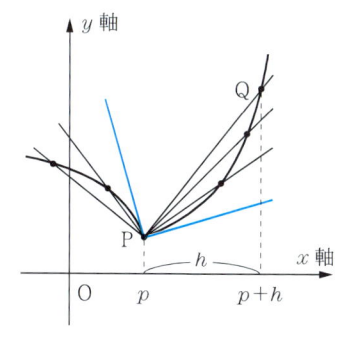

> $h \to 0$ のとき
> 　$h > 0$, $h < 0$
> の両方を考えるのよ。

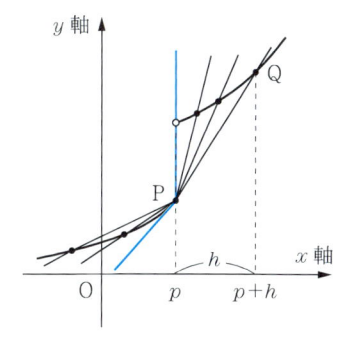

7. 微分

微分係数

- $f'(p)$
  $= \lim_{h \to 0} \dfrac{f(p+h) - f(p)}{h}$

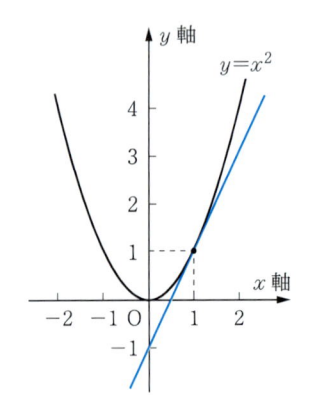

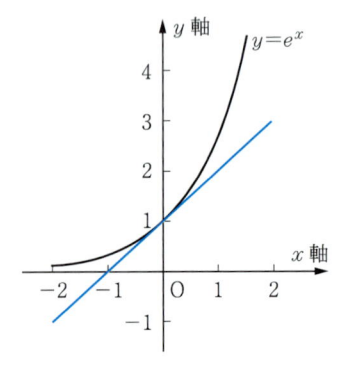

$f(\boxed{x}) = \boxed{x^2}$

$\boxed{x}$ のところに $\boxed{p+h}$ を代入

$f(\boxed{p+h}) = (\boxed{p+h})^2$

例題 7.2 [微分係数]

（1） $y = x^2$ の $x = 1$ における微分係数 $f'(1)$ を求めてみましょう。

（2） $y = e^x$ の $x = 0$ における微分係数 $f'(0)$ を求めてみましょう。

[解] （1） $f(x) = x^2$ とおきます。微分係数の定義の式において $p=1$ として計算すると

$$f'(1) = \lim_{h \to 0} \frac{f(1+h) - f(1)}{h}$$
$$= \lim_{h \to 0} \frac{(1+h)^2 - 1^2}{h} = \lim_{h \to 0} \frac{(1 + 2h + h^2) - 1}{h}$$
$$= \lim_{h \to 0} \frac{2h + h^2}{h} = \lim_{h \to 0} \frac{h(2+h)}{h}$$
$$= \lim_{h \to 0} (2+h) = \boxed{2}$$

（2） $f(x) = e^x$ とおきます。$p = 0$ のときなので

$$f'(0) = \lim_{h \to 0} \frac{f(0+h) - f(0)}{h} = \lim_{h \to 0} \frac{f(h) - f(0)}{h}$$
$$= \lim_{h \to 0} \frac{e^h - e^0}{h} = \lim_{h \to 0} \frac{e^h - 1}{h}$$

極限公式より

$$= \boxed{1} \qquad\qquad \text{(解終)}$$

極限公式

- $\lim_{x \to 0} \dfrac{\sin x}{x} = 1$
- $\lim_{x \to 0} \dfrac{e^x - 1}{x} = 1$
- $\lim_{x \to 0} (1+x)^{\frac{1}{x}} = e$

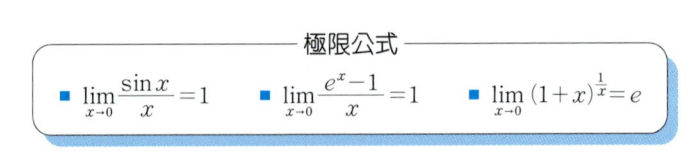

❋ ❋ **問題 7.2** (解答は p.146)

（1） $y = x^2$ の $x = -2$ における微分係数 $f'(-2)$ を求めてください。

（2） $y = \log x$ の $x = 1$ における微分係数 $f'(1)$ を求めてください。

（3） $y = \sin x$ の $x = 0$ における微分係数 $f'(0)$ を求めてください。

〈2〉 導関数

関数 $y=f(x)$ に対して，$x=p$ における微分係数 $f'(p)$ を定義しました。p の値がいろいろ変われば，それにつれて $f'(p)$ の値もいろいろと変化します。そこで一般的に

　　x の値に微分係数 $f'(x)$ を対応させる関数

を考えます。この関数 $y=f'(x)$ を $y=f(x)$ の

　　　導関数　　または　　**微分**

といいます。つまり，微分係数の p を変数 x にかえた

$$f'(x)=\lim_{h\to 0}\frac{f(x+h)-f(x)}{h}$$

が導関数の定義式です。$y=f(x)$ の導関数は $f'(x)$ の他に

$$y',\quad \frac{dy}{dx},\quad \frac{df}{dx},\quad \frac{d}{dx}f(x)$$

などの記号も使われます。また，導関数を求めることを **微分する** といいます。

---- 導関数 ----
$$f'(x)=\lim_{h\to 0}\frac{f(x+h)-f(x)}{h}$$

$\frac{d}{dx}$ は "x で微分せよ" という命令で〜す。

例題 7.3 [導関数 1]

定義に従って，次の関数の導関数を求めてみましょう。
(1) $f(x)=k$ （定数）　　(2) $f(x)=x^2$

[解]　$f'(x)$ の定義に代入して計算します。

(1) $f'(x)=\lim_{h\to 0}\dfrac{f(x+h)-f(x)}{h}$

$\qquad =\lim_{h\to 0}\dfrac{k-k}{h}=\lim_{h\to 0}\dfrac{0}{h}=\lim_{h\to 0}0=\boxed{0}$

(2) $f'(x)=\lim_{h\to 0}\dfrac{f(x+h)-f(x)}{h}=\lim_{h\to 0}\dfrac{(x+h)^2-x^2}{h}$

$\qquad =\lim_{h\to 0}\dfrac{(x^2+2xh+h^2)-x^2}{h}=\lim_{h\to 0}\dfrac{2xh+h^2}{h}$

$\qquad =\lim_{h\to 0}\dfrac{h(2x+h)}{h}=\lim_{h\to 0}(2x+h)=\boxed{2x}$ 　　　　　（解終）

$f(x)=k$
　↓　x のところに $x+h$ を代入
$f(x+h)=k$

問題 7.3 （解答は p.146）

$f'(x)$ の定義式に代入して，次のことを導いてください。
(1) $f(x)=x$ のとき $f'(x)=1$　　(2) $f(x)=x^3$ のとき $f'(x)=3x^2$

例題 7.4 [導関数 2]

定義に従って，次の関数の導関数を求めてみましょう。

(1) $f(x) = \sin x$ (2) $f(x) = \log x$

導関数

$$f'(x) = \lim_{h \to 0} \frac{f(x+h) - f(x)}{h}$$

[解] $f'(x)$ の定義に代入して求めます。

(1) $f'(x) = \lim_{h \to 0} \dfrac{f(x+h) - f(x)}{h} = \lim_{h \to 0} \dfrac{\sin(x+h) - \sin x}{h}$

ここで三角関数の公式 (p.39) を用いて差を積に直します。

$\sin \alpha - \sin \beta$ $= 2\cos\dfrac{\alpha+\beta}{2}\sin\dfrac{\alpha-\beta}{2}$

$$= \lim_{h \to 0} \frac{2\cos\dfrac{(x+h)+x}{2}\sin\dfrac{(x+h)-x}{2}}{h}$$

$$= \lim_{h \to 0} \frac{2\cos\dfrac{2x+h}{2}\sin\dfrac{h}{2}}{h}$$

さらに，極限公式が使えるように変形します。

極限公式

- $\lim\limits_{x \to 0} \dfrac{\sin x}{x} = 1$
- $\lim\limits_{x \to 0} \dfrac{e^x - 1}{x} = 1$
- $\lim\limits_{x \to 0} (1+x)^{\frac{1}{x}} = e$

$$= \lim_{h \to 0} \cos\left(x + \frac{h}{2}\right) \frac{\sin\dfrac{h}{2}}{\dfrac{h}{2}} = \cos x \cdot 1 = \boxed{\cos x}$$

(2) $f'(x) = \lim_{h \to 0} \dfrac{f(x+h) - f(x)}{h} = \lim_{h \to 0} \dfrac{\log(x+h) - \log x}{h}$

対数法則を用いて変形すると

$\dfrac{x+h}{x} = \dfrac{x}{x} + \dfrac{h}{x}$ ➡

$= 1 + \dfrac{h}{x}$

$$= \lim_{h \to 0} \frac{\log\dfrac{x+h}{x}}{h} = \lim_{h \to 0} \frac{1}{h}\log\left(1 + \frac{h}{x}\right)$$

$$= \lim_{h \to 0} \log\left(1 + \frac{h}{x}\right)^{\frac{1}{h}} = \lim_{h \to 0} \log\left\{\left(1 + \frac{h}{x}\right)^{\frac{x}{h}}\right\}^{\frac{1}{x}}$$

$$= \lim_{h \to 0} \frac{1}{x}\log\left(1 + \frac{h}{x}\right)^{\frac{x}{h}}$$

$$= \lim_{h \to 0} \frac{1}{x}\log\left(1 + \frac{h}{x}\right)^{\frac{1}{h/x}}$$

対数法則

- $\log_a pq = \log_a p + \log_a q$
- $\log_a \dfrac{p}{q} = \log_a p - \log_a q$
- $\log_a q^p = p \log_a q$

ここで極限公式を用いると

$$= \frac{1}{x}\log e = \frac{1}{x} \cdot 1 = \boxed{\dfrac{1}{x}} \tag{解終}$$

問題 7.4 （解答は p.146）

定義に従って，次の関数の導関数を求めてください。

(1) $f(x) = \cos x$ (2) $f(x) = e^x$

〈3〉 微分計算

例題 7.3，問題 7.3 と例題 7.4，問題 7.4 より右の公式が導けました（第 2 式については，任意の自然数 n についても成立します）。

一般的に導関数について，次の公式が成立します。

---- 微分公式 1 ----
- $\{f(x) \pm g(x)\}' = f'(x) \pm g'(x)$ （複号同順）
- $\{kf(x)\}' = kf'(x)$ （k は定数）

---- 微分 ----
- $k' = 0$ （k は定数）
- $(x^n)' = nx^{n-1}$
  $(n = 1, 2, 3, \cdots)$
- $(\sin x)' = \cos x$
- $(\cos x)' = -\sin x$
- $(e^x)' = e^x$
- $(\log x)' = \dfrac{1}{x}$

例題 7.5 [微分の基本計算 1]

次の関数を微分してみましょう。
(1) $y = x^2 - 3x + 4$ (2) $y = 2x^3 + 5x - 1$
(3) $y = \sin x + 3\cos x$ (4) $y = 2e^x - \log x$

解 まずバラバラにしてから微分しましょう。

(1) $y' = (x^2 - 3x + 4)'$
$= (x^2)' - (3x)' + 4' = (x^2)' - 3 \cdot x' + 4'$
$= 2x - 3 \cdot 1 + 0 = \underline{2x - 3}$

(2) $y' = (2x^3 + 5x - 1)'$
$= (2x^3)' + (5x)' - 1' = 2(x^3)' + 5 \cdot x' - 1'$
$= 2 \cdot 3x^2 + 5 \cdot 1 - 0 = \underline{6x^2 + 5}$

(3) $y' = (\sin x + 3\cos x)'$
$= (\sin x)' + (3\cos x)' = (\sin x)' + 3(\cos x)'$
$= \cos x + 3(-\sin x) = \underline{\cos x - 3\sin x}$

(4) $y' = (2e^x - \log x)' = (2e^x)' - (\log x)'$
$= 2(e^x)' - (\log x)' = \underline{2e^x - \dfrac{1}{x}}$ （解終）

慣れてきたら，いちいちバラバラにした式をかかなくてもいいわよ。

問題 7.5 （解答は p. 147）

次の関数を微分してください。
(1) $y = 4x^2 + 2x - 5$ (2) $y = 4\cos x + 3e^x - 1$ (3) $y = 3x^3 - 2\sin x$
(4) $y = x + 3\log x$ (5) $y = 5e^x - 2\log x + 3$

76　7. 微分

さらに，導関数について次の公式が成立します。

---- 微分公式 2 ----
- $\{f(x)g(x)\}' = f'(x)g(x) + f(x)g'(x)$
- $\left\{\dfrac{1}{g(x)}\right\}' = -\dfrac{g'(x)}{\{g(x)\}^2}$
- $\left\{\dfrac{f(x)}{g(x)}\right\}' = \dfrac{f'(x)g(x) - f(x)g'(x)}{\{g(x)\}^2}$

右の公式は"積の微分公式""商の微分公式"ともよばれるわよ。

- $(k)' = 0$ （k は定数）
- $(x^n)' = nx^{n-1}$ 　　　($n=1, 2, 3, \cdots$)
- $(\sin x)' = \cos x$
- $(\cos x)' = -\sin x$
- $(e^x)' = e^x$
- $(\log x)' = \dfrac{1}{x}$

例題 7.6 [微分の基本計算 2]

次の関数を微分してみましょう。

(1)　$y = xe^x$　　(2)　$y = x^2 \sin x$

(3)　$y = \dfrac{1}{x^3}$　　(4)　$y = \dfrac{\log x}{x}$

解　上の微分公式 2 を見ながら微分しましょう。

(1)　$y' = (xe^x)' = x'e^x + x(e^x)' = 1 \cdot e^x + xe^x$
　　　　$= e^x + xe^x = (1+x)e^x$

(2)　$y' = (x^2 \sin x)' = (x^2)' \sin x + x^2 (\sin x)'$
　　　　$= 2x \sin x + x^2 \cos x = x(2\sin x + x\cos x)$

(3)　$y' = \left(\dfrac{1}{x^3}\right)' = -\dfrac{(x^3)'}{(x^3)^2} = -\dfrac{3x^2}{x^6} = -\dfrac{3}{x^4}$

(4)　$y' = \left(\dfrac{\log x}{x}\right)' = \dfrac{(\log x)' x - (\log x)(x)'}{x^2}$
　　　　$= \dfrac{\dfrac{1}{x} \cdot x - (\log x)1}{x^2} = \dfrac{1 - \log x}{x^2}$ 　　（解終）

(3)と同じ方法で下の公式 ➡ が導けます。

$(x^{-n})' = -nx^{-n-1}$ 　　($n = 1, 2, 3, \cdots$)

---- 警告！ ----
$\{f(x)g(x)\}' \not= f'(x)g'(x)$
$\left\{\dfrac{1}{g(x)}\right\}' \not= \dfrac{1}{g'(x)}$
$\left\{\dfrac{f(x)}{g(x)}\right\}' \not= \dfrac{f'(x)}{g'(x)}$

問題 7.6 （解答は p. 147）

次の関数を微分してください。

(1)　$y = x^3 \log x$　　(2)　$y = e^x \cos x$　　(3)　$y = \dfrac{1}{\log x}$　　(4)　$y = \tan x$　　(5)　$y = \dfrac{1}{x^2}$

合成関数の導関数については，次の公式が成立します．

---合成関数の微分公式---
$y=f(g(x))$ のとき，$u=g(x)$ とおくと $y=f(u)$

$y'=f'(u)\cdot g'(x)$ または $\dfrac{dy}{dx}=\dfrac{dy}{du}\dfrac{du}{dx}$

○ $\dfrac{dy}{dx}=$「y を x で微分」

$\dfrac{dy}{du}=$「y を u で微分」

$\dfrac{du}{dx}=$「u を x で微分」

例題 7.7［合成関数の微分 1］
次の関数を微分してみましょう．
（1） $y=(x^2+1)^4$ （2） $y=\sin 2x$
（3） $y=e^{-x}$ （4） $y=(\log x)^2$

公式
$\dfrac{dy}{dx}=\dfrac{dy}{du}\dfrac{du}{dx}$
は分数の計算みたいね．

[解] 何かを u とおいて，関数 y を u のみの関数で表わしましょう．

（1） $u=x^2+1$ とおくと $y=u^4$

$y'=\dfrac{dy}{dx}=\dfrac{dy}{du}\dfrac{du}{dx}=4u^3\cdot 2x=8xu^3$

u をもとにもどして

$=8x(x^2+1)^3$

（2） $u=2x$ とおくと $y=\sin u$

$y'=\dfrac{dy}{dx}=\dfrac{dy}{du}\dfrac{du}{dx}=(\cos u)\cdot 2=2\cos u=\boxed{2\cos 2x}$

（3） $u=-x$ とおくと $y=e^u$

$y'=\dfrac{dy}{dx}=\dfrac{dy}{du}\dfrac{du}{dx}=e^u\cdot(-1)=-e^u=\boxed{-e^{-x}}$

（4） $u=\log x$ とおくと $y=u^2$

$y'=\dfrac{dy}{dx}=\dfrac{dy}{du}\dfrac{du}{dx}=2u\cdot\dfrac{1}{x}=2(\log x)\cdot\dfrac{1}{x}$

$=\dfrac{2}{x}\log x$ （解終）

問題 7.7 （解答は p. 148）
合成関数の微分公式を使って，次の関数を微分してください．

（1） $y=(x^3-2x+1)^3$ $(u=x^3-2x+1)$ （2） $y=\dfrac{1}{(x^2+1)^2}$ $(u=x^2+1)$

（3） $y=\cos^4 x$ $(u=\cos x)$ （4） $y=e^{2x}$ $(u=2x)$

（5） $y=\log(x^2+x+1)$ $(u=x^2+x+1)$ （6） $y=\log(-x)$ $(x<0, u=-x)$

7. 微分

合成関数の微分公式を使うと，次の公式が導けます。

$$x^{\frac{n}{m}} = \sqrt[m]{x^n}$$
$$x^{-n} = \frac{1}{x^n}$$

$$\left(x^{\frac{n}{m}}\right)' = \frac{n}{m} x^{\frac{n}{m}-1}$$
$$(m, n : \text{整数}, \ m > 0)$$

例題 7.8 [合成関数の微分 2]

$y = \sqrt{x} \ (x > 0)$ について

（1）合成関数の微分公式を使って y' を求めてみましょう。
（2）上の公式を使って y' を求めてみましょう。

合成関数の微分公式

$y = f(g(x))$
$u = g(x)$ とおくと $y = f(u)$
$$\frac{dy}{dx} = \frac{dy}{du} \cdot \frac{du}{dx}$$

解 （1）はじめに両辺を2乗します。

$$y^2 = x$$

次に両辺を x で微分します。このとき，左辺に合成関数の微分公式を使います。

$$\frac{dy^2}{dx} = \frac{d}{dx} y^2$$
$= y^2$ を x で微分

$$\frac{dy^2}{dy} = \frac{d}{dy} y^2$$
$= y^2$ を y で微分

$$\frac{dy^2}{dx} = 1 \quad \xrightarrow{\text{合成関数の微分公式}} \quad \frac{dy^2}{dy} \cdot \frac{dy}{dx} = 1$$

$$\longrightarrow \quad 2y \cdot y' = 1$$

$$\longrightarrow \quad y' = \frac{1}{2y} = \frac{1}{2\sqrt{x}} \qquad \therefore \ y' = \boxed{\frac{1}{2\sqrt{x}}}$$

（2）関数を指数を用いて表わしてから上の公式を使います。

$$y' = \left(x^{\frac{1}{2}}\right)' = \frac{1}{2} x^{\frac{1}{2}-1} = \frac{1}{2} x^{-\frac{1}{2}}$$

$$= \frac{1}{2} \cdot \frac{1}{x^{\frac{1}{2}}} = \boxed{\frac{1}{2\sqrt{x}}} \qquad \qquad \text{（解終）}$$

$y = \sqrt{x}$ は $x = 0$ では微分可能ではないのね。

問題 7.8 （解答は p. 148）

（1）例題 7.8（1）と同様にして $y = \sqrt[3]{x} \ (x \neq 0)$ を微分してください。
（2）公式を使って，次の関数を微分してください。

（ⅰ）$y = \sqrt[3]{x} \ (x \neq 0)$ 　　（ⅱ）$y = \dfrac{1}{\sqrt{x}} \ (x > 0)$

例題 7.9 [合成関数の微分 3]

次の関数を微分してみましょう。

(1) $y = \sqrt{2x+1}$ (2) $y = \dfrac{1}{\sqrt{x^2+1}}$

解 $\sqrt{}$ の中身を u とおき，合成関数の微分公式を使います。

(1) $u = 2x+1$ とおくと

$$y = \sqrt{u} = u^{\frac{1}{2}}$$

$$y' = \frac{dy}{dx} = \frac{dy}{du}\frac{du}{dx}$$

$$= \frac{1}{2}u^{\frac{1}{2}-1} \cdot 2 = u^{-\frac{1}{2}} = \frac{1}{u^{\frac{1}{2}}} = \frac{1}{\sqrt{u}}$$

u をもとにもどすと

$$y' = \frac{1}{\sqrt{2x+1}}$$

$\left(2x+1 > 0 \text{ つまり } x > -\dfrac{1}{2} \text{ の範囲で導関数 } y' \text{ が存在します。}\right)$

(2) $u = x^2 + 1$ とおくと

$$y = \frac{1}{\sqrt{u}} = u^{-\frac{1}{2}}$$

$$y' = \frac{dy}{dx} = \frac{dy}{du}\frac{du}{dx}$$

$$= -\frac{1}{2}u^{-\frac{1}{2}-1} \cdot 2x = -u^{-\frac{3}{2}} \cdot x = -\frac{x}{u^{\frac{3}{2}}}$$

$$= -\frac{x}{\sqrt{u^3}} = -\frac{x}{\sqrt{(x^2+1)^3}}$$

（解終）

> 指数を使った形に直してから微分するのよ。

問題 7.9 （解答は p.149）

次の関数を微分してください。

(1) $y = \sqrt{5x-1}$ (2) $y = \sqrt[3]{x^2-1}$ (3) $y = \dfrac{1}{\sqrt{1-x^2}}$

例題 7.10 [接線の方程式]

$y = x^2$ について

(1) y' を求めてみましょう。
(2) $x = 1$ における微分係数を求めてみましょう。
(3) $x = 1$ における接線の方程式を求めてみましょう。

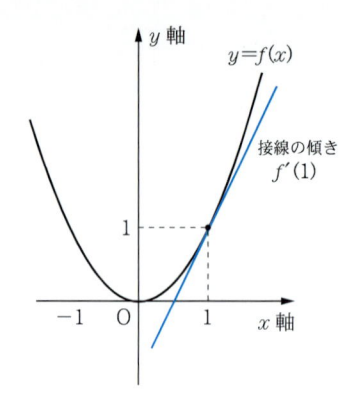

解 $y = f(x) = x^2$ とおいておきます。

(1) $y' = f'(x) = 2x$

(2) $x = 1$ における微分係数は $f'(1)$ のことなので、(1) で求めた $f'(x)$ に $x = 1$ を代入すると
$$f'(1) = 2 \cdot 1 = 2$$

(3) $x = 1$ のとき、y の値は $f(1) = 1^2 = 1$ となるので、接点の座標は、$(1, 1)$ です。

(2) より接線の傾きは $f'(1) = 2$ なので、接線の方程式は
$$y - 1 = 2(x - 1)$$
これを計算すると
$$y - 1 = 2x - 2$$
$$y = 2x - 2 + 1$$
$$y = 2x - 1$$

(解終)

微分係数は接線の傾きだったわね。

――― 直線の方程式 ―――
点 (p, q) を通り、傾き m の直線は
$$y - q = m(x - p)$$

問題 7.10 (解答は p.149)

例題 7.10 と同様にして、与えられた x における接線の方程式を求めてください。

(1) $y = 1 - x^2$, $x = 2$
(2) $y = \sin x$, $x = 0$
(3) $y = e^x$, $x = 0$
(4) $y = \log x$, $x = 1$

〈4〉 2 階導関数

関数 $y=f(x)$ が微分可能で，その導関数 $f'(x)$ がさらに微分可能なとき，$f'(x)$ を微分した関数 $\{f'(x)\}'$ を $f''(x)$ とかき，$f(x)$ の

2 階導関数 または 2 次導関数

といいます。つまり $f(x)$ を 2 回微分した関数です。

$y=f(x)$ の 2 階導関数は $f''(x)$ の他に

$$y'', \quad \frac{d^2y}{dx^2}, \quad \frac{d^2f}{dx^2}, \quad \frac{d^2}{dx^2}f(x)$$

などの記号も使われます。

例題 7.11 [2 階導関数]

次の関数の 2 階導関数を求めてみましょう。
（1） $y=x^2-x+1$ （2） $y=\cos x$
（3） $y=e^x$ （4） $y=\log x$

解 y', y'' を順次求めていきます。

（1） $y'=(x^2-x+1)'=2x-1$
$\quad y''=(2x-1)'=\boxed{2}$

（2） $y'=(\cos x)'=-\sin x$
$\quad y''=(-\sin x)'=\boxed{-\cos x}$

（3） $y'=(e^x)'=e^x$
$\quad y''=(e^x)'=\boxed{e^x}$

（4） $y'=(\log x)'=\dfrac{1}{x}$
$\quad y''=\left(\dfrac{1}{x}\right)'=-\dfrac{x'}{x^2}=\boxed{-\dfrac{1}{x^2}}$ （解終）

- $(x^n)'=nx^{n-1}$
  $(n=\pm 1, \pm 2, \pm 3, \cdots)$
- $(\sin x)'=\cos x$
- $(\cos x)'=-\sin x$
- $(\tan x)'=\dfrac{1}{\cos^2 x}$
- $(e^x)'=e^x$
- $(\log x)'=\dfrac{1}{x}$

- $(f\cdot g)'=f'\cdot g+f\cdot g'$
- $\left(\dfrac{f}{g}\right)'=\dfrac{f'\cdot g-f\cdot g'}{g^2}$
- $\left(\dfrac{1}{g}\right)'=-\dfrac{g'}{g^2}$

問題 7.11 （解答は p.150）

次の関数の 2 階導関数を求めてください。
（1） $y=2x^3+3x^2$ （2） $y=\sin x$ （3） $y=\dfrac{1}{x}$ （4） $y=xe^x$

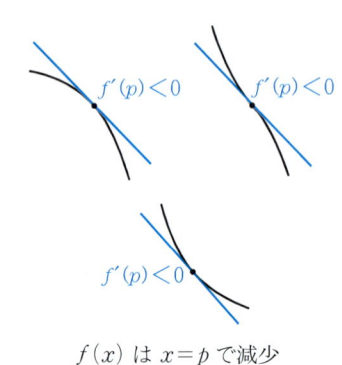

〈5〉 関数のグラフ

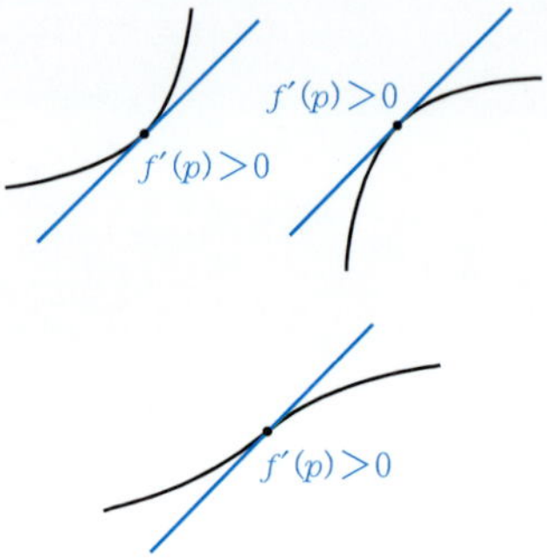

導関数の値の情報より，関数の変化の様子がわかります。

関数 $y=f(x)$ が微分可能なとき，$x=p$ における微分係数 $f'(p)$ は $x=p$ における接線の傾きを表わしていたので，次のことがわかります。

> $f'(p)>0$ のとき，$f(x)$ は $x=p$ で**増加の状態**
> $f'(p)<0$ のとき，$f(x)$ は $x=p$ で**減少の状態**

もし，$x=p$ と，$x=p$ に十分近い $x=p+h$ に対し
$$f(p)>f(p+h)$$
が成り立っているとき，$f(x)$ は $x=p$ で**極大**であるといい，$f(p)$ を**極大値**，$(p,f(p))$ を**極大点**といいます。

また，もし
$$f(p)<f(p+h)$$
が成り立っているとき，$f(x)$ は $x=p$ で**極小**であるといい，$f(p)$ を**極小値**，$(p,f(p))$ を**極小点**といいます。

極大値と極小値を合わせて**極値**といいます。

> $y=f(x)$ が $x=p$ で極値をとるなら必ず
> $$f'(p)=0$$

となります。しかし，$f'(p)=0$ でも $x=p$ で極値をとるとは限らないので気をつけましょう。

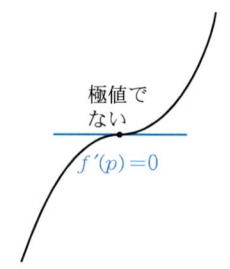

$f(x)$ は $x=p$ で増加

$f(x)$ は $x=p$ で減少

$f'(p)=0$ でも $f(p)$ は極値でないこともあるので気をつけてね。

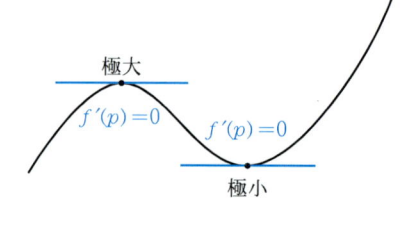

〈5〉 関数のグラフ

さらに，2階導関数 $f''(x)$ はもとの関数 $y=f(x)$ の各点における接線の傾きの変化の様子を表わすことになるので，次のことがわかります。

> $f''(p)>0$ のとき，$f(x)$ は $x=p$ で下に凸（∪）の状態
> $f''(p)<0$ のとき，$f(x)$ は $x=p$ で上に凸（∩）の状態

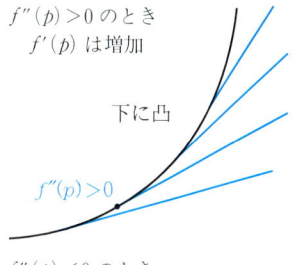

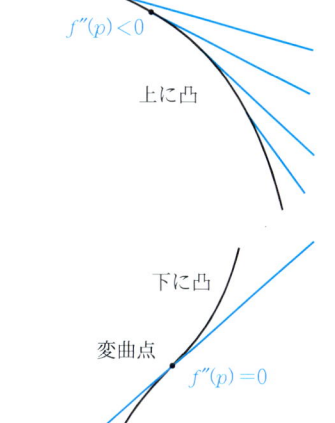

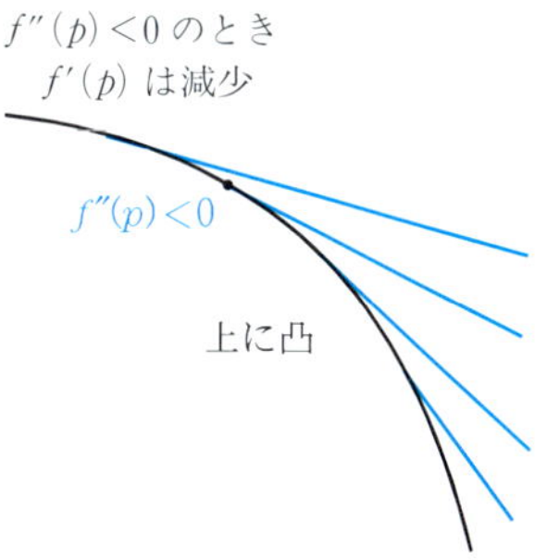

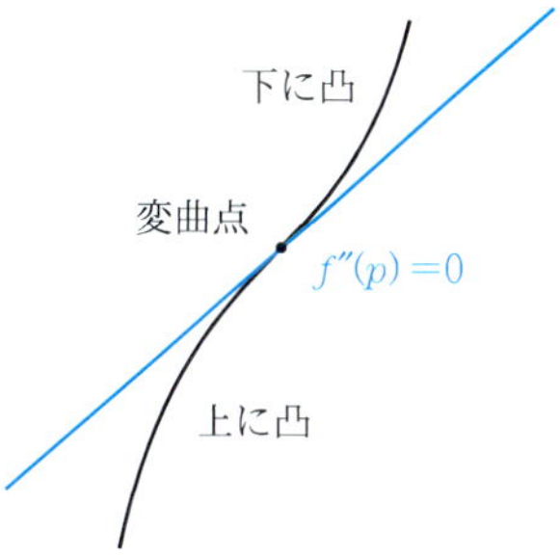

また $f''(p)=0$ のとき，$x=p$ の前後で $f''(x)$ の符号が変わっていれば，その点で曲線の凸凹が変わるので**変曲点**といいます。

グラフを描く手順

1. y'，y'' を求める。
2. $y'=0$，$y''=0$ となる x の値をそれぞれ求め，増減表に記入する。
3. $y'=0$，$y''=0$ となる x 以外の x で y'，y'' の $+$，$-$ を調べ，y'，y'' の欄にそれぞれ記入する。
4. y の欄に
   y' が $+$ なら ↗，y' が $-$ なら ↘
   y'' が $+$ なら ∪，y'' が $-$ なら ∩
   を記入し，さらに2つを合わせた状態
   ↗ かつ ∪ ＝ ↗，↘ かつ ∪ ＝ ↘
   ↗ かつ ∩ ＝ ↗，↘ かつ ∩ ＝ ↘
   を記入する。
5. $y'=0$，$y''=0$ となる点が，極大点，極小点，変曲点になっているかどうか調べる。y の値も求める。
6. $\lim_{x \to +\infty} y$，$\lim_{x \to -\infty} y$ などを調べる。
7. その他，x 軸，y 軸の交点が簡単に求まれば求める。
8. 増減表を見ながらグラフを描く。

増 減 表

x	$-\infty$	…	α	…	β	…	γ	…	∞
y'		$+$	0	$-$	$-$	$-$	0	$+$	
y''		$-$	$-$	$-$	0	$+$	$+$	$+$	
y	$-\infty$	↗∩	a	↘∩	b	↘∪	c	↗∪	∞

極大点　　　変曲点　　　極小点

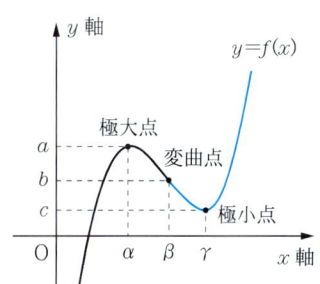

> y の変化を記入した表を**増減表**といいま～す。グラフを描くとき，とっても役に立つのよ。

グラフを描く手順

1. y', y'' を求める。
2. $y'=0$, $y''=0$ となる x の値を求め，増減表に記入する。
3. 増減表の y', y'' の欄に 0, $+$, $-$ を記入する。
4. 増減表の y の欄に ↗，↘，∪，∩ を記入し，さらに両方を合わせた状態を記入する。
5. 極大点，極小点，変曲点を調べる。
6. $x \to +\infty$, $x \to -\infty$ などの y を調べる。
7. x 軸，y 軸の交点などを求める。
8. 増減表や6.と7.の情報を見ながらグラフを描く。

例題 7.12 [関数のグラフ1]

増減表をつくって，関数 $y = x^3 - 3x^2$ のグラフを描いてみましょう。また，極大点，極小点，変曲点の座標を求めてみましょう。

解 手順に従って求めます。求めた順に増減表に記入しましょう。

1. $y' = (x^3 - 3x^2)' = 3x^2 - 6x = 3x(x-2)$
   $y'' = (3x^2 - 6x)' = 6x - 6 = 6(x-1)$

2. $y' = 0$ のとき $3x(x-2) = 0$ より $x = 0, 2$
   $y'' = 0$ のとき $6(x-1) = 0$ より $x = 1$

3. $y' = 3x(x-2)$ の式を見て
   $x < 0, \ 0 < x < 2, \ 2 < x$
   において，それぞれ y' が "$+$" か "$-$" かを調べ，増減表に記入します。
   $y'' = 6(x-1)$ の式を見て
   $x < 1, \ 1 < x$
   において，それぞれ y'' が "$+$" か "$-$" かを調べ，増減表へ記入します。

4. 増減表の y の欄に
   y' の $+$, $-$ に従い ↗，↘ を記入
   y'' の $+$, $-$ に従い ∪，∩ を記入
   し，その下に両方を合わせた状態
   ↗，↗，↘，↘
   を記入します。

5. 極大点，極小点，変曲点を記入します。
   $x = 0$ のとき　$y = 0^3 - 3\cdot 0^2 = 0$ … 極大点
   $x = 1$ のとき　$y = 1^3 - 3\cdot 1^2 = -2$ … 変曲点
   $x = 2$ のとき　$y = 2^3 - 3\cdot 2^2 = -4$ … 極小点

6. $x \to +\infty$, $x \to -\infty$ のときの y の値を調べると
   $$\lim_{x \to +\infty} y = \lim_{x \to +\infty} x^3\left(1 - \frac{3}{x}\right) = +\infty$$
   $$\lim_{x \to -\infty} y = \lim_{x \to -\infty} x^3\left(1 - \frac{3}{x}\right) = -\infty$$

7. x 軸との交点は $y = 0$ とおいて
   $x^3 - 3x^2 = x^2(x-3) = 0$ より $x = 0, 3$
   y 軸との交点は $x = 0$ とおいて
   $y = 0^3 - 3\cdot 0^2 = 0$

8. 増減表とグラフは下のようになります。

増 減 表

x	$-\infty$	$\cdots$	0	$\cdots$	1	$\cdots$	2	$\cdots$	$+\infty$
y'		$+$	0	$-$	$-$	$-$	0	$+$	
y''		$-$	$-$	$-$	0	$+$	$+$	$+$	
y	$-\infty$	↗ ∩ ↗	0	∩ ↘	-2	∪ ↘	-4	↗ ∪ ↗	$+\infty$

極大点　　　変曲点　　　極小点

↗ + ∩ = ↗
↗ + ∪ = ↗
↘ + ∩ = ↘
↘ + ∪ = ↘

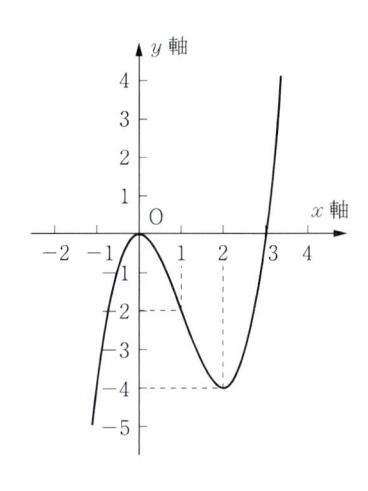

以上より，

極大点　$(0, 0)$

極小点　$(2, -4)$

変曲点　$(1, -2)$

となります。　　　　　　　　　　　　　　　　　　　　　　　　　(解終)

問題 7.12 (解答は p. 151)

増減表をつくって，次の関数のグラフを描いてください。また，極大点，極小点，変曲点が存在すれば求めてください。

（1）　$y = 1 - 3x^2 - 2x^3$　　　（2）　$y = x^3 - 3x^2 + 3x$

―― グラフを描く手順 ――

1. y', y'' を求める。
2. $y'=0$, $y''=0$ となる x の値を求め，増減表に記入する。
3. 増減表の y', y'' の欄に 0, +, − を記入する。
4. 増減表の y の欄に ↗, ↘, ∪, ∩ を記入し，さらに両方を合わせた状態を記入する。
5. 極大点，極小点，変曲点を調べる。
6. $x \to +\infty$, $x \to -\infty$ などの y を調べる。
7. x 軸，y 軸の交点などを求める。
8. 増減表や 6. と 7. の情報を見ながらグラフを描く。

例題 7.13 [関数のグラフ 2]

増減表をつくって，次の関数のグラフを描いてみましょう。

$$y = x + \sin x \quad (0 \leq x \leq 2\pi)$$

解 手順に従って計算し，増減表をつくっていきます。

1. $y' = (x + \sin x)' = 1 + \cos x$
   $y'' = (1 + \cos x)' = 0 - \sin x = -\sin x$

2. $y' = 0$, $y'' = 0$ となる x を $0 \leq x \leq 2\pi$ の範囲で求めます。
   $y' = 0$ のとき
   $\quad 1 + \cos x = 0 \;\longrightarrow\; \cos x = -1 \;\longrightarrow\; x = \pi$
   $y'' = 0$ のとき
   $\quad -\sin x = 0 \;\longrightarrow\; \sin x = 0 \;\longrightarrow\; x = 0, \pi, 2\pi$

3. $y' = 1 + \cos x$ の式を見ながら
   $\quad 0 \leq x < \pi, \;\; \pi < x \leq 2\pi$
   において，それぞれ y' が "+" か "−" かを調べて増減表に記入します。
   $y'' = -\sin x$ の式を見ながら
   $\quad 0 < x < \pi, \;\; \pi < x < 2\pi$
   において，それぞれ y'' が "+" か "−" かを調べて増減表に記入します。

4. 増減表の y の欄に
   $\quad y'$ の +, − に従い ↗, ↘ を記入
   $\quad y''$ の +, − に従い ∪, ∩ を記入
   し，その下に両方を合わせた状態
   $\quad$ ↗, ↘, ↘, ↗
   を記入します。

5. 極大点，極小点，変曲点を記入します。
   増減表の最下段の y の動きを見ると，極大点，極小点はありません。
   $\quad x = \pi$ のとき $\;\; y = \pi + \sin \pi = \pi + 0 = \pi$ $\;\;$ …変曲点

6. $0 \leq x \leq 2\pi$ の範囲なので，端の y と y' の値を求めておくと
   $\quad x = 0$ のとき $\quad y = 0 + \sin 0 = 0 + 0 = 0$
   $\qquad\qquad\qquad\quad y' = 1 + \cos 0 = 1 + 1 = 2$
   $\quad x = 2\pi$ のとき $\quad y = 2\pi + \sin 2\pi = 2\pi + 0 = 2\pi$
   $\qquad\qquad\qquad\quad y' = 1 + \cos 2\pi = 1 + 1 = 2$

⟨5⟩ 関数のグラフ　87

7. $0 < x \leqq 2\pi$ の範囲で y の値は常に増加しているので，グラフと x，y 軸との交点は原点 $(0,0)$ だけとなります。

8. $x=0$ と 2π のときの y' の値，つまり接線の傾きに気をつけながらグラフを描きます。

増減表

x	0	$\cdots$	π	$\cdots$	2π
y'	2	$+$	0	$+$	2
y''	0	$-$	0	$+$	0
y	↗ 0	↗ ∩ ↗	π	↗ ∪ ↗	↗ 2π

変曲点

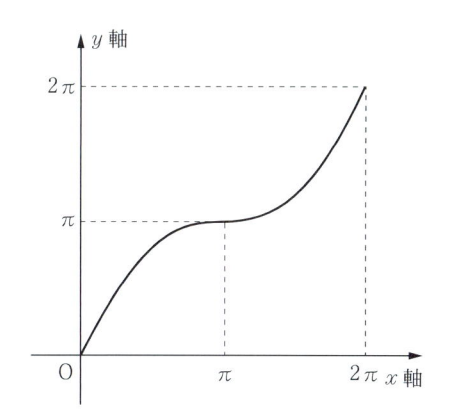

（解終）

$\pi \fallingdotseq 3.14$ よ。

問題 7.13（解答は p. 153）

増減表をつくって，次の関数のグラフを描いてください。

（1） $y = x + \cos x$　$(0 \leqq x \leqq 2\pi)$
（2） $y = x - 2\sin x$　$(-\pi \leqq x \leqq \pi)$

とくとく情報［いたるところ微分不可能な曲線］

いたるところ微分不可能な曲線が存在するのです。

つまり，そのグラフのどこにおいても接線が引けないほど，限りなくギザギザしているのです。そのような曲線の1つが無限級数

$$y = \cos \pi x + \frac{1}{2}\cos(13\pi x) + \frac{1}{2^2}\cos(13^2 \pi x) + \cdots + \frac{1}{2^n}\cos(13^n \pi x) + \cdots$$

で定義された関数で，下図のようなグラフをもっています。

この曲線は，"厳密の権化"といわれたドイツ人のワイエルストラス（1815～1897）が考え出したもので，当時の数学者達はとてもびっくりしてしまいました。

発表された当時は"病的な関数"として特別扱いされていましたが，現在ではフランス人のマンデルブロー（1924～2010）が考案したフラクタルという概念の中で，自然界ではよく見られるフラクタル曲線の1つとして，市民権を得ています。

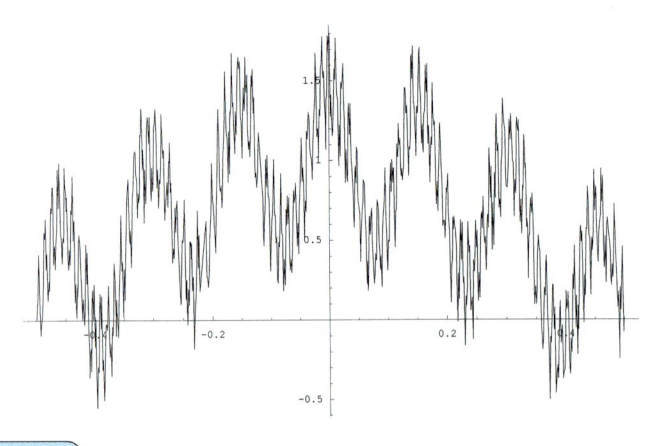

> 限りなくギザギザした曲線よ。

❽ 積分

$$S = \int_a^b f(x)\,dx$$

$y = f(x)$

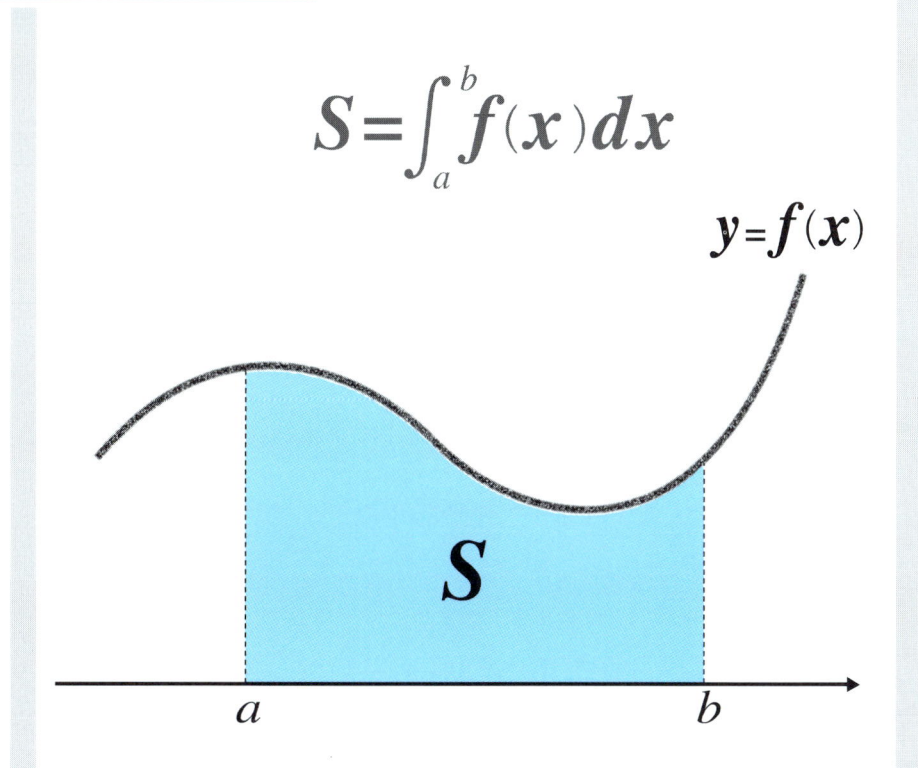

S

a b

微分と積分は別々に発達してきたので〜す。
p.106の"とくとく情報"を読んでね。

〈1〉 不定積分

関数 $f(x)$ に対し，微分すると $f(x)$ になる関数 $F(x)$ を $f(x)$ の

原始関数

といいます。

たとえば
$$(x^2)' = 2x$$
$$(x^2+1)' = 2x$$
$$(x^2-100)' = 2x$$

なので

x^2, x^2+1, x^2-100 はすべて $2x$ の原始関数

です。このように，$f(x)$ の原始関数はたくさんありますが，その中の1つを $F(x)$ とすると他の原始関数はすべて

$$F(x) + 定数$$

の形で表わすことができます。そこで原始関数を全部ひとまとめにし，定数を C とおいて

$$F(x) + C \quad (C \text{ は定数})$$

の形にかき改めます。これを $f(x)$ の**不定積分**といい

$$\int f(x)\,dx$$

とかきます。つまり

$$\int f(x)\,dx = F(x) + C$$

です。そして，C を**積分定数**といいます。

不定積分を求めることを**積分する**といいます。

不定積分については，次の性質が成立します。

> 原始関数が存在しない関数もあるのよ。

> 「インテグラル $f(x)$ ディーエックス」と読みます。

> $F'(x) = f(x)$
> ⇕
> $\int f(x)\,dx = F(x) + C$
> （C：積分定数）

―― 不定積分の性質 ――
- $\int \{f(x) \pm g(x)\}\,dx = \int f(x)\,dx \pm \int g(x)\,dx$ （複号同順）
- $\int kf(x)\,dx = k\int f(x)\,dx$ （k は定数）

右の微分公式より，すぐに次の不定積分公式が導けます。

― 不定積分 ―
- $\int 1\,dx = x + C$
- $\int x^n\,dx = \dfrac{1}{n+1}x^{n+1} + C \quad (n \ne -1)$
- $\int x^{\frac{n}{m}}\,dx = \dfrac{1}{\frac{n}{m}+1}x^{\frac{n}{m}+1} + C$

$\qquad\qquad (m > 0,\ m \ne -n)$

― 微分 ―
- $(x^n)' = nx^{n-1}$
- $\left(x^{\frac{n}{m}}\right)' = \dfrac{n}{m}x^{\frac{n}{m}-1}$

m, n は整数 $(m > 0)$

例題 8.1 [不定積分の基本計算 1]

次の不定積分を求めてみましょう。

(1) $\displaystyle\int (1 + x + x^2)\,dx$ (2) $\displaystyle\int \sqrt{x}\,dx$

【解】(1) 左頁の不定積分の性質を使ってバラバラにしてから上の公式を使います。

$$\text{与式} = \int 1\,dx + \int x^1\,dx + \int x^2\,dx$$

$$= x + \frac{1}{1+1}x^{1+1} + \frac{1}{2+1}x^{2+1} + C$$

$$= \boxed{x + \frac{1}{2}x^2 + \frac{1}{3}x^3 + C}$$

(2) 式を指数の形に直してから公式を使います。

$$\text{与式} = \int x^{\frac{1}{2}}\,dx$$

$$= \frac{1}{\frac{1}{2}+1}x^{\frac{1}{2}+1} + C = \frac{1}{\frac{3}{2}}x^{\frac{3}{2}} + C$$

$$= \boxed{\frac{2}{3}x^{\frac{3}{2}} + C} = \boxed{\frac{2}{3}\sqrt{x^3} + C} = \boxed{\frac{2}{3}x\sqrt{x} + C} \qquad \text{(解終)}$$

$x^{\frac{n}{m}} = \sqrt[m]{x^n}$

$x^{-n} = \dfrac{1}{x^n}$

積分定数 C は，最後にまとめて 1 つ書けばいいわよ。

問題 8.1 （解答は p.155）

次の不定積分を求めてください。

(1) $\displaystyle\int (2x^3 - x^2 + 5x - 2)\,dx$ (2) $\displaystyle\int \dfrac{1}{x^2}\,dx$ (3) $\displaystyle\int \dfrac{1}{\sqrt{x}}\,dx$

三角関数，指数関数，対数関数については，次の公式が成立します．

― 微分 ―
- $(\sin x)' = \cos x$
- $(\cos x)' = -\sin x$
- $(\tan x)' = \dfrac{1}{\cos^2 x}$

― 不定積分 ―
- $\int \sin x \, dx = -\cos x + C$
- $\int \cos x \, dx = \sin x + C$
- $\int \dfrac{1}{\cos^2 x} \, dx = \tan x + C$

― 不定積分 ―
- $\int e^x \, dx = e^x + C$
- $\int \dfrac{1}{x} \, dx = \log|x| + C$

― 微分 ―
- $(e^x)' = e^x$
- $(\log|x|)' = \dfrac{1}{x}$

例題 8.2 [不定積分の基本計算 2]

次の不定積分を求めてみましょう．

(1) $\displaystyle\int (\cos x - 2\sin x) \, dx$ 　　(2) $\displaystyle\int \left(\dfrac{1}{\cos^2 x} + \cos x \right) dx$

(3) $\displaystyle\int \left(x + \dfrac{1}{x} \right) dx$ 　　(4) $\displaystyle\int \left(3e^x - \dfrac{2}{x} \right) dx$

解　(1) 与式 $= \displaystyle\int \cos x \, dx - 2\int \sin x \, dx$

$\qquad\qquad = \sin x - 2(-\cos x) + C = \boxed{\sin x + 2\cos x + C}$

(2) 与式 $= \displaystyle\int \dfrac{1}{\cos^2 x} \, dx + \int \cos x \, dx = \boxed{\tan x + \sin x + C}$

(3) 与式 $= \displaystyle\int x^1 \, dx + \int \dfrac{1}{x} \, dx$

$\qquad\qquad = \dfrac{1}{1+1} x^{1+1} + \log|x| + C = \boxed{\dfrac{1}{2} x^2 + \log|x| + C}$

(4) 与式 $= 3 \displaystyle\int e^x \, dx - 2 \int \dfrac{1}{x} \, dx = \boxed{3e^x - 2\log|x| + C}$ 　　(解終)

$x < 0$ のときも $\{\log(-x)\}' = \dfrac{1}{x}$ だったわね．p. 77, 問題 7.7(6) を見て．

問題 8.2 （解答は p. 155）

次の不定積分を求めてください．

(1) $\displaystyle\int (4\sin x - 1) \, dx$ 　　(2) $\displaystyle\int \left(\dfrac{1}{2x} - \dfrac{3}{\cos^2 x} \right) dx$ 　　(3) $\displaystyle\int \left(3\cos x + \dfrac{e^x}{2} \right) dx$

さらに次の公式も成立します。

──不定積分──
- $\int \sin ax\, dx = -\dfrac{1}{a}\cos ax + C$
- $\int \cos ax\, dx = \dfrac{1}{a}\sin ax + C$

──不定積分──
- $\int e^{ax}\, dx = \dfrac{1}{a}e^{ax} + C$

──微分──
- $(\sin ax)' = a\cos ax$
- $(\cos ax)' = -a\sin ax$

──微分──
- $(e^{ax})' = ae^{ax}$

例題 8.3 ［不定積分の基本計算 3］

次の不定積分を求めてみましょう。

(1) $\int \sin 2x\, dx$ (2) $\int \cos \dfrac{1}{3}x\, dx$ (3) $\int e^{-x}\, dx$

(4) $\int (3\cos 2x - 2\sin 3x + e^{4x})\, dx$

解 a が何になるかを考えて，上の公式を使いましょう。

(1) $a=2$ の場合なので

$$\text{与式} = -\dfrac{1}{2}\cos 2x + C$$

(2) $a=\dfrac{1}{3}$ の場合なので

$$\text{与式} = \dfrac{1}{\frac{1}{3}}\sin \dfrac{1}{3}x + C = 3\sin \dfrac{1}{3}x + C$$

(3) $a=-1$ の場合なので

$$\text{与式} = \dfrac{1}{-1}e^{-x} + C = -e^{-x} + C$$

(4) 同様にして

$$\text{与式} = 3\int \cos 2x\, dx - 2\int \sin 3x\, dx + \int e^{4x}\, dx$$

$$= 3\cdot\dfrac{1}{2}\sin 2x - 2\left(-\dfrac{1}{3}\cos 3x\right) + \dfrac{1}{4}e^{4x} + C$$

$$= \dfrac{3}{2}\sin 2x + \dfrac{2}{3}\cos 3x + \dfrac{1}{4}e^{4x} + C$$

（解終）

問題 8.3 （解答は p. 155）

次の不定積分を求めてください。

(1) $\int \cos 4x\, dx$ (2) $\int \sin \dfrac{1}{2}x\, dx$ (3) $\int e^{3x}\, dx$

(4) $\int \left(\dfrac{2}{3}\sin 2x + \dfrac{3}{4}\cos 3x\right) dx$ (5) $\int \left(e^{2x} - \dfrac{1}{e^{2x}}\right) dx$

8. 積分

$u=f(x)$ の両辺を
x で微分すると
$$\frac{du}{dx}=f'(x)$$
これより
$$f'(x)\,dx=du$$

───置換積分公式───
$u=f(x)$ とおくと
$$\int g(f(x))f'(x)\,dx=\int g(u)\,du$$

例題 8.4 [置換積分 1]

置換積分を用いて次の不定積分を求めてみましょう。

(1) $\displaystyle\int (3x-1)^5\,dx \quad (u=3x-1)$

$\sin^3 x=(\sin x)^3$

(2) $\displaystyle\int \sin^3 x \cos x\,dx \quad (u=\sin x)$

解 (1) $u=3x-1$ とおいて，両辺を x で微分すると
$$\frac{du}{dx}=3 \quad \text{これより} \quad dx=\frac{1}{3}du$$

$$\int (3x-1)^5\,dx = \int u^5 \,\frac{1}{3}du = \frac{1}{3}\int u^5\,du$$
$$= \frac{1}{3}\cdot\frac{1}{6}u^6+C = \frac{1}{18}(3x-1)^6+C$$

(2) $u=\sin x$ とおいて，両辺を x で微分すると
$$\frac{du}{dx}=\cos x \quad \text{これより} \quad \cos x\,dx=du$$

$$\int \sin^3 x \cdot \cos x\,dx = \int (\sin x)^3 \cos x\,dx = \int u^3\,du$$
$$= \frac{1}{4}u^4+C = \frac{1}{4}(\sin x)^4+C$$
$$= \frac{1}{4}\sin^4 x + C \qquad\qquad (\text{解終})$$

$(\sin x)' = \cos x$
$\displaystyle\int \sin x\,dx = -\cos x + C$

$(\cos x)' = -\sin x$
$\displaystyle\int \cos x\,dx = \sin x + C$

問題 8.4 (解答は p.156)

置換積分により次の不定積分を求めてください。

(1) $\displaystyle\int (5x+2)^3\,dx \quad (u=5x+2)$
(2) $\displaystyle\int \sqrt{2x+1}\,dx \quad (u=2x+1)$

(3) $\displaystyle\int \cos^2 x \sin x\,dx \quad (u=\cos x)$

〈1〉 不定積分　95

例題 8.5 [置換積分 2]

置換積分を用いて次の不定積分を求めてみましょう．

(1) $\displaystyle\int x(1+x^2)^2\,dx \quad (u=1+x^2)$

(2) $\displaystyle\int \frac{e^x}{1+e^x}\,dx \quad (u=1+e^x)$

(3) $\displaystyle\int \frac{\log x}{x}\,dx \quad (u=\log x)$

【解】(1) $u=1+x^2$ とおいて，両辺を x で微分すると

$$\frac{du}{dx}=2x \quad \text{これより} \quad 2x\,dx=du,\ x\,dx=\frac{1}{2}du$$

$$\int x(1+x^2)^2\,dx=\int(1+x^2)^2\,x\,dx=\int u^2\,\frac{1}{2}du$$

$$=\frac{1}{2}\int u^2\,du=\frac{1}{2}\cdot\frac{1}{3}u^3+C=\boxed{\frac{1}{6}(1+x^2)^3+C}$$

(2) $u=1+e^x$ とおいて，両辺を x で微分すると

$$\frac{du}{dx}=e^x \quad \text{これより} \quad e^x\,dx=du$$

$$\int \frac{e^x}{1+e^x}\,dx=\int \frac{1}{1+e^x}\,e^x\,dx=\int \frac{1}{u}\,du$$

$$=\log u+C=\boxed{\log(1+e^x)+C}$$

(3) $u=\log x$ とおいて，両辺を x で微分すると

$$\frac{du}{dx}=\frac{1}{x} \quad \text{これより} \quad \frac{1}{x}\,dx=du$$

$$\int \frac{\log x}{x}\,dx=\int \log x\cdot\frac{1}{x}\,dx=\int u\,du$$

$$=\frac{1}{2}u^2+C=\boxed{\frac{1}{2}(\log x)^2+C} \qquad \text{（解終）}$$

$(e^x)'=e^x$
$\displaystyle\int e^x\,dx=e^x+C$

$\displaystyle\int \frac{1}{x}\,dx=\log x+C$
$(x>0)$

警告！
$\displaystyle\int \log x\,dx \neq \frac{1}{x}+C$

よく間違えるから気をつけてね．

問題 8.5（解答は p.156）

置換積分により次の不定積分を求めてください．

(1) $\displaystyle\int \frac{x}{1+x^2}\,dx \quad (u=1+x^2)$　　(2) $\displaystyle\int e^x(1+e^x)^3\,dx \quad (u=1+e^x)$

(3) $\displaystyle\int \frac{(\log x)^2}{x}\,dx \quad (u=\log x)$　　(4) $\displaystyle\int x e^{x^2}\,dx \quad (u=x^2)$

8. 積分

積の微分公式より，次の部分積分公式が導けます。

微分
$$\{f(x)g(x)\}' = f'(x)g(x) + f(x)g'(x)$$

部分積分公式
$$\int f(x)g'(x)\,dx = f(x)g(x) - \int f'(x)g(x)\,dx$$

例題 8.6 [部分積分]

部分積分を用いて，次の不定積分を求めてみましょう。

(1) $\displaystyle\int xe^x\,dx$ (2) $\displaystyle\int x\sin x\,dx$ (3) $\displaystyle\int x\log x\,dx$

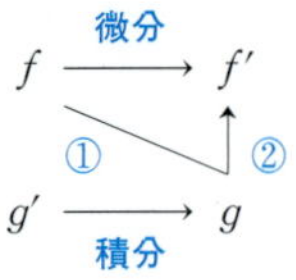

$f \xrightarrow{微分} f'$
$g' \xrightarrow{積分} g$

$\displaystyle\int f\cdot g'\,dx = \underbrace{f\cdot g}_{①} - \int \underbrace{f'\cdot g}_{②}\,dx$

$x \xrightarrow{微分} 1$
$e^x \xrightarrow{積分} e^x$

$x \xrightarrow{微分} 1$
$\sin x \xrightarrow{積分} -\cos x$

$\log x \xrightarrow{微分} \dfrac{1}{x}$
$x \xrightarrow{積分} \dfrac{1}{2}x^2$

警告！
$\displaystyle\int \log x\,dx \neq \dfrac{1}{x} + C$

解 間違えやすいので
$$f(x) \xrightarrow{微分} f'(x) \quad ; \quad g'(x) \xrightarrow{積分} g(x)$$
を書き出してから部分積分を行いましょう。

(1) $f(x)=x,\ g'(x)=e^x$ とすると

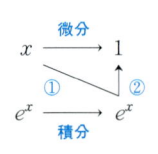

$\displaystyle 与式 = \underbrace{xe^x}_{①} - \int \underbrace{1\cdot e^x}_{②}\,dx$

$= xe^x - \displaystyle\int e^x\,dx = \boxed{xe^x - e^x + C}$

(2) $f(x)=x,\ g'(x)=\sin x$ とすると

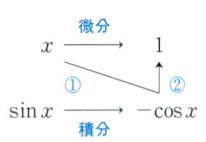

$\displaystyle 与式 = \underbrace{x(-\cos x)}_{①} - \int \underbrace{1\cdot(-\cos x)}_{②}\,dx$

$= -x\cos x + \displaystyle\int \cos x\,dx = \boxed{-x\cos x + \sin x + C}$

(3) 今度は $f(x)=\log x,\ g'(x)=x$ とおきます。

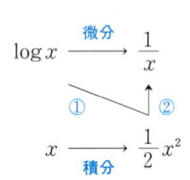

$\displaystyle 与式 = \underbrace{\log x\cdot \dfrac{1}{2}x^2}_{①} - \int \underbrace{\dfrac{1}{x}\cdot \dfrac{1}{2}x^2}_{②}\,dx$

$= \dfrac{1}{2}x^2\log x - \dfrac{1}{2}\displaystyle\int x\,dx$

$= \dfrac{1}{2}x^2\log x - \dfrac{1}{2}\cdot\dfrac{1}{2}x^2 + C = \boxed{\dfrac{1}{2}x^2\log x - \dfrac{1}{4}x^2 + C}$

（解終）

問題 8.6 （解答は p. 157）

部分積分により，次の不定積分を求めてください。

(1) $\displaystyle\int xe^{-x}\,dx$ (2) $\displaystyle\int x\cos x\,dx$ (3) $\displaystyle\int x^2\log x\,dx$

〈2〉 定積分

関数 $y=f(x)$ が $a \leq x \leq b$ の範囲で正の値をとるとします。このとき，右図の色のついた図形の面積を求めることを考えましょう。この図形の面積を近似する1つの方法として，細長い長方形に分割することを考えてみます。

下図のように $a \leq x \leq b$ の区間を n 個に分割し
$$a = x_0 < x_1 < \cdots < x_{i-1} < x_i < \cdots < x_n = b$$

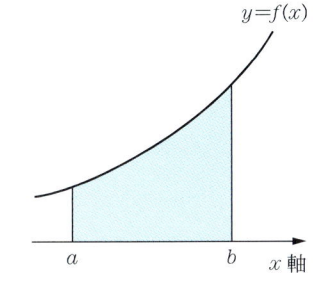

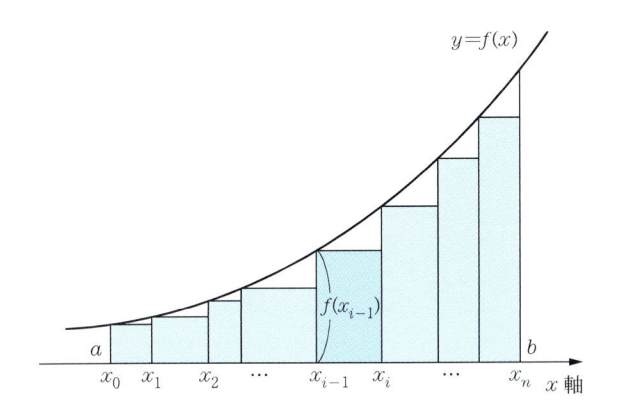

とします。そして，$x_{i-1} \leq x \leq x_i$ で

  底辺の長さ $(x_i - x_{i-1})$，高さ $f(x_{i-1})$ の長方形

を考えると，その面積は $f(x_{i-1}) \times (x_i - x_{i-1})$ となります。

これらの長方形の面積を全部加えた

$$R = \sum_{i=1}^{n} f(x_{i-1}) \cdot (x_i - x_{i-1})$$

は，はじめに考えた図形の面積の1つの近似を与えます。

ここで $a \leq x \leq b$ の分割を限りなく限りなく細かくしてみましょう。このことを $n \to \infty$ とかきます。

$n \to \infty$ としたとき，考えている長方形の1つひとつは，底辺の長さが限りなく小さくなるので，その面積は限りなく小さくなります。しかし，全長方形の個数 n はどんどんと限りなく増加していってしまいます。つまり，$n \to \infty$ のときの R の値を考えることは

  限りなく小さい値 を 限りなくたくさん加える

ことを考えるので，その結果は簡単にはわかりません。

R は **リーマン和** とよばれているのよ。

そこで，$a \leqq x \leqq b$ での $f(x)$ の正負に関係なく，一般的にリーマン和 R の極限について次のように定義します。

リーマン和
$$R = \sum_{i=1}^{n} f(x_{i-1}) \cdot (x_i - x_{i-1})$$

> 関数 $y = f(x)$ が $a \leqq x \leqq b$ の間で有限な値をとるとする。$n \to \infty$ とするとき，リーマン和 R が一定の値に限りなく近づくならば，
>
> $f(x)$ は $a \leqq x \leqq b$ で**定積分可能**である
>
> という。また，その一定の値を
>
> $f(x)$ の a から b までの**定積分**または**定積分の値**
>
> といい，
> $$\int_a^b f(x)\,dx$$
> で表わす。

このように，定積分可能であることの定義はなかなか難しいのですが，連続関数については，次の定理が成立しています。

> 関数 $y = f(x)$ が $a \leqq x \leqq b$ で連続ならば定積分可能である。

さらに，不定積分と定積分には，次の重要な関係式が成立しています。

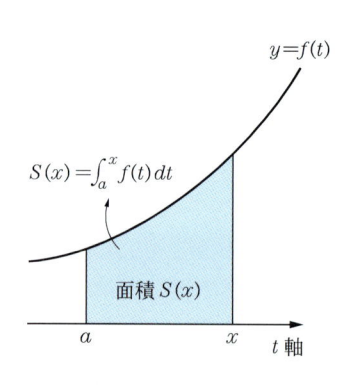

微分積分学の基本定理

（ⅰ）$S(x) = \int_a^x f(t)\,dt$ について $S'(x) = f(x)$

（ⅱ）$F(x)$ が $f(x)$ の 1 つの原始関数のとき
$$\int_a^b f(x)\,dx = F(b) - F(a)$$

この定理をもとに，連続関数の定積分は原始関数（不定積分において $C = 0$ とすればよい）を使って

$$\int_a^b f(x)\,dx = \Big[F(x)\Big]_a^b = F(b) - F(a)$$

と求めることができることになります。

（図：$y = f(t)$，$S(x) = \int_a^x f(t)\,dt$，面積 $S(x)$，t 軸）

不定積分と定積分の関係は，「微分積分学の基本定理」とよばれ，とっても重要な定理なのよ。

$b \leq a$ の場合にも右のように定積分を拡張しておくと，a, b, c の大小に関係なく次の公式が成り立ちます。

定積分の性質

- $\int_a^b \{f(x) \pm g(x)\} dx = \int_a^b f(x) dx \pm \int_a^b g(x) dx$ （複号同順）
- $\int_a^b k f(x) dx = k \int_a^b f(x) dx$
- $\int_a^a f(x) dx = 0$
- $\int_a^b f(x) dx = -\int_b^a f(x) dx$
- $\int_a^b f(x) dx = \int_a^c f(x) dx + \int_c^b f(x) dx$

定積分の拡張

$b \leq a$ のとき
$$\int_a^b f(x) dx = -\int_b^a f(x) dx$$

例題 8.7 [定積分の基本計算 1]

次の定積分の値を求めてみましょう。

(1) $\int_0^1 (1-x^2) dx$　　(2) $\int_0^4 \sqrt{x}\, dx$

不定積分

- $\int x^n dx = \dfrac{1}{n+1} x^{n+1} + C$

　　　　$(n \neq -1)$

解 はじめに原始関数を 1 つ（不定積分を求め，$C=0$ としておけばよい）求めてから値を代入します。

(1)　与式 $= \left[x - \dfrac{1}{2+1} x^{2+1} \right]_0^1 = \left[x - \dfrac{1}{3} x^3 \right]_0^1$

$\qquad = \left(1 - \dfrac{1}{3} \cdot 1^3\right) - \left(0 - \dfrac{1}{3} \cdot 0\right) = 1 - \dfrac{1}{3} = \boxed{\dfrac{2}{3}}$

(2)　与式 $= \int_0^4 x^{\frac{1}{2}} dx = \left[\dfrac{1}{\frac{1}{2}+1} x^{\frac{1}{2}+1} \right]_0^4$

$\qquad = \left[\dfrac{1}{\frac{3}{2}} x^{\frac{3}{2}} \right]_0^4 = \left[\dfrac{2}{3} \sqrt{x^3} \right]_0^4 = \left[\dfrac{2}{3} x \sqrt{x} \right]_0^4$

$\qquad = \dfrac{2}{3} \cdot 4\sqrt{4} - \dfrac{2}{3} \cdot 0 = \dfrac{2}{3} \cdot 4 \cdot 2 = \boxed{\dfrac{16}{3}}$　　（解終）

定積分

- $\int_a^b f(x) dx = \Big[F(x) \Big]_a^b$
  $= F(b) - F(a)$

$x^{\frac{n}{m}} = \sqrt[m]{x^n}$

$x^{-n} = \dfrac{1}{x^n}$

● $\left[\dfrac{2}{3} x\sqrt{x} \right]_0^4 = \dfrac{2}{3} \Big[x\sqrt{x} \Big]_0^4$

$\qquad = \dfrac{2}{3}(4\sqrt{4} - 0)$

としてもよい。

問題 8.7 （解答は p. 157）

次の定積分の値を求めてください。

(1) $\int_0^2 (3x^2 - 2x + 4) dx$　　(2) $\int_{-1}^1 (x^4 - x^3) dx$　　(3) $\int_1^9 \dfrac{1}{\sqrt{x}} dx$

100　8. 積分

例題 8.8 [定積分の基本計算 2]

次の定積分の値を求めてみましょう。

(1) $\displaystyle\int_0^{\frac{\pi}{4}} \sin x \, dx$ 　　(2) $\displaystyle\int_0^{\frac{\pi}{6}} \cos 2x \, dx$

(3) $\displaystyle\int_0^1 e^x \, dx$ 　　(4) $\displaystyle\int_1^2 \frac{1}{x} \, dx$

- $\displaystyle\int \sin x \, dx = -\cos x + C$
- $\displaystyle\int \cos x \, dx = \sin x + C$
- $\displaystyle\int e^x \, dx = e^x + C$
- $\displaystyle\int \frac{1}{x} \, dx = \log x + C$

　　　　　　　　$(x>0)$

解　不定積分の公式を思い出しながら計算しましょう。

(1) 　与式 $= \Big[-\cos x\Big]_0^{\frac{\pi}{4}} = -\Big[\cos x\Big]_0^{\frac{\pi}{4}}$

$\quad\quad = -\Big(\cos\dfrac{\pi}{4} - \cos 0\Big) = -\Big(\dfrac{1}{\sqrt{2}} - 1\Big) = \boxed{1 - \dfrac{1}{\sqrt{2}}}$

(2) 　与式 $= \Big[\dfrac{1}{2}\sin 2x\Big]_0^{\frac{\pi}{6}} = \dfrac{1}{2}\Big[\sin 2x\Big]_0^{\frac{\pi}{6}}$

$\quad\quad = \dfrac{1}{2}\Big\{\sin\Big(2\cdot\dfrac{\pi}{6}\Big) - \sin 0\Big\} = \dfrac{1}{2}\Big(\sin\dfrac{\pi}{3} - \sin 0\Big)$

$\quad\quad = \dfrac{1}{2}\Big(\dfrac{\sqrt{3}}{2} - 0\Big) = \boxed{\dfrac{\sqrt{3}}{4}}$

(3) 　与式 $= \Big[e^x\Big]_0^1 = e^1 - e^0 = \boxed{e - 1}$

(4) 　与式 $= \Big[\log x\Big]_1^2 = \log 2 - \log 1$

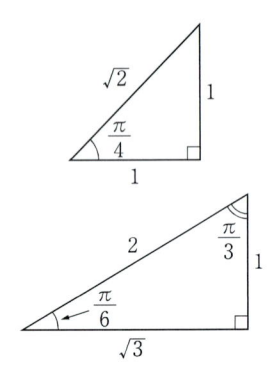

$\quad\quad = \log 2 - 0 = \boxed{\log 2}$　　　　　　　　　　　(解終)

$e^0 = 1$

$\log 1 = 0$
$\log e = 1$

警告!
$\dfrac{1}{2}\sin 2x \ne \sin x$

- $\displaystyle\int \sin ax \, dx = -\dfrac{1}{a}\cos ax + C$
- $\displaystyle\int \cos ax \, dx = \dfrac{1}{a}\sin ax + C$
- $\displaystyle\int e^{ax} \, dx = \dfrac{1}{a}e^{ax} + C$

問題 8.8 (解答は p. 158)

次の定積分の値を求めてください。

(1) $\displaystyle\int_0^{\frac{\pi}{6}} \cos x \, dx$ 　(2) $\displaystyle\int_0^{\frac{\pi}{2}} \sin 3x \, dx$ 　(3) $\displaystyle\int_0^1 e^{-x} \, dx$ 　(4) $\displaystyle\int_1^e \Big(1 - \dfrac{1}{x}\Big) dx$

置換積分で定積分の値を求めるには，次の定理を使います．

$$u = f(x) \text{ とおくとき,}$$
$$\int_a^b g(f(x)) f'(x) \, dx = \int_\alpha^\beta g(u) \, du$$
$$\text{ただし } \alpha = f(a), \ \beta = f(b)$$

$u = f(x)$	
x	$a \to b$
u	$\alpha \to \beta$

例題 8.9［定積分の置換積分］

置換積分により，次の定積分の値を求めてみましょう．

(1) $\displaystyle\int_0^1 (3x-1)^3 \, dx$ $(u = 3x-1)$

(2) $\displaystyle\int_0^{\frac{\pi}{2}} \sin^4 x \cos x \, dx$ $(u = \sin x)$ 　　　　　🔵 $\sin^4 x = (\sin x)^4$

解 置換したとき，定積分の範囲も変わるので気をつけましょう．

(1) $u = 3x - 1$ とおくと $\dfrac{du}{dx} = 3$ より $dx = \dfrac{1}{3} du$

また，積分範囲は右のように変わるので

$u = 3x - 1$	
x	$0 \to 1$
u	$-1 \to 2$

$$\int_0^1 (3x-1)^3 \, dx = \int_{-1}^2 u^3 \cdot \frac{1}{3} du = \frac{1}{3} \int_{-1}^2 u^3 \, du$$

$$= \frac{1}{3} \left[\frac{1}{4} u^4 \right]_{-1}^2 = \frac{1}{12} \left[u^4 \right]_{-1}^2 = \frac{1}{12} \{ 2^4 - (-1)^4 \}$$

$$= \frac{1}{12} \{ 16 - (+1) \} = \frac{15}{12} = \boxed{\frac{5}{4}}$$

(2) $u = \sin x$ とおくと $\dfrac{du}{dx} = \cos x$ より $\cos x \, dx = du$

また，積分範囲は右のように変わるので

$u = \sin x$	
x	$0 \to \dfrac{\pi}{2}$
u	$0 \to 1$

$$\text{与式} = \int_0^{\frac{\pi}{2}} (\sin x)^4 \cos x \, dx = \int_0^1 u^4 \, du$$

$$= \left[\frac{1}{5} u^5 \right]_0^1 = \frac{1}{5} (1 - 0) = \boxed{\frac{1}{5}} \quad \text{（解終）}$$

問題 8.9（解答は p.158）

置換積分により，次の定積分の値を求めてください．

(1) $\displaystyle\int_{-1}^1 (2x-1)^2 \, dx$　　(2) $\displaystyle\int_0^{\frac{\pi}{4}} \cos^3 x \sin x \, dx$　　(3) $\displaystyle\int_1^e \frac{\log x}{x} \, dx$

　　$(u = 2x-1)$　　　　　　　$(u = \cos x)$　　　　　　　　$(u = \log x)$

部分積分で定積分の値を求めるには，次の定理を使います。

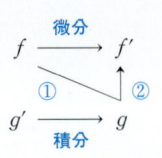

$$\int_a^b f(x)g'(x)\,dx = \Big[f(x)g(x)\Big]_a^b - \int_a^b f'(x)g(x)\,dx$$

例題 8.10 [定積分の部分積分]

部分積分により，次の定積分の値を求めてみましょう。

(1) $\displaystyle\int_0^1 xe^{-x}\,dx$　　(2) $\displaystyle\int_0^{\frac{\pi}{2}} x\sin x\,dx$　　(3) $\displaystyle\int_1^e x\log x\,dx$

解 微分と積分とを間違えないように計算しましょう。

(1) $f(x)=x,\ g'(x)=e^{-x}$ とおくと

$$\text{与式} = \underbrace{\Big[x\cdot(-e^{-x})\Big]_0^1}_{①} - \int_0^1 \underbrace{1\cdot(-e^{-x})}_{②}\,dx$$

$$= -\Big[xe^{-x}\Big]_0^1 + \int_0^1 e^{-x}\,dx = -(1\cdot e^{-1} - 0\cdot e^{-0}) + \Big[-e^{-x}\Big]_0^1$$

$$= -e^{-1} - (e^{-1} - e^0) = -e^{-1} - e^{-1} + 1 = \boxed{-2e^{-1}+1} = \boxed{1 - \frac{2}{e}}$$

(2) $f(x)=x,\ g'(x)=\sin x$ とおくと

$$\text{与式} = \underbrace{\Big[x\cdot(-\cos x)\Big]_0^{\frac{\pi}{2}}}_{①} - \int_0^{\frac{\pi}{2}} \underbrace{1\cdot(-\cos x)}_{②}\,dx$$

$$= -\Big[x\cos x\Big]_0^{\frac{\pi}{2}} + \int_0^{\frac{\pi}{2}} \cos x\,dx$$

$$= -\left(\frac{\pi}{2}\cos\frac{\pi}{2} - 0\cdot\cos 0\right) + \Big[\sin x\Big]_0^{\frac{\pi}{2}} = 0 + \left(\sin\frac{\pi}{2} - \sin 0\right) = \boxed{1}$$

(3) $f(x)=\log x,\ g'(x)=x$ とすると

$$\text{与式} = \underbrace{\Big[\log x\cdot\tfrac{1}{2}x^2\Big]_1^e}_{①} - \int_1^e \underbrace{\tfrac{1}{x}\cdot\tfrac{1}{2}x^2}_{②}\,dx$$

$$= \left(\log e\cdot\frac{1}{2}e^2 - \log 1\cdot\frac{1}{2}\right) - \frac{1}{2}\int_1^e x\,dx$$

$$= \frac{1}{2}e^2 - \frac{1}{2}\Big[\frac{1}{2}x^2\Big]_1^e = \frac{1}{2}e^2 - \frac{1}{4}(e^2-1) = \boxed{\frac{1}{4}(e^2+1)}$$

(解終)

問題 8.10 （解答は p.159）

部分積分により，次の定積分の値を求めてください。

(1) $\displaystyle\int_0^1 xe^{2x}\,dx$　　(2) $\displaystyle\int_0^{\frac{\pi}{3}} x\cos 2x\,dx$　　(3) $\displaystyle\int_1^e x^2\log x\,dx$

〈3〉 面 積

関数 $y=f(x)$ が $a\leqq x\leqq b$ の範囲で $f(x)\geqq 0$ のときは，右図の色のついた部分の面積 S は定積分

$$S=\int_a^b f(x)\,dx$$

で求まります。

また，$y=f(x)$ が $a\leqq x\leqq b$ で $f(x)\leqq 0$ の場合には

$$y=-f(x)\geqq 0 \quad (a\leqq x\leqq b)$$

となるので，右下図の色のついた部分の面積 S は

$$S=-\int_a^b f(x)\,dx$$

で求まります。

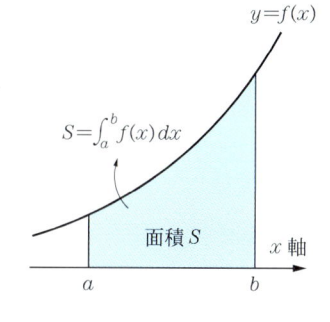

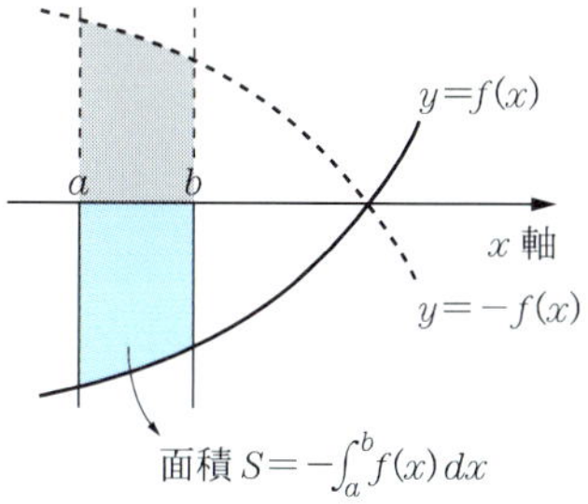

例題 8.11 [面積 1]

次の放物線と x 軸とで囲まれた部分の面積を求めてみましょう。

(1) $y=1-x^2$ (2) $y=x(x-1)$

解 (1) $y=1-x^2$ のグラフは右図のような上に凸の放物線になります。放物線と x 軸とで囲まれた部分（右図での色のついた部分）は $-1\leqq x\leqq 1$ の範囲にあるので，求める面積を S とすると

$$S=\int_{-1}^1 (1-x^2)\,dx = \left[x-\frac{1}{3}x^3\right]_{-1}^1$$

$$=\left(1-\frac{1}{3}\right)-\left(-1+\frac{1}{3}\right)=\boxed{\frac{4}{3}}$$

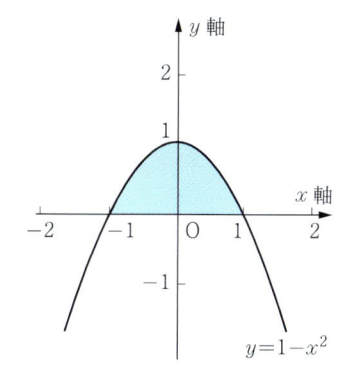

(2) $y=x(x-1)$ のグラフの x 軸との交点は，$y=0$ とおいて

$$x(x-1)=0 \quad \text{より} \quad x=0,\ 1$$

このことより，右のような下に凸の放物線であることがわかります。

放物線と x 軸とで囲まれた部分（右図色のついた部分）は $0\leqq x\leqq 1$ の範囲です。また，この部分で関数は負になるので，求める面積 S は

$$S=-\int_0^1 x(x-1)\,dx = -\int_0^1 (x^2-x)\,dx = -\left[\frac{1}{3}x^3-\frac{1}{2}x^2\right]_0^1$$

$$=-\left\{\left(\frac{1}{3}-\frac{1}{2}\right)-0\right\}=\boxed{\frac{1}{6}} \hspace{2em}\text{(解終)}$$

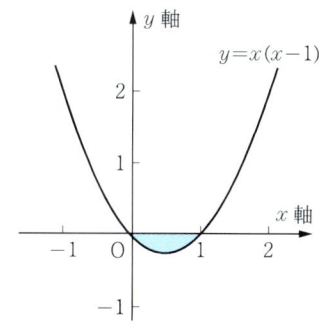

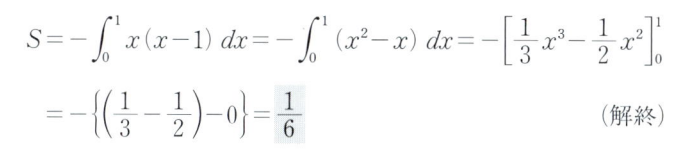

問題 8.11 （解答は p.160）

次の放物線と x 軸とで囲まれた部分の面積を求めてみましょう。

(1) $y=-x^2+2x+3$ (2) $y=x^2+x-2$

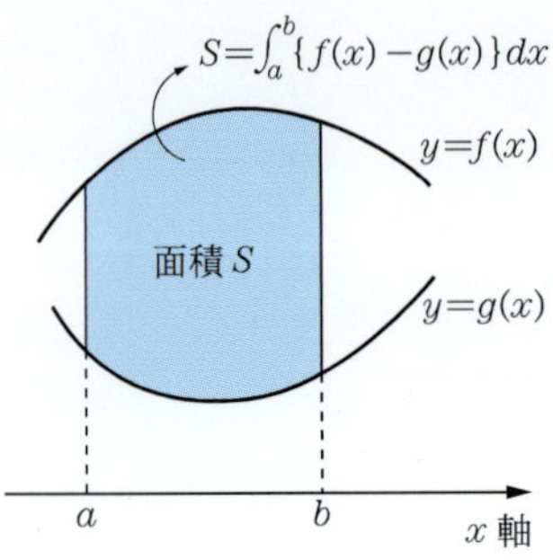

2つの曲線 $y=f(x)$ と $y=g(x)$ がどのような位置にあっても，$a \leq x \leq b$ において $f(x) \geq g(x)$ であれば，囲まれた部分の面積 S は
$$S = \int_a^b \{f(x) - g(x)\} dx$$
で求まります。

例題 8.12 [面積 2]

直線 $y=x$ と放物線 $y=x(x-1)$ とで囲まれた部分の面積 S を求めてみましょう。

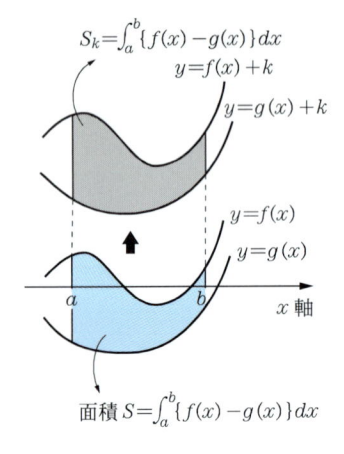

解 囲まれる部分は下図の色のついた部分。

この部分が，x のどんな範囲にあるか調べるために，交点の x 座標を求めておきます。両辺の方程式を "=" とおいて
$$x = x(x-1) \quad \text{より}$$
$$x = x^2 - x \;\to\; x^2 - 2x = 0$$
$$\to\; x(x-2) = 0 \;\to\; x = 0, 2$$

色のついた部分では，直線の方が上にあるので，面積 S は
$$S = \int_0^2 \{x - x(x-1)\} dx = \int_0^2 (x - x^2 + x) dx$$
$$= \int_0^2 (2x - x^2) dx = \left[\frac{2}{2}x^2 - \frac{1}{3}x^3\right]_0^2 = \left[x^2 - \frac{1}{3}x^3\right]_0^2$$
$$= \left(2^2 - \frac{1}{3} \cdot 2^3\right) - \left(0 - \frac{1}{3} \cdot 0\right) = 4 - \frac{8}{3} = \boxed{\frac{4}{3}}$$

$x = x(x-1)$ より 両辺の x を約してはだめよ。x は 0 かも知れないから。

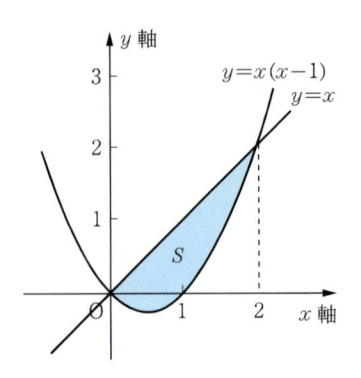

問題 8.12 （解答は p.160）

(1) 2つの放物線 $y = x^2$ と $y = 2x^2 - 1$ とで囲まれた部分の面積 S_1 を求めてください。

(2) 直線 $y = 2x + 1$ と放物線 $y = 1 - x^2$ とで囲まれた部分の面積 S_2 を求めてください。

〈4〉 回転体の体積

$a \leqq x \leqq b$ の範囲で $y = f(x)$ の曲線を x 軸のまわりに一回転させてできる回転体の体積を考えましょう。

面積を考えたときと同様に，$a \leqq x \leqq b$ の範囲を分割し，薄い円柱をたくさん加えるという考え方をすると，回転体の体積 V は定積分

$$V = \pi \int_a^b \{f(x)\}^2 \, dx$$

で求まることがわかります。

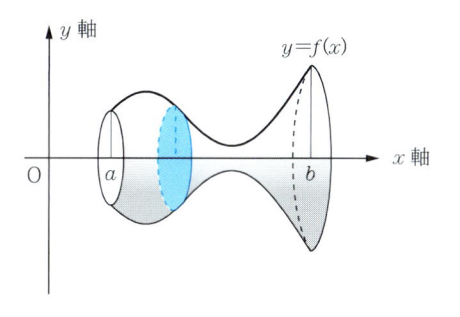

例題 8.13 [回転体の体積]

横向きの放物線 $y = \sqrt{x}$ の $0 \leqq x \leqq 4$ の部分を x 軸のまわりに一回転させてできる回転体について，その体積を求めてみましょう。

【解】 $y = \sqrt{x}$ $(0 \leqq x \leqq 4)$ を回転させると下のような立体になります。
求める体積を V とすると，上の公式にあてはめて

$$V = \pi \int_0^4 (\sqrt{x})^2 \, dx = \pi \int_0^4 x \, dx$$

$$= \pi \left[\frac{1}{2} x^2 \right]_0^4 = \frac{\pi}{2} (4^2 - 0)$$

$$= \frac{\pi}{2} \times 16 = 8\pi$$

(解終)

問題 8.13 （解答は p. 161）

次の立体の体積を，回転体の体積を求める公式を利用して求めてください。

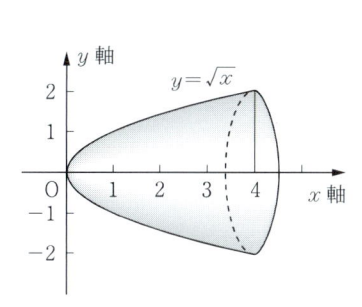

(1) 線分 $y = \dfrac{1}{2} x$ $(0 \leqq x \leqq 2)$ を x 軸のまわりに一回転させてできる円錐の体積 V_1。

(2) 半円 $y = \sqrt{1 - x^2}$ を x 軸のまわりに一回転させてできる球の体積 V_2。

とくとく情報［微分と積分］

　現在の高校と大学では，まず"微分"を勉強し，それから"積分"を勉強します。しかし，歴史的には両者はまったく別々に発達してきたのです。
　微分の考え方につながる
　　　　　　曲線に接線を引く問題＝**接線問題**
は B.C. 2～3 世紀のギリシア時代に考えられ始めました。
　一方，積分の考え方につながる
　　　　　　図形の面積を求める問題＝**求積問題**（きゅうせき）
は，はるか 3500 年も前にエジプトで考えられ始めていたのです。
　この 2 つの問題は，いろいろな変遷を経て 17 世紀後半，ようやくヨーロッパにおいて結ばれることになりました。
　微分と積分の重要な関係である**微分積分学の基本定理**は
　　　　　イギリス生まれのニュートン（1642～1727）
　　　　　ライプツィヒ生まれのライプニッツ（1646～1716）
の 2 人によって別々に発見されたのです。どちらが先に発見したかという"先取権争い"は，イギリスの学会と大陸の学会を巻き込んで大変な騒動になっていたようです。
　ニュートンは微分積分を天体力学の問題として取り扱い，物理学に大きく貢献しました。ライプニッツは幾何学の問題として微分積分を取り扱い，今日使われている

$$dx, \quad dy, \quad \frac{dy}{dx}, \quad \int y\,dx$$

などの記号を考案しました。この記号のおかげで数学の解析力が強まったのです。

> 私達は，3500 年以上も前から考えられ続けてきた人類の英知をいま勉強しているのね。

❾ 練習問題

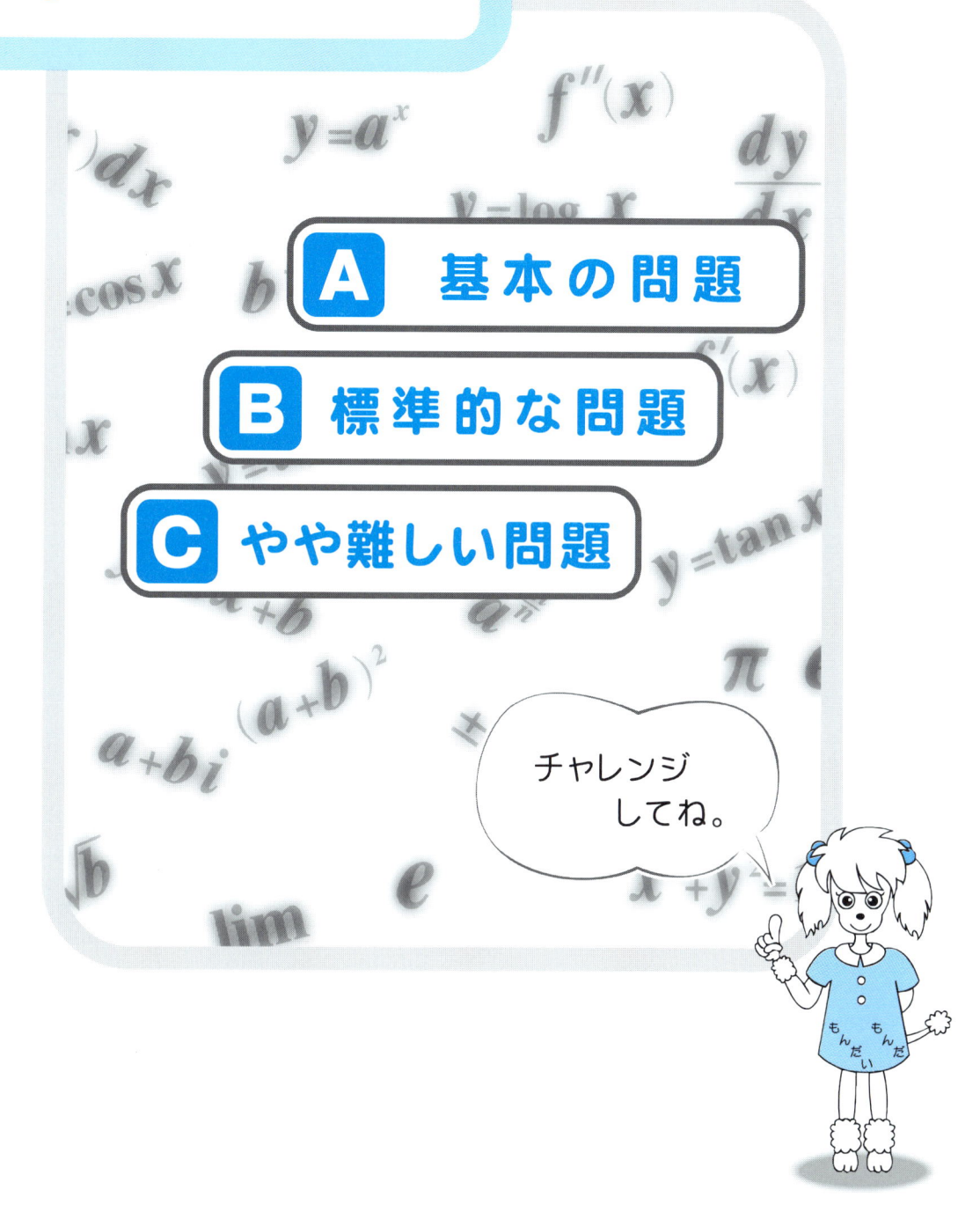

A 基本の問題

B 標準的な問題

C やや難しい問題

チャレンジしてね。

1 数と式の計算

練習問題 1.1 [整数, 分数, 小数]　　解答は p.161

次の計算をしてください。

A (1) $\{5-(-2)\}^2 \times 6 \div 3$　(2) $\{(-1)^3+9\} \div 4 \times (-2)$　(3) $3 \times 2^3 - (-2)^3 \div 4$

(4) $4 \times \left(\dfrac{1}{2}+\dfrac{2}{3}\right) - \dfrac{2}{3}$　(5) $\left(\dfrac{1}{3}-\dfrac{1}{5}\right) \div \left(1+\dfrac{1}{2}\right)$　(6) $\left(-\dfrac{1}{2}\right)^2 \times \left(\dfrac{1}{3}\right)^3 \div \left(\dfrac{1}{6}\right)^2$

(7) $3 \times 1.2 - 0.8$　(8) 5.4×0.3　(9) $3.8 \div 0.02$

B (1) $2 \times \{(-3)^2 + 4 \times (-2)\} - 6 \div (-3)$　(2) $(-3)^3 \div (2^3 \times 3 - 12) \times \{-(-2)\}^2$

(3) $\dfrac{8}{5} \times \left\{\left(1-\dfrac{1}{2}\right) \div \dfrac{3}{2} - \dfrac{5}{6}\right\}$　(4) $8 \div \left(\dfrac{7}{5} - 2 + \dfrac{1}{3}\right) \div \left(\dfrac{5}{2}\right)^2$

(5) $(1.2+0.5)^2 + (3.4+1.7)^2 - (4.1-2.9)^2$

C (1) $\{8-(-2)\}^2 \times 3 - (-4)^3 \times 5^2 \div (-8)$　(2) $\{-2^2-(-2)^2\}^3 \div (3 \times 8) + 5 \div (-3)^2 \times 6$

(3) $\left(\dfrac{1}{3}-\dfrac{1}{2}\right)^2 \times \dfrac{13}{4} \div \left\{8 \times \dfrac{1}{6} - \left(\dfrac{5}{3}\right)^2\right\}$　(4) $\dfrac{3.8 \times 0.12 - 1.1^3}{0.3^2 + 2.7 \times 1.4 - 0.37}$

練習問題 1.2 [繁分数]　　解答は p.161

次の繁分数を計算してください。

A (1) $\dfrac{\frac{1}{2}+\frac{1}{3}}{3}$　(2) $\dfrac{2}{\frac{1}{2}-\frac{1}{3}}$　(3) $\dfrac{2 \times \frac{1}{3}}{3 \times \frac{1}{2}}$

B (1) $\dfrac{1+\frac{1}{3}}{1-\frac{1}{3}}$　(2) $\dfrac{\frac{1}{2} \times 3 - 1}{3}$　(3) $\dfrac{4}{3+4 \times \frac{1}{3}}$

C (1) $\dfrac{\frac{1}{5} \times \left(\frac{3}{2}-\frac{1}{3}\right)}{\frac{1}{4}+\frac{2}{5} \times \frac{1}{3}}$　(2) $\dfrac{1}{2+\dfrac{1}{2+\frac{1}{2}}}$　(3) $1 - \dfrac{1-\frac{1}{3}}{1-\dfrac{1}{1-\frac{1}{3}}}$

練習問題 1.3 [展開公式]　　解答は p.161

次の式を公式を使って展開してください。

A (1) $(x-3)^2$　(2) $(x+3)(x-3)$　(3) $(y+5)(y-2)$　(4) $(x+1)^3$

B (1) $(x+3y)^2$　(2) $(x+2y)(x-2y)$　(3) $(u+4v)(u-2v)$　(4) $(x-2)^3$

C (1) $(5x-3y)^2$　(2) $\left(\dfrac{1}{2}a+\dfrac{1}{3}b\right)\left(\dfrac{1}{2}a-\dfrac{1}{3}b\right)$　(3) $(x+y-1)^2$　(4) $(2a-b+3)^2$

練習問題 1.4 [因数分解]   解答は p. 161

次の式を因数分解してください。

A (1) x^2+4x+4 (2) x^2-9 (3) x^2+6x+5 (4) t^2-5t-6 (5) a^3+1

B (1) $9x^2-6x+1$ (2) $4x^2-y^2$ (3) $4x^2-4x-3$ (4) $3t^2+5t-2$ (5) a^3-8

C (1) $9x^2+12xy+4y^2$ (2) $8a^2-10ab+3b^2$ (3) $8u^3+27v^3$ (4) $x^3-6x^2+12x-8$

練習問題 1.5 [平方根]   解答は p. 162

次の式を計算してください。また，無理数の分母は有理化してください。

A (1) $(\sqrt{2}+1)^2$ (2) $(\sqrt{5}+\sqrt{3})(\sqrt{5}-\sqrt{3})$ (3) $(\sqrt{3}+1)(\sqrt{3}-2)$ (4) $(\sqrt{8}+\sqrt{6})^2$

B (1) $\dfrac{1}{\sqrt{3}+1}$ (2) $\dfrac{\sqrt{3}+\sqrt{2}}{\sqrt{3}-\sqrt{2}}$ (3) $\dfrac{\sqrt{18}}{\sqrt{5}-\sqrt{2}}$ (4) $\dfrac{2+\sqrt{7}}{3-\sqrt{7}}$

C (1) $\dfrac{\sqrt{6}}{\sqrt{27}-\sqrt{8}}$ (2) $\dfrac{1}{(\sqrt{5}-\sqrt{2})^2}$ (3) $\dfrac{1}{\sqrt{3}+4}+\dfrac{1}{\sqrt{3}-1}$

(4) $\dfrac{1}{\sqrt{2}+\sqrt{3}+\sqrt{5}}$

練習問題 1.6 [複素数]   解答は p. 162

次の式を計算し，答えは $a+bi$ (a, b は実数) の形で表わしてください。

A (1) $(1+i)^2$ (2) $(2-i)^2$ (3) $(1+i)(1-i)$ (4) $(5+i)(3-i)$

B (1) $(2+3i)^2$ (2) $\{(5+2i)-(3-4i)\}^2$ (3) $(4+3i)(2-i)$

(4) $\dfrac{1}{1+i}$ (5) $\dfrac{1}{3-2i}$

C (1) $\dfrac{1+i}{1-i}$ (2) $\dfrac{3-2i}{3+2i}$ (3) $\dfrac{3+2i}{2-3i}$ (4) $\dfrac{1}{1+2i}-\dfrac{1}{1-2i}$ (5) $\dfrac{1}{1+2i}+\dfrac{1}{1-3i}$

練習問題 1.7 [分数式の計算]   解答は p. 162

次の式を計算をしてください。

A (1) $\dfrac{x^2+x}{x^2-1}$ (2) $\dfrac{1}{x^2-y^2}\times\dfrac{x+y}{x-y}$ (3) $\dfrac{1}{x-1}-\dfrac{1}{x+1}$ (4) $\dfrac{1}{x+1}-\dfrac{1}{x+2}$

B (1) $\dfrac{x-3}{x^2+3x+2}\times\dfrac{x+1}{x^2-x-6}$ (2) $\dfrac{1}{x-3}-\dfrac{x+2}{x(x-3)}$

(3) $\dfrac{1}{x(x+1)}-\dfrac{1}{(x+1)(x+2)}$

C (1) $\dfrac{x+2}{x^2-1}-\dfrac{x-1}{x^2+3x+2}$ (2) $\dfrac{x^2-2x+1}{x^2-x-2}\div\dfrac{x^2+2x-3}{x^2+x-6}$ (3) $\dfrac{1}{x+\dfrac{1}{1-\dfrac{1}{x}}}$

練習問題 1.8 [部分分数展開] 　解答は p.162

次の式を部分分数に展開してください。

A (1) $\dfrac{2}{(x+1)(x-1)}$ 　(2) $\dfrac{4}{(x+1)(x-3)}$ 　(3) $\dfrac{x}{x^2+3x+2}$

B (1) $\dfrac{1}{x^2(x-1)}$ 　(2) $\dfrac{1}{x(x-1)^2}$ 　(3) $\dfrac{x}{(x+1)(x-2)^2}$

C (1) $\dfrac{2}{(x+1)(x^2+1)}$ 　(2) $\dfrac{1}{x(x^2+x+1)}$ 　(3) $\dfrac{1}{(x^2+x+1)(x^2-x+1)}$

練習問題 1.9 [無理式の計算] 　解答は p.162

次の式を計算してください。

A (1) $(\sqrt{x^2+1}-1)(\sqrt{x^2+1}+1)$ 　(2) $(\sqrt{x+4}+\sqrt{x})(\sqrt{x+4}-\sqrt{x})$

B (1) $\sqrt{x^2+1}-\dfrac{1}{\sqrt{x^2+1}}$ 　(2) $\dfrac{1}{x+\sqrt{x^2+1}}+x$

C (1) $\dfrac{1}{x+\sqrt{x^2+x+1}}+\dfrac{1}{x-\sqrt{x^2+x+1}}$ 　(2) $\left\{1-\dfrac{x}{\sqrt{x^2+4}}\right\}\times\dfrac{1}{x-\sqrt{x^2+4}}$

練習問題 1.10 [連立 1 次方程式] 　解答は p.163

次の連立 1 次方程式を解いてください。

A (1) $\begin{cases} x+y=2 & ① \\ x-y=6 & ② \end{cases}$ 　(2) $\begin{cases} 2a-b=-7 & ① \\ a+3b=0 & ② \end{cases}$ 　(3) $\begin{cases} 5u+3v=10 & ① \\ 3u+2v=10 & ② \end{cases}$

B (1) $\begin{cases} x+y=1 & ① \\ x-y=2 & ② \end{cases}$ 　(2) $\begin{cases} 6a-3b=2 & ① \\ 2a+6b=3 & ② \end{cases}$ 　(3) $\begin{cases} 5u+3v=1 & ① \\ 3u-5v=1 & ② \end{cases}$

C (1) $\begin{cases} a+b-c=0 & ① \\ a-b+c=2 & ② \\ -a+b+c=4 & ③ \end{cases}$ 　(2) $\begin{cases} 2x-y+3z=3 & ① \\ x+2y-3z=0 & ② \\ -x-3y+2z=2 & ③ \end{cases}$ 　(3) $\begin{cases} 2x+3y+6z=-1 & ① \\ 9x+6y-3z=-2 & ② \\ 3x+y-7z=0 & ③ \end{cases}$

練習問題 1.11 [代数方程式] 　解答は p.163

次の方程式の解をすべて求めてください。

A (1) $x^2-2x+1=0$ 　(2) $x^2+4x+3=0$
　　(3) $x^2+1=0$ 　(4) $x(x^2-1)=0$

B (1) $2x^2+x-1=0$ 　(2) $x^2+3x-2=0$
　　(3) $x^2+x+1=0$ 　(4) $x^3+1=0$
　　(5) $x^4-1=0$

C (1) $x^3+2x^2+2x=0$ 　(2) $x^3-x^2-x+1=0$
　　(3) $x^3-8=0$ 　(4) $x^4-9=0$

複素数の解もすべて求めてね。

2 関数とグラフ

練習問題 2.1 [直線]　　　　解答は p.163

次の直線を描いてください。

A ① $y=3x$　② $y=3x+2$　③ $y=-2x$　④ $y=-2x+1$　⑤ $y=\dfrac{1}{2}x-1$

B ① $x+y=0$　② $2x-y=2$　③ $x+3y=3$　④ $x-2y=4$　⑤ $y=3$　⑥ $x=-3$

C ① $2x+3y=0$　② $5x-2y=0$　③ $2x-3y=6$　④ $-5x+2y=10$　⑤ $\dfrac{x}{2}+\dfrac{y}{3}=1$

練習問題 2.2 [放物線 1]　　　　解答は p.164

次の放物線を描いてください。

A ① $y=x^2$　② $y=2x^2$　③ $y=\dfrac{1}{2}x^2$　④ $y=-x^2$　⑤ $y=-3x^2$　⑥ $y=-\dfrac{1}{4}x^2$

B ① $y=x^2+1$　② $y=-\dfrac{1}{4}x^2-1$　③ $y=(x-1)^2$　④ $y=(x-1)^2-2$
　　⑤ $y=-(x+2)^2+1$

C ① $y=x^2+2x+1$　② $y=x^2+4x$　③ $y=2x^2+4x-1$　④ $y=-x^2+2x+2$
　　⑤ $y=-\dfrac{1}{4}x^2-x$

練習問題 2.3 [放物線 2]　　　　解答は p.164

次の放物線を描いてください。

A ① $y=\sqrt{x}$　② $y=\sqrt{x-2}$　③ $y=\sqrt{x+3}$　④ $y=-\sqrt{x}$　⑤ $y=-\sqrt{x-1}$
　　⑥ $y=-\sqrt{x+1}$

B ① $y^2=x$　② $y^2=-x$　③ $x=\dfrac{1}{4}y^2$　④ $x=-\dfrac{1}{4}y^2$

C ① $y^2=x-1$　② $y^2=x+3$　③ $y=\sqrt{x}-1$　④ $y=-\sqrt{x}+1$　⑤ $y=2-\sqrt{x-1}$

練習問題 2.4 [円]　　　　解答は p.165

次の円を描いてください。

A ① $x^2+y^2=1$　② $x^2+y^2=2$

B ① $(x-2)^2+y^2=1$　② $x^2+(y+1)^2=2$　③ $(x+1)^2+(y-1)^2=3$
　　④ $(x+1)^2+(y+2)^2=4$

C ① $x^2-4x+y^2=0$　② $x^2+y^2+2y=0$　③ $x^2-4x+y^2+2y=0$
　　④ $x^2+y^2+2x+6y+1=0$

練習問題 2.5 [楕円と双曲線]　　解答は p.165

次の関数のグラフの概形を描いてください。

A ① $\dfrac{x^2}{2^2} + \dfrac{y^2}{3^2} = 1$ ② $\dfrac{x^2}{3^2} - \dfrac{y^2}{2^2} = 1$ ③ $\dfrac{x^2}{3^2} - \dfrac{y^2}{2^2} = -1$ ④ $y = \dfrac{4}{x}$

B ① $9x^2 + 4y^2 = 36$ ② $9x^2 - 4y^2 = 36$ ③ $4x^2 - y^2 = -16$ ④ $xy = -4$

C ① $\dfrac{(x-1)^2}{4} + \dfrac{(y+1)^2}{9} = 1$ ② $y = \dfrac{1}{x} + 1$ ③ $y = \dfrac{1}{x-1}$ ④ $y = \dfrac{1}{x-2} + 1$

練習問題 2.6 [2次不等式]　　解答は p.166

次の不等式をみたす x の範囲を求めてください。

A （1） $x(x-1) > 0$ 　（2） $(x-1)(x+2) \geqq 0$ 　（3） $x(x+2) < 0$
　　（4） $(x+3)(x-2) \leqq 0$

B （1） $x^2 - 4x \geqq 0$ 　（2） $-x^2 + x + 2 < 0$ 　（3） $x^2 - 6x + 5 \leqq 0$
　　（4） $-x^2 + 5x + 6 > 0$

C （1） $2x^2 + 3x - 2 \leqq 0$ 　（2） $12x^2 - 4x - 1 > 0$ 　（3） $-6x^2 + 5x + 6 < 0$
　　（4） $-12x^2 + 13x - 3 \geqq 0$

練習問題 2.7 [領域]　　解答は p.166

次の不等式の表わす領域を図示してください。

A （1） $y > 2x$ 　（2） $y \geqq -x + 1$ 　（3） $y < x^2$ 　（4） $x^2 + y^2 \leqq 4$ 　（5） $x^2 + y^2 > 1$

B （1） $2x - y + 1 > 0$ 　（2） $y \leqq 1 - x^2$ 　（3） $x^2 + y^2 - 2y < 0$
　　（4） $x^2 + y^2 - 4x + 2y + 3 \geqq 0$

C （1） $\begin{cases} x + y \geqq 0 \\ x^2 + y^2 \leqq 1 \end{cases}$ 　（2） $\begin{cases} x - y \geqq 0 \\ y \geqq x^2 - 1 \end{cases}$ 　（3） $\begin{cases} y < x^2 \\ x^2 + y^2 < 4 \end{cases}$ 　（4） $\begin{cases} y > (x-1)^2 \\ y \leqq 1 - x^2 \end{cases}$
　　（5） $\begin{cases} x^2 + y^2 \leqq 4 \\ x^2 + y^2 > 2x \end{cases}$

円錐を切ると現われる放物線，楕円，双曲線は，2次曲線ともよばれるのよ。

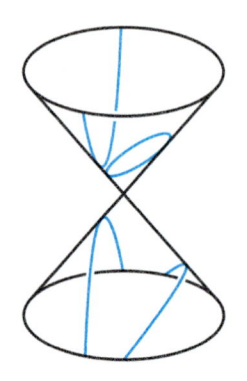

3 三 角 関 数

練習問題 3.1 [三角比]　　解答は p. 168

A 右の直角三角形について，次の三角比の値を求めてください。

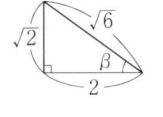

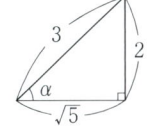

(1) $\sin\alpha,\ \cos\alpha,\ \tan\alpha$ 　(2) $\sin\beta,\ \cos\beta,\ \tan\beta$
(3) $\sin\gamma,\ \cos\gamma,\ \tan\gamma$ 　(4) $\sin\delta,\ \cos\delta,\ \tan\delta$

次の三角比の値を求めてください。

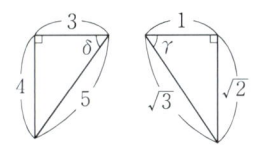

(5) $\sin 30°,\ \cos 30°,\ \tan 30°$ 　(6) $\sin 45°,\ \cos 45°,\ \tan 45°$
(7) $\sin 60°,\ \cos 60°,\ \tan 60°$

練習問題 3.2 [ラジアン]　　解答は p. 168

A 次の角の単位を度（°）はラジアンに，ラジアンは度（°）にかえてください。

(1) $45°$　(2) $90°$　(3) $120°$　(4) $135°$　(5) $180°$　(6) $210°$
(7) $240°$　(8) $315°$　(9) $360°$　(10) $\dfrac{\pi}{6}$　(11) $\dfrac{\pi}{3}$　(12) $\dfrac{\pi}{2}$
(13) $\dfrac{5}{6}\pi$　(14) π　(15) $\dfrac{5}{4}\pi$　(16) $\dfrac{4}{3}\pi$　(17) $\dfrac{3}{2}\pi$　(18) $\dfrac{11}{6}\pi$

練習問題 3.3 [一般角]　　解答は p. 168

A 次の一般角を表わす位置に番号をふってください。

(例)① $\dfrac{\pi}{3}$　② $\dfrac{5}{6}\pi$　③ $-\dfrac{\pi}{4}$　④ $-\dfrac{2}{3}\pi$　⑤ $\dfrac{\pi}{2}$
⑥ π　⑦ $-\dfrac{\pi}{6}$　⑧ $-\dfrac{3}{4}\pi$　⑨ 0　⑩ $\dfrac{2}{3}\pi$　⑪ $-\dfrac{\pi}{3}$
⑫ $-\pi$　⑬ $\dfrac{\pi}{6}$　⑭ $-\dfrac{\pi}{2}$　⑮ 2π　⑯ $\dfrac{5}{3}\pi$　⑰ $\dfrac{3}{2}\pi$

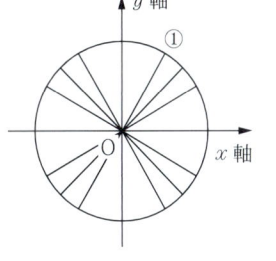

練習問題 3.4 [三角関数の値 1]　　解答は p. 168

A 次の三角関数の値を求めてください。

(1) $\tan\dfrac{\pi}{3}$　(2) $\cos\dfrac{5}{6}\pi$　(3) $\sin\left(-\dfrac{\pi}{4}\right)$　(4) $\sin\left(-\dfrac{2}{3}\pi\right)$
(5) $\cos\left(-\dfrac{\pi}{6}\right)$　(6) $\tan\left(-\dfrac{3}{4}\pi\right)$　(7) $\sin\dfrac{2}{3}\pi$　(8) $\tan\left(-\dfrac{\pi}{3}\right)$
(9) $\tan\dfrac{\pi}{6}$　(10) $\sin\dfrac{3}{4}\pi$　(11) $\tan\dfrac{\pi}{4}$　(12) $\sin\left(-\dfrac{7}{6}\pi\right)$

練習問題 3.5 [三角関数の値 2]　解答は p.168

A 次の三角関数の値を求めてください。

(1) $\sin \pi$　　(2) $\cos \dfrac{\pi}{2}$　　(3) $\sin\left(-\dfrac{\pi}{2}\right)$　　(4) $\cos \pi$　　(5) $\tan 0$

(6) $\cos 0$　　(7) $\sin \dfrac{\pi}{2}$　　(8) $\sin 0$　　(9) $\sin \dfrac{3}{2}\pi$　　(10) $\cos(-\pi)$

(11) $\cos\left(-\dfrac{\pi}{2}\right)$　　(12) $\tan \pi$

練習問題 3.6 [三角関数の値 3]　解答は p.168

関数電卓を使って、次の値を求めてください。（小数第 5 位以下は切り捨て）

A (1) $\sin 15°$　(2) $\cos 100°$　(3) $\tan 140°$　(4) $\sin(-25°)$　(5) $\cos(-70°)$

B (1) $\sin \dfrac{\pi}{5}$　(2) $\cos \dfrac{3}{10}\pi$　(3) $\tan \dfrac{7}{8}\pi$　(4) $\sin\left(-\dfrac{7}{9}\pi\right)$　(5) $\cos\left(-\dfrac{3}{7}\pi\right)$

練習問題 3.7 [三角関数の値 4]　解答は p.168

B 指定された θ の範囲で、次の三角関数の値をもつ角をラジアン単位で求めてください。

$-\dfrac{\pi}{2} \leqq \theta \leqq \dfrac{\pi}{2}$ の範囲で： (1) $\sin\theta = \dfrac{\sqrt{3}}{2}$　(2) $\sin\theta = -\dfrac{1}{\sqrt{2}}$　(3) $\sin\theta = -1$

$0 \leqq \theta \leqq \pi$ の範囲で： (4) $\cos\theta = \dfrac{1}{2}$　(5) $\cos\theta = -\dfrac{\sqrt{3}}{2}$　(6) $\cos\theta = 0$

$-\dfrac{\pi}{2} < \theta < \dfrac{\pi}{2}$ の範囲で： (7) $\tan\theta = \dfrac{1}{\sqrt{3}}$　(8) $\tan\theta = 1$　(9) $\tan\theta = -\sqrt{3}$

練習問題 3.8 [三角関数のグラフ]　解答は p.168

B もし必要なら関数電卓を使って、次の関数を描いてください。

(1) ① $y = \sin x$　② $y = \sin 2x$　③ $y = \sin \dfrac{x}{2}$　④ $y = 2\sin x$　$(0 \leqq x \leqq 2\pi)$

(2) ① $y = \cos x$　② $y = \cos 2x$　③ $y = \cos \dfrac{x}{2}$　④ $y = 2\cos \dfrac{x}{2}$　$(0 \leqq x \leqq 2\pi)$

(3) ① $y = \tan x$　② $y = 2\tan x$　$\left(-\dfrac{\pi}{2} < x < \dfrac{\pi}{2}\right)$

(4) ① $y = \tan \dfrac{x}{2}$　$(-\pi < x < \pi)$

　　② $y = \tan 2x$　$\left(-\dfrac{\pi}{4} < x < \dfrac{\pi}{4}\right)$

①〜④の波がどのようにちがうか比較してみてね。

4 指 数 関 数

練習問題 4.1［指数］　　解答は p.169

A 次の式を指数を使って，かき直してください。

(1) $\sqrt{x^3}$　　(2) $\sqrt{x+1}$　　(3) $\dfrac{1}{\sqrt{x}}$　　(4) $\dfrac{1}{\sqrt{x^3}}$　　(5) $\sqrt[3]{2x+1}$

(6) $\sqrt[3]{(x+1)^2}$　　(7) $\dfrac{1}{\sqrt[3]{x^2+1}}$

関数電卓を使って，次の値を求めてください。（小数第 5 位以下切り捨て）

(8) $\sqrt{2}$　　(9) $\sqrt{3}$　　(10) $\sqrt[3]{7}$　　(11) $\dfrac{1}{\sqrt[3]{2}}$　　(12) $2^{0.1}$　　(13) $3^{\sqrt{3}}$　　(14) $5^{-1.2}$

練習問題 4.2［指数法則 1］　　解答は p.169

次の値を求めてください。

A (1) $100^{\frac{1}{2}}$　　(2) $81^{\frac{1}{4}}$　　(3) $8^{\frac{2}{3}}$　　(4) $1000^{-\frac{1}{3}}$　　(5) $81^{-\frac{1}{2}}$　　(6) $64^{-\frac{2}{3}}$

B (1) $\left(\dfrac{9}{100}\right)^{\frac{1}{2}}$　　(2) $\left(\dfrac{1000}{27}\right)^{\frac{1}{3}}$　　(3) $\left(\dfrac{8}{27}\right)^{\frac{2}{3}}$　　(4) $\left(\dfrac{8}{125}\right)^{-\frac{1}{3}}$　　(5) $\left(\dfrac{1}{16}\right)^{-\frac{3}{4}}$

C (1) $\sqrt{2}\times\sqrt[4]{8}$　　(2) $\dfrac{\sqrt[3]{25}}{\sqrt{5}}$　　(3) $\sqrt[3]{\sqrt[4]{3}\times\sqrt{3}}$　　(4) $\dfrac{\sqrt{2\times\sqrt[3]{4}}}{\sqrt[4]{8}}$

練習問題 4.3［指数法則 2］　　解答は p.169

次の式を $p^a q^b$ の形に直してください。（ただし，$p>0,\ q>0$）

A (1) $(p^2 q^3)^3$　　(2) $(p^{\frac{1}{2}} q^{\frac{1}{3}})^6$　　(3) $\left(\dfrac{q^3}{p^2}\right)^3$　　(4) $\left(\dfrac{q^{\frac{1}{3}}}{p^{\frac{1}{2}}}\right)^6$　　(5) $\sqrt{p^2 q^3}$

B (1) $(pq^2)^3\times(p^3 q)^2$　　(2) $\dfrac{(pq^2)^3}{(p^3 q)^2}$　　(3) $\dfrac{(p^2 q^2)^2\times p^3}{(p^4 q^3)^3}$

C (1) $\sqrt{p^3 q}\times\sqrt[3]{pq^2}$　　(2) $\dfrac{\sqrt{p^2 q}}{\sqrt[3]{pq^2}}$　　(3) $\dfrac{\sqrt[4]{pq}\times\sqrt[3]{p^5 q^2}}{\sqrt{p^3 q}}$

練習問題 4.4［指数関数のグラフ］　　解答は p.169

B もし必要なら関数電卓を使い，次の指数関数のグラフを描いてください。

① $y=4^x$　　② $y=\left(\dfrac{1}{4}\right)^x$　　③ $y=10^x$　　④ $y=\left(\dfrac{1}{10}\right)^x$

⑤ $y=\left(\dfrac{3}{2}\right)^x$　　⑥ $y=\left(\dfrac{2}{3}\right)^x$　　⑦ $y=e^x$　　⑧ $y=\left(\dfrac{1}{e}\right)^x$　　（e：ネピアの数）

5 対数関数

練習問題 5.1 [対数] 解答は p.170

次の指数表記を対数表記にかえてください。

A （1） $3^2 = 9$　（2） $3^4 = 81$　（3） $3^{-1} = \dfrac{1}{3}$　（4） $3^{-3} = \dfrac{1}{27}$　（5） $3^1 = 3$　（6） $3^0 = 1$

練習問題 5.2 [対数法則 1] 解答は p.170

次の対数の値を求めてください。

A （1） $\log_3 9$　（2） $\log_3 81$　（3） $\log_3 \dfrac{1}{3}$　（4） $\log_3 \dfrac{1}{27}$　（5） $\log_3 3$　（6） $\log_3 1$

B （1） $\log_2 \sqrt{2}$　（2） $\log_5 \dfrac{1}{\sqrt{5}}$　（3） $\log_{10} \sqrt{10}$　（4） $\log_{10} \sqrt[3]{100}$　（5） $\log_{10} \dfrac{1}{\sqrt[4]{1000}}$

C （1） $\log_2 \sqrt[4]{8}$　（2） $\log_3 \sqrt{243}$　（3） $\log_{10} 0.1$　（4） $\log_2 \dfrac{1}{\sqrt[3]{16}}$　（5） $\log_3 \dfrac{1}{3\sqrt{3}}$

（6） $\log_e e$　（7） $\log_e e^2$　（8） $\log_e \dfrac{1}{e^2}$　（9） $\log_e \sqrt{e}$　（10） $\log_e \dfrac{1}{\sqrt{e}}$

練習問題 5.3 [対数法則 2] 解答は p.170

対数法則を使って次の式を簡単にしてください。

A （1） $\log_2 12 + \log_2 \dfrac{2}{3}$　（2） $\log_3 15 - \log_3 \dfrac{5}{9}$　（3） $\log_2 3\sqrt{2} + \log_2 \dfrac{2}{3}$

（4） $\log_3 6 - \log_3 2\sqrt{3}$

B （1） $2\log_2 \dfrac{2}{3} + \log_2 9$　（2） $\log_3 54 - \dfrac{1}{2}\log_3 4$　（3） $\log_5 25\sqrt{7} - \dfrac{1}{2}\log_5 \dfrac{7}{25}$

C （1） $\dfrac{1}{3}\log_2 \dfrac{3}{8} - \log_2 \dfrac{3\sqrt{2}}{\sqrt[3]{9}}$　（2） $2\log_e \sqrt{6}\,e^2 - \dfrac{1}{2}\log_e 2e^4 - \log_e 3\sqrt{2}\,e^3$

練習問題 5.4 [底の変換] 解答は p.170

A $\log_3 2$ を指定された底に変換してください。

（1） 底を 2 に　（2） 底を 5 に　（3） 底を 10 に　（4） 底を e に

B 適当な底に変換することにより、次の式の値を求めてください。

（1） $\log_2 3 \times \log_3 2$　（2） $\log_2 3 \times \log_3 5 \times \log_5 2$　（3） $\log_8 9 \times \log_9 16$

C 適当な底に変換しながら、次の計算をしてください。

（1） $(\log_{16} 3 - \log_4 9)(\log_3 16 + \log_9 4)$　（2） $(\log_{\sqrt{3}} 2 - \log_9 4)(\log_2 3 + \log_4 \sqrt{3})$

練習問題 5.5 [対数の値] 　解答は p. 170

関数電卓を使って，次の値を求めてください。（小数第 5 位以下切り捨て）

A （1） $\log_{10} 2$ 　（2） $\log_{10} \dfrac{2}{5}$ 　（3） $\log_e 3$ 　（4） $\log_e 0.321$

B （1） $\log_4 5$ 　（2） $\log_2(\sqrt{3}+1)$

練習問題 5.6 [対数関数のグラフ] 　解答は p. 170

B 必要なら関数電卓を使い，次の対数関数のグラフを描いてください。

① $y = \log_{10} x$ 　② $y = \log_{\frac{1}{10}} x$ 　③ $y = \log_e x$ 　④ $y = \log_{\frac{1}{e}} x$ 　⑤ $y = \log_4 x$

6 関数の極限

練習問題 6.1 [極限値 1] 　解答は p. 170

次の極限値を求めてください。

A （1） $\lim\limits_{x \to 0}(3x+1)$ 　（2） $\lim\limits_{x \to 1}(x^2+1)$ 　（3） $\lim\limits_{x \to -1}(x^2+1)$ 　（4） $\lim\limits_{x \to 2}\dfrac{x^2+1}{x-1}$

B （1） $\lim\limits_{x \to 1}\dfrac{x^2-1}{x-1}$ 　（2） $\lim\limits_{x \to 2}\dfrac{x^2-x-2}{x-2}$ 　（3） $\lim\limits_{x \to -1}\dfrac{x^3+1}{x+1}$

C （1） $\lim\limits_{x \to 0} f(x)$, 　$f(x) = \begin{cases} -x^2 & (x \leq 0) \\ x^2 & (x > 0) \end{cases}$ 　（2） $\lim\limits_{x \to 0} g(x)$, 　$g(x) = \begin{cases} -1 & (x < 0) \\ 0 & (x = 0) \\ 1 & (x > 0) \end{cases}$

練習問題 6.2 [極限値 2] 　解答は p. 170

次の極限を考えてください。

B （1） $\lim\limits_{x \to +\infty}\dfrac{1}{x-1}$ 　（2） $\lim\limits_{x \to +\infty}\left(1+\dfrac{1}{x}\right)$ 　（3） $\lim\limits_{x \to -\infty}\dfrac{1}{x+1}$ 　（4） $\lim\limits_{x \to -\infty}\left(1-\dfrac{1}{x}\right)$

C （1） $\lim\limits_{x \to 0}\dfrac{1}{x+1}$ 　（2） $\lim\limits_{x \to 0}\left(x^2+\dfrac{1}{x^2}\right)$ 　（3） $\lim\limits_{x \to 0-0}\dfrac{1}{x}$

練習問題 6.3 [極限値 3] 　解答は p. 171

次の極限を考えてください。

A $f(x) = x^3 - x^2$ について 　（1） $\lim\limits_{x \to 1} f(x)$ 　（2） $\lim\limits_{x \to 0} f(x)$ 　（3） $\lim\limits_{x \to +\infty} f(x)$ 　（4） $\lim\limits_{x \to -\infty} f(x)$

B $g(x) = \dfrac{x-1}{x^2-1}$ について 　（1） $\lim\limits_{x \to 0} g(x)$ 　（2） $\lim\limits_{x \to 1} g(x)$ 　（3） $\lim\limits_{x \to +\infty} g(x)$ 　（4） $\lim\limits_{x \to -\infty} g(x)$

C $h(x) = \dfrac{x^2+1}{x-1}$ について 　（1） $\lim\limits_{x \to 0} h(x)$ 　（2） $\lim\limits_{x \to 1+0} h(x)$ 　（3） $\lim\limits_{x \to 1-0} h(x)$ 　（4） $\lim\limits_{x \to -\infty} h(x)$

7 微 分

練習問題 7.1［平均変化率］　解答は p.171

A 関数 $y=x^2-2x$ について，次の平均変化率を求めてください。
　（1）　$x=0$ から $x=1$　　（2）　$x=1$ から $x=3$　　（3）　$x=-1$ から $x=0$

B 関数 $y=\cos x$ について，次の平均変化率を求めてください。
　（1）　$x=0$ から $x=\dfrac{\pi}{4}$　　（2）　$x=\dfrac{\pi}{4}$ から $x=\dfrac{\pi}{2}$　　（3）　$x=-\dfrac{\pi}{3}$ から $x=-\dfrac{\pi}{6}$

C 関数 $y=\log x$ について，次の平均変化率を求めてください。
　（1）　$x=1$ から $x=e$　　（2）　$x=e$ から $x=e^2$　　（3）　$x=\dfrac{1}{e}$ から $x=1$

練習問題 7.2［微分係数］　解答は p.171

A $f(x)=x^2+x$ のとき，$f'(0)$，$f'(1)$ を定義に従って求めてください。

B $f(x)=e^x$ のとき，$f'(1)$，$f'(-1)$ を定義に従って求めてください。

C $f(x)=\log x$ のとき，$f'(e)$，$f'\!\left(\dfrac{1}{e}\right)$ を定義に従って求めてください。

練習問題 7.3［導関数 1］　解答は p.171

定義に従って $f'(x)$ を求めてください。

A　（1）　$f(x)=2x$　　（2）　$f(x)=-x+3$　　（3）　$f(x)=3x-2$
B　（1）　$f(x)=2x^2$　　（2）　$f(x)=-x^2+1$　　（3）　$f(x)=3x^2-x+2$
C　（1）　$f(x)=-x^3$　　（2）　$f(x)=x^3-x^2$　　（3）　$f(x)=2x^3-3x-1$

練習問題 7.4［導関数 2］　解答は p.171

定義に従って $f'(x)$ を求めてください。

A　（1）　$f(x)=2\sin x$　　（2）　$f(x)=3e^x$　　（3）　$f(x)=-\log x$
B　（1）　$f(x)=1-\cos x$　　（2）　$f(x)=e^{-x}$　　（3）　$f(x)=\log(x+1)$
C　（1）　$f(x)=\sin 2x$　　（2）　$f(x)=e^{2x}$　　（3）　$f(x)=\log(3x-1)$

導関数

$$f'(x)=\lim_{h\to 0}\frac{f(x+h)-f(x)}{h}$$

練習問題 7.5 [微分の基本計算 1]　　解答は p.171

次の関数を微分してください。

A (1) $y = x^2 + x + 1$　　(2) $y = -x^3 + 2x^2 - \dfrac{1}{5}x + 4$　　(3) $y = \dfrac{x^2}{4} - \dfrac{x}{2} + \dfrac{5}{3}$

(4) $y = \cos x + \sin x$　　(5) $y = 2\sin x - 5\cos x$　　(6) $y = \dfrac{3}{4}x - \dfrac{1}{2}\sin x + \dfrac{\pi}{2}$

(7) $y = \log x + e^x$　　(8) $y = \dfrac{1}{3}e^x - 2\log x$　　(9) $y = \dfrac{1}{2}\log x - \dfrac{e^x}{4} + \dfrac{1}{2}$

練習問題 7.6 [微分の基本計算 2]　　解答は p.171

次の関数を微分してください。

A (1) $y = x^2 e^x$　　(2) $y = x\cos x$　　(3) $y = x\sin x$　　(4) $y = x\log x$

(5) $y = e^x \sin x$　　(6) $y = \dfrac{1}{x}$　　(7) $y = \dfrac{1}{x^3}$　　(8) $y = \dfrac{1}{x+1}$

(9) $y = \dfrac{1}{x^2+1}$　　(10) $y = \dfrac{1}{\sin x}$　　(11) $y = \dfrac{1}{\cos x}$　　(12) $y = \dfrac{1}{e^x+1}$

(13) $y = \dfrac{x+2}{x-3}$　　(14) $y = \dfrac{x}{x^2+1}$　　(15) $y = \dfrac{\sin x}{x}$　　(16) $y = \dfrac{\cos x}{x}$

(17) $y = \dfrac{e^x}{x+1}$

B (1) $y = (x^2 - 2x + 2)e^x$　　(2) $y = \cos x + x\sin x$　　(3) $y = \sin x - x\cos x$

(4) $y = e^x(\sin x - \cos x)$　　(5) $y = e^x(\cos x + \sin x)$　　(6) $y = x^3(3\log x - 1)$

(7) $y = \dfrac{\cos x}{\sin x}$　　(8) $y = \dfrac{\sin x}{1+\cos x}$　　(9) $y = \dfrac{\cos x}{1-\sin x}$　　(10) $y = \dfrac{e^x}{e^x+1}$

(11) $y = \dfrac{1+e^x}{1-e^x}$　　(12) $y = \dfrac{\log x}{x}$　　(13) $y = \dfrac{x}{\log x}$　　(14) $y = \dfrac{\log x - 1}{\log x + 1}$

微分
- $k' = 0$　(k は定数)
- $(x^n)' = nx^{n-1}$　　($n = 1, 2, 3, \cdots$)
- $(\sin x)' = \cos x$
- $(\cos x)' = -\sin x$
- $(e^x)' = e^x$
- $(\log x)' = \dfrac{1}{x}$

微分公式 1
- $\{f(x) \pm g(x)\}' = f'(x) \pm g'(x)$　(複号同順)
- $\{kf(x)\}' = kf'(x)$　　(k は定数)

微分公式 2
- $\{f(x)g(x)\}' = f'(x)g(x) + f(x)g'(x)$
- $\left\{\dfrac{1}{g(x)}\right\}' = -\dfrac{g'(x)}{\{g(x)\}^2}$
- $\left\{\dfrac{f(x)}{g(x)}\right\}' = \dfrac{f'(x)g(x) - f(x)g'(x)}{\{g(x)\}^2}$

練習問題7.7［合成関数の微分1］　解答は p.172

1. 次の関数を微分してください。

B (1) $y=(3x+1)^3$　(2) $y=(x^2-1)^5$　(3) $y=(3x^2-2x+1)^4$　(4) $y=\sin 3x$

(5) $y=\cos 4x$　(6) $y=\sin\left(2x+\dfrac{\pi}{3}\right)$　(7) $y=\cos\left(\dfrac{1}{2}x+\dfrac{\pi}{5}\right)$　(8) $y=\sin^3 x$

(9) $y=\cos^2 x$　(10) $y=(\sin x+1)^4$　(11) $y=(1-\cos x)^5$　(12) $y=e^{3x}$

(13) $y=e^{-x}$　(14) $y=e^{x^2}$　(15) $y=\log(3x-1)$　(16) $y=\log(x^2+1)$

(17) $y=\log(e^x+1)$　(18) $y=(\log x)^2$　(19) $y=(\log x+1)^2$　(20) $y=\dfrac{1}{(2x-1)^2}$

(21) $y=\dfrac{1}{\sin^2 x}$　(22) $y=\dfrac{1}{\cos^3 x}$　(23) $y=\dfrac{1}{(e^x-1)^2}$　(24) $y=\dfrac{1}{\log x}$

2. 右の公式を利用して次の関数を微分してください。

$(\sin ax)'=a\cos ax$
$(\cos ax)'=-a\sin ax$
$(e^{ax})'=ae^{ax}$

A (1) $y=\sin 2x+\cos 3x$　(2) $y=\dfrac{1}{3}\cos 6x+\dfrac{1}{2}\sin 4x$

(3) $y=\sin\dfrac{x}{3}-\cos\dfrac{x}{2}$　(4) $y=e^{2x}+e^{-x}$　(5) $y=e^{\frac{x}{2}}$

(6) $y=e^{\pi x}$　(7) $y=x\sin 3x$　(8) $y=x^2\cos 2x$

(9) $y=x^2 e^{-x}$　(10) $y=x^3 e^{2x}$　(11) $y=e^{3x}\sin 2x$

(12) $y=e^{-x}\cos 3x$　(13) $y=\dfrac{1}{\cos 5x}$　(14) $y=\dfrac{1}{\sin 4x}$

B (1) $y=e^{-x}(x+1)$　(2) $y=e^{2x}(2x^2-2x+1)$　(3) $y=(x^2+2x+2)e^{-x}$

(4) $y=\sin 3x-3x\cos 3x$　(5) $y=\cos 2x+2x\sin 2x$

(6) $y=e^{2x}(2\sin 3x-3\cos 3x)$　(7) $y=e^{3x}(3\cos 2x+2\sin 2x)$

(8) $y=\dfrac{\cos 3x}{\sin 3x}$　(9) $y=\tan 2x$

$\sin^2\theta+\cos^2\theta=1$
$\sin(\alpha+\beta)=\sin\alpha\cos\beta+\cos\alpha\sin\beta$
$\cos(\alpha+\beta)=\cos\alpha\cos\beta-\sin\alpha\sin\beta$

C $y=\dfrac{\sin 3x+\cos 2x}{\sin 2x+\cos 3x}$

3. 例にならい，置き換えずに合成関数の微分公式を使って微分してください。

例 $y=(x^2+x-1)^4$
$y'=\{(x^2+x-1)^4\}'=4(x^2+x-1)^{4-1}\cdot(x^2+x-1)'$
$\qquad =4(x^2+x-1)^3(2x+1)$

$y=g(f(x))$ のとき
$y'=g'(f(x))\cdot f'(x)$

B (1) $y=(2x-1)^3$　(2) $y=(x^2+x+1)^7$

(3) $y=\sin^4 x$　(4) $y=\cos^5 3x$　(5) $y=(e^x+1)^3$　(6) $y=\log(3x+4)$

C (1) $y=2x-\log(2x+1)$　(2) $y=\log(3x+2)+\dfrac{2}{3x+2}$　(3) $y=\dfrac{1}{(e^{3x}+1)^2}$

(4) $y=\dfrac{1}{\cos^2 x}$　(5) $y=\dfrac{1}{\sin^6 3x}$　(6) $y=\log\dfrac{x+1}{x-1}$　(7) $y=\log\dfrac{3x-7}{5x+1}$

練習問題 7.8 ［合成関数の微分 2］　解答は p.172

公式を利用して次の関数を微分してください。

A (1) $y=\sqrt{x}$　(2) $y=x\sqrt{x}$　(3) $y=x\sqrt[3]{x^2}$　(4) $y=\dfrac{1}{x\sqrt{x}}$　(5) $y=\dfrac{1}{x\sqrt[3]{x}}$

B (1) $y=x(\sqrt{x}+1)$　(2) $y=\sqrt[3]{x}(x-1)$　(3) $y=\dfrac{x+1}{\sqrt{x}}$

C (1) $y=\dfrac{1}{\sqrt{x}+1}$　(2) $y=\dfrac{1}{1-\sqrt{x}}$　(3) $y=\dfrac{\sqrt{x}-1}{\sqrt{x}+1}$

$$\left(x^{\frac{n}{m}}\right)'=\dfrac{n}{m}x^{\frac{n}{m}-1}$$

練習問題 7.9 ［合成関数の微分 3］　解答は p.172

次の関数を微分してください。

A (1) $y=\sqrt{4x+1}$　(2) $y=\sqrt{x^2-x+1}$　(3) $y=\sqrt[3]{x-1}$　(4) $y=\sqrt[3]{x^2-1}$

(5) $y=\dfrac{1}{\sqrt{4x+1}}$　(6) $y=\dfrac{1}{\sqrt{x^2-x+1}}$　(7) $y=\dfrac{1}{\sqrt[3]{x-1}}$　(8) $y=\dfrac{1}{\sqrt[3]{x^2-1}}$

B 置き換えずに微分してください。

(1) $y=\sqrt{x^2+1}$　(2) $y=\sqrt{1-x^2}$　(3) $y=(\sqrt{x}+1)^3$　(4) $y=\dfrac{1}{\sqrt{x}+1}$

(5) $y=\dfrac{1}{(\sqrt{x}-1)^3}$　(6) $y=\dfrac{1}{\sqrt{x^2+1}}$　(7) $y=\dfrac{1}{\sqrt{1-x^2}}$　(8) $y=\log(1+\sqrt{x})$

(9) $y=e^{\sqrt{x}}$

C (1) $y=x\sqrt{x^2+1}$　(2) $y=x\sqrt{1-x^2}$　(3) $y=\dfrac{\sqrt{x^2+1}}{x}$　(4) $y=\dfrac{\sqrt{1-x^2}}{x}$

(5) $y=\dfrac{x}{\sqrt{x^2+1}}$　(6) $y=\dfrac{x}{\sqrt{1-x^2}}$　(7) $y=\sqrt{\dfrac{1-x}{x}}$　(8) $y=\sqrt{\dfrac{x}{1-x}}$

(9) $y=\sqrt{\dfrac{1-x}{1+x}}$　(10) $y=\log(x+\sqrt{x^2+1})$　(11) $y=\log\dfrac{\sqrt{x}-1}{\sqrt{x}+1}$

練習問題 7.10 ［接線の方程式］　解答は p.173

次の曲線の与えられた x の値における接線の方程式を求めてください。

A (1) $y=x^2-x,\quad x=1$　(2) $y=-x^2+2x-2,\quad x=-1$

B (1) $y=\sin x,\quad x=\pi$　(2) $y=\cos 2x,\quad x=\dfrac{\pi}{4}$　(3) $y=e^x,\quad x=1$

(4) $y=e^{-x},\quad x=0$　(5) $y=\log x,\quad x=e$　(6) $y=x\log x,\quad x=1$

(7) $y=\sqrt{x},\quad x=4$

(8) $y=\dfrac{1}{x},\quad x=2$

――― 直線の方程式 ―――
点 (p,q) を通り，傾き m の直線は
$$y-q=m(x-p)$$

練習問題 7.11 [2 階導関数]　解答は p. 173

次の関数の 2 階導関数を求めてください。

A (1) $y = 3x - 1$　(2) $y = x^2 + 1$　(3) $y = -x^3 + x$　(4) $y = e^{-x}$
(5) $y = e^{2x}$　(6) $y = \sin 2x$　(7) $y = \cos 3x$

B (1) $y = \sqrt{x}$　(2) $y = \dfrac{1}{\sqrt{x}}$　(3) $y = \log x$　(4) $y = x \sin x$　(5) $y = x \cos 5x$
(6) $y = x^2 e^x$　(7) $y = xe^{-x}$　(8) $y = x \log x$　(9) $y = e^{2x} \sin 3x$

練習問題 7.12 [関数のグラフ 1]　解答は p. 174

y', y'' などを調べて，次の関数のグラフを描いてください。

A (1) $y = x^3 + 3x^2$　(2) $y = x^3 - 3x$　(3) $y = -x^3 + 6x$　(4) $y = -x^3 + 6x^2 - 12x$

B (1) $y = x^4 - 2x^2$　(2) $y = x^4 - 4x^3$　(3) $y = -x^4 + 2x^3$
(4) $y = x^4 - 4x^3 + 6x^2 - 4x$

C (1) $y = x^5 - 5x$　(2) $y = \dfrac{1}{5}x^5 - \dfrac{1}{3}x^3$　(3) $y = \dfrac{1}{5}x^5 + \dfrac{1}{3}x^3$

練習問題 7.13 [関数のグラフ 2]　解答は p. 176

y', y'' などを調べて，次の関数のグラフを描いてください。

B (1) $y = \sin x - \cos x$　$(-\pi \leqq x \leqq \pi)$　(2) $y = \sin^2 x$　$(-\pi \leqq x \leqq \pi)$

C (1) $y = x + 2\sin x$　$(0 \leqq x \leqq 2\pi)$　(2) $y = x - 2\cos x$　$(0 \leqq x \leqq 2\pi)$

不定積分の性質

- $\int \{f(x) \pm g(x)\}\, dx = \int f(x)\, dx \pm \int g(x)\, dx$　（複号同順）
- $\int k f(x)\, dx = k \int f(x)\, dx$　（k は定数）

不定積分

- $\int e^x\, dx = e^x + C$
- $\int \dfrac{1}{x}\, dx = \log |x| + C$

不定積分

- $\int 1\, dx = x + C$
- $\int x^n\, dx = \dfrac{1}{n+1} x^{n+1} + C$　$(n \neq -1)$
- $\int x^{\frac{n}{m}}\, dx = \dfrac{1}{\frac{n}{m}+1} x^{\frac{n}{m}+1} + C$
　$(m > 0,\ m \neq -n)$

不定積分

- $\int \sin x\, dx = -\cos x + C$
- $\int \cos x\, dx = \sin x + C$
- $\int \dfrac{1}{\cos^2 x}\, dx = \tan x + C$

8 積 分

練習問題 8.1 [不定積分の基本計算 1]　　解答は p. 177

次の不定積分を求めてください。

A (1) $\int(4x^3-3x^2+2x-1)\,dx$　(2) $\int\left(\frac{1}{2}x^3-\frac{1}{3}x^2\right)dx$　(3) $\int\left(\frac{x^2}{3}+\frac{x}{5}-\frac{1}{2}\right)dx$

B (1) $\int\frac{1}{x^3}\,dx$　(2) $\int\frac{2}{x^2}\,dx$　(3) $\int 2\sqrt{x}\,dx$　(4) $\int x\sqrt{x}\,dx$

(5) $\int\sqrt[3]{x^2}\,dx$　(6) $\int\frac{2}{\sqrt{x}}\,dx$　(7) $\int\frac{1}{x\sqrt{x}}\,dx$　(8) $\int\frac{1}{\sqrt[3]{x}}\,dx$

練習問題 8.2 [不定積分の基本計算 2]　　解答は p. 177

次の不定積分を求めてください。

A (1) $\int(3\sin x+4\cos x)\,dx$　(2) $\int\frac{1}{3\cos^2 x}\,dx$　(3) $\int(x+3e^x)\,dx$

(4) $\int\left(2e^x-\frac{1}{x}\right)dx$　(5) $\int\left(\frac{2}{x}+\frac{x}{2}\right)dx$　(6) $\int\left(\frac{1}{3x}-3x\right)dx$

練習問題 8.3 [不定積分の基本計算 3]　　解答は p. 177

1. 次の不定積分を求めてください。

A (1) $\int(\sin 3x-\cos 5x)\,dx$　(2) $\int\left(\cos\frac{x}{2}-\sin\frac{x}{3}\right)dx$　(3) $\int e^{2x}\,dx$

B (1) $\int e^{\frac{x}{2}}\,dx$　(2) $\int\frac{2}{e^x}\,dx$　(3) $\int\sin\pi x\,dx$　(4) $\int\cos\frac{\pi}{4}x\,dx$

2. p. 39 の半角公式を利用して次の不定積分を求めてください。

B (1) $\int\sin^2 x\,dx$　(2) $\int\cos^2 x\,dx$　(3) $\int\sin^2 2x\,dx$　(4) $\int\cos^2\frac{x}{3}\,dx$

3. p. 39 の積を和に直す公式などを利用して次の不定積分を求めてください。

C (1) $\int\sin x\cos 2x\,dx$　(2) $\int\cos 4x\cos x\,dx$　(3) $\int\sin 2x\sin 3x\,dx$

不定積分
- $\int\sin ax\,dx=-\frac{1}{a}\cos ax+C$
- $\int\cos ax\,dx=\frac{1}{a}\sin ax+C$

不定積分
- $\int e^{ax}\,dx=\frac{1}{a}e^{ax}+C$

練習問題 8.4 [置換積分 1]　　解答は p.177

1. 置換積分により，次の不定積分を求めてください。

A (1) $\int (2x+1)^3 \, dx \quad (u=2x+1)$ 　　(2) $\int \left(\frac{1}{3}x-2\right)^5 dx \quad \left(u=\frac{1}{3}x-2\right)$

(3) $\int \sqrt{2x+1} \, dx \quad (u=2x+1)$ 　　(4) $\int \frac{1}{\sqrt{3x-1}} \, dx \quad (u=3x-1)$

(5) $\int \sin\left(x-\frac{\pi}{3}\right) dx \quad \left(u=x-\frac{\pi}{3}\right)$ 　　(6) $\int \cos\left(\frac{\pi}{2}x+\frac{\pi}{6}\right) dx \quad \left(u=\frac{\pi}{2}x+\frac{\pi}{6}\right)$

(7) $\int \frac{1}{x-2} \, dx \quad (u=x-2)$ 　　(8) $\int \frac{1}{2x-1} \, dx \quad (u=2x-1)$

B (1) $\int \cos^3 x \sin x \, dx \quad (u=\cos x)$ 　　(2) $\int \sin^5 x \cos x \, dx \quad (u=\sin x)$

(3) $\int \frac{\cos x}{\sin x} \, dx \quad (u=\sin x)$ 　　(4) $\int \tan x \, dx \quad (u=\cos x)$

C (1) $\int x\sqrt{x+1} \, dx \quad (u=x+1)$ 　　(2) $\int x\sqrt{3x-1} \, dx \quad (u=3x-1)$

(3) $\int \sin^5 x \cos^3 x \, dx \quad (u=\sin x)$ 　　(4) $\int \frac{\cos x}{\sqrt{2+\sin x}} \, dx \quad (u=2+\sin x)$

2. 部分分数展開（p.9 参照）と右の公式を使って，次の不定積分を求めてください。

C (1) $\int \frac{1}{(x-1)(x+2)} \, dx$ 　　(2) $\int \frac{1}{x^2-4} \, dx$

(3) $\int \frac{1}{x^2-x-6} \, dx$ 　　(4) $\int \frac{x}{x^2-x-6} \, dx$

$$\int \frac{1}{x-a} \, dx = \log|x-a| + C$$

練習問題 8.5 [置換積分 2]　　解答は p.178

置換積分により，次の不定積分を求めてください。

B (1) $\int x(x^2+1)^3 \, dx \quad (u=x^2+1)$ 　　(2) $\int x\sqrt{x^2-1} \, dx \quad (u=x^2-1)$

(3) $\int \frac{x}{(x^2+1)^2} \, dx \quad (u=x^2+1)$ 　　(4) $\int \frac{x^2}{x^3-1} \, dx \quad (u=x^3-1)$

(5) $\int \frac{x^2}{(x^3-1)^3} \, dx \quad (u=x^3-1)$ 　　(6) $\int \frac{2x+1}{x^2+x+1} \, dx \quad (u=x^2+x+1)$

(7) $\int e^x(e^x-1)^2 \, dx \quad (u=e^x-1)$ 　　(8) $\int \frac{e^{2x}}{1+e^{2x}} \, dx \quad (u=1+e^{2x})$

(9) $\int \frac{\log x - 1}{x} \, dx \quad (u=\log x - 1)$ 　　(10) $\int \frac{1}{x \log x} \, dx \quad (u=\log x)$

(11) $\int \frac{1}{x(\log x)^2} \, dx \quad (u=\log x)$ 　　(12) $\int xe^{\frac{1}{2}x^2} \, dx \quad \left(u=\frac{1}{2}x^2\right)$

C (1) $\int \frac{1}{\sqrt{x}+1} \, dx \quad (u=\sqrt{x}+1)$ 　　(2) $\int \frac{1}{e^x+1} \, dx \quad (u=e^x+1)$

(3) $\int \sin^5 x \, dx \quad (u=\cos x)$

練習問題 8.6 [部分積分]　　解答は p.178

1. 部分積分により，次の不定積分を求めてください。

B (1) $\int xe^{2x}\,dx$　　(2) $\int x\sin 2x\,dx$　　(3) $\int x\cos 3x\,dx$　　(4) $\int x^3\log x\,dx$

C (1) $\int \log x\,dx$　　(2) $\int \dfrac{\log x}{x}\,dx$

2. 部分積分を 2 回行うことにより，次の不定積分を求めてください。

B (1) $\int x^2 e^x\,dx$　　(2) $\int x^2 \sin x\,dx$　　(3) $\int x^2 \cos x\,dx$

C (1) $\int x^2 e^{2x}\,dx$　　(2) $\int x^2 e^{\frac{x}{3}}\,dx$　　(3) $\int x^2 \sin 3x\,dx$

　　(4) $\int x^2 \cos\dfrac{x}{2}\,dx$　　(5) $\int e^x \cos x\,dx$　　(6) $\int e^{2x}\sin 3x\,dx$

練習問題 8.7 [定積分の基本計算 1]　　解答は p.178

次の定積分の値を求めてください。

A (1) $\int_0^1 (x^2-x+1)\,dx$　　(2) $\int_{-1}^2 (2x^3-3x)\,dx$　　(3) $\int_0^9 \sqrt{x}\,dx$　　(4) $\int_1^4 \dfrac{1}{\sqrt{x}}\,dx$

　　(5) $\int_0^1 \sqrt[3]{x^2}\,dx$　　(6) $\int_1^8 \dfrac{1}{\sqrt[3]{x}}\,dx$

練習問題 8.8 [定積分の基本計算 2]　　解答は p.179

次の定積分の値を求めてください。

B (1) $\int_0^{\frac{2}{3}\pi} \sin x\,dx$　　(2) $\int_0^{\frac{3}{4}\pi} \cos x\,dx$　　(3) $\int_{\frac{\pi}{6}}^{\frac{\pi}{4}} \sin 2x\,dx$　　(4) $\int_{-\frac{\pi}{4}}^{\frac{\pi}{3}} \cos 3x\,dx$

　　(5) $\int_{-1}^1 e^{2x}\,dx$　　(6) $\int_0^3 e^{\frac{x}{3}}\,dx$　　(7) $\int_1^e \dfrac{2}{x}\,dx$　　(8) $\int_e^{e^2} \dfrac{1}{2x}\,dx$

置換積分公式

$u=f(x)$ とおくと

$$\int g(f(x))f'(x)\,dx = \int g(u)\,du$$

部分積分公式

$$\int f(x)g'(x)\,dx = f(x)g(x) - \int f'(x)g(x)\,dx$$

あと少しだから頑張ってね。

練習問題 8.9 [定積分の置換積分]　　解答は p.179

1. 置換積分により，次の定積分の値を求めてください。

Ⓐ （1） $\displaystyle\int_0^1 (2x+1)^3 dx$　$(u=2x+1)$　　（2） $\displaystyle\int_0^6 \left(\frac{1}{3}x-2\right)^5 dx$　$\left(u=\frac{1}{3}x-2\right)$

（3） $\displaystyle\int_0^4 \sqrt{2x+1}\, dx$　$(u=2x+1)$　　（4） $\displaystyle\int_0^1 \frac{1}{\sqrt{3x+1}} dx$　$(u=3x+1)$

（5） $\displaystyle\int_0^{\frac{\pi}{3}} \sin\left(x-\frac{\pi}{3}\right) dx$　$\left(u=x-\frac{\pi}{3}\right)$　　（6） $\displaystyle\int_{-1}^1 \cos\left(\frac{\pi}{2}x+\frac{\pi}{6}\right) dx$　$\left(u=\frac{\pi}{2}x+\frac{\pi}{6}\right)$

（7） $\displaystyle\int_2^3 \frac{1}{x-1} dx$　$(u=x-1)$　　（8） $\displaystyle\int_0^1 \frac{1}{3x+2} dx$　$(u=3x+2)$

Ⓑ （1） $\displaystyle\int_0^{\frac{\pi}{4}} \cos^3 x \sin x\, dx$　$(u=\cos x)$　　（2） $\displaystyle\int_0^{\frac{\pi}{3}} \sin^5 x \cos x\, dx$　$(u=\sin x)$

（3） $\displaystyle\int_{\frac{\pi}{4}}^{\frac{\pi}{3}} \frac{\cos x}{\sin x} dx$　$(u=\sin x)$　　（4） $\displaystyle\int_0^{\frac{\pi}{4}} \tan x\, dx$　$(u=\cos x)$

（5） $\displaystyle\int_0^1 x(x^2+1)^3 dx$　$(u=x^2+1)$　　（6） $\displaystyle\int_1^2 x\sqrt{x^2-1}\, dx$　$(u=x^2-1)$

（7） $\displaystyle\int_0^1 \frac{x^2}{x^3+1} dx$　$(u=x^3+1)$　　（8） $\displaystyle\int_0^1 e^x(e^x-1)^2 dx$　$(u=e^x-1)$

（9） $\displaystyle\int_0^1 \frac{e^{2x}}{1+e^{2x}} dx$　$(u=1+e^{2x})$　　（10） $\displaystyle\int_1^e \frac{1-\log x}{x} dx$　$(u=1-\log x)$

（11） $\displaystyle\int_1^{\sqrt{2}} xe^{\frac{1}{2}x^2} dx$　$\left(u=\frac{1}{2}x^2\right)$　　（12） $\displaystyle\int_0^{2\sqrt{2}} x\sqrt{x^2+1}\, dx$　$(u=x^2+1)$

Ⓒ （1） $\displaystyle\int_0^1 \frac{1}{\sqrt{x}+1} dx$　$(u=\sqrt{x}+1)$　　（2） $\displaystyle\int_0^{\frac{\pi}{2}} \cos^5 x\, dx$　$(u=\sin x)$

2. 部分分数に展開することにより，次の定積分の値を求めてください。

Ⓒ （1） $\displaystyle\int_2^3 \frac{1}{(x+1)(x-1)} dx$　　（2） $\displaystyle\int_3^4 \frac{1}{x(x-2)} dx$

$$\int \frac{1}{x-a} dx = \log|x-a| + C$$

（3） $\displaystyle\int_3^4 \frac{1}{x^2-4} dx$　　（4） $\displaystyle\int_0^1 \frac{1}{x^2-5x+6} dx$

（5） $\displaystyle\int_0^1 \frac{1}{e^x+1} dx$　（$u=e^x+1$ とおいて置換してから部分分数展開）

> 置換をしたら定積分の範囲も変わるから気をつけてね。

練習問題 8.10 [定積分の部分積分]   解答は p.179

1. 部分積分により，次の定積分の値を求めてください。

B (1) $\int_0^1 xe^x\,dx$ (2) $\int_0^{\frac{\pi}{2}} x\cos x\,dx$ (3) $\int_{\frac{\pi}{3}}^{\frac{2}{3}\pi} x\sin x\,dx$ (4) $\int_{-1}^1 xe^{2x}\,dx$

(5) $\int_0^{\frac{\pi}{3}} x\sin 3x\,dx$ (6) $\int_0^{\frac{\pi}{4}} x\cos 2x\,dx$ (7) $\int_1^e x^3 \log x\,dx$

C (1) $\int_1^{e^3} \log x\,dx$ (2) $\int_1^e \frac{\log x}{x}\,dx$

2. 部分積分を 2 回行うことにより，次の定積分の値を求めてください。

B (1) $\int_0^1 x^2 e^x\,dx$ (2) $\int_0^{\pi} x^2 \sin x\,dx$ (3) $\int_0^{\frac{\pi}{2}} x^2 \cos x\,dx$

C (1) $\int_{-1}^1 x^2 e^{2x}\,dx$ (2) $\int_0^3 x^2 e^{\frac{x}{3}}\,dx$ (3) $\int_0^{\frac{\pi}{6}} x^2 \sin 3x\,dx$

(4) $\int_0^{\frac{\pi}{2}} x^2 \cos \frac{x}{2}\,dx$ (5) $\int_0^{\frac{\pi}{2}} e^x \cos x\,dx$ (6) $\int_0^{\frac{\pi}{2}} e^{-x} \sin 2x\,dx$

練習問題 8.11 [面積 1]   解答は p.179

1. 次の曲線と x 軸とで囲まれた部分の面積を求めてください。

A (1) $y=-x(x-2)$ (2) $y=x(x+1)$ (3) $y=-x^2+3x-2$ (4) $y=x^2-4x+3$

B (1) $y=x^2(x-1)$ (2) $y=x(x-2)^2$ (3) $y=\sin x$ $(0\leqq x\leqq \pi)$

2. 次の曲線と x 軸，y 軸とで囲まれた部分の面積を求めてください。

C (1) $y=e^x-2$ (2) $y=\log(x+2)$ (3) $y=\sqrt{x+1}$

練習問題 8.12 [面積 2]   解答は p.180

次の 2 つの曲線で囲まれた部分の面積を求めてください。

A (1) $y=x^2,\ y=x+2$ (2) $y=-x(x+2),\ y=x$ (3) $y=(x-2)^2,\ y=-x^2+10$

B (1) $y=\sin x,\ y=\cos x\ \left(\frac{\pi}{4}\leqq x\leqq \frac{5}{4}\pi\right)$ (2) $y=\sin x,\ y=\frac{2}{\pi}x\ (x\geqq 0)$

C (1) $y=-x+3,\ y=\frac{2}{x}$ (2) $y=-\frac{4}{x},\ y=x-5$

練習問題 8.13 [回転体の体積]   解答は p.180

次の曲線を，x 軸のまわりに一回転させてできる立体の体積を求めてください。

A (1) $y=x\ (0\leqq x\leqq 1)$ (2) $y=x^2\ (0\leqq x\leqq 1)$ (3) $y=e^x\ (0\leqq x\leqq 1)$

B (1) $y=\sqrt{4-x^2}\ (-2\leqq x\leqq 2)$ (2) $y=\sqrt{x^2-1}\ (1\leqq x\leqq 2)$

C (1) $y=\sin x\ (0\leqq x\leqq \pi)$ (2) $y=\cos 2x\ \left(-\frac{\pi}{4}\leqq x\leqq \frac{\pi}{4}\right)$

とくとく情報 ［偏微分と重積分］

$y=f(x)$ の形をした関数は，1変数関数とよばれます。この関数は"独立変数が x，1つだけの関数"という意味で，x の値の変化に従って y の値が決まる関数のことです。

$$y=\sqrt{1-x^2}, \quad y=\sin x, \quad y=\log x, \quad y=e^x$$

などはみな，1変数関数です。

これに対し，"独立変数が x と y，2つの関数"を2変数関数といい，

$$z=f(x,y)$$

などで表わします。たとえば，

$$z=x+y \quad （平面）$$
$$z=x^2+y^2 \quad （放物面）$$
$$z=xy \quad （双曲面）$$

などです。これらのグラフは一般に3次元空間の曲面となります。

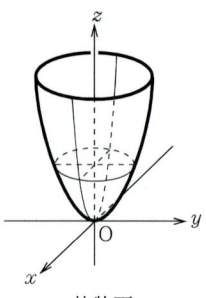

放物面
$z=x^2+y^2$

2変数関数 $z=f(x,y)$ についても，微分や積分を考えます。

2つある変数のうち片方を定数と考え，もう片方の変数の変化で2変数関数 $z=f(x,y)$ の微分を考えるのが"偏微分"の考え方です。どちらの変数で微分したかにより，次の記号で表します。

$$\frac{\partial f}{\partial x} \: : \: x で偏微分, \quad \frac{\partial f}{\partial y} \: : \: y で偏微分$$

また，立体の体積を考えることにより $z=f(x,y)$ の定積分を考えます。これは重積分とよばれ，x,y に関するある範囲 D 上での重積分の値を

$$\iint_D f(x,y)\,dxdy$$

という記号を使って表わします。

複雑な現象を解析するためには，2変数関数，3変数関数などの多変数関数の微分，積分がどうしても必要になります。独立変数が多くなればそれだけ解析は難しくなりますが，いずれも1変数関数が基礎となっているのです。

❿ 問題の解答

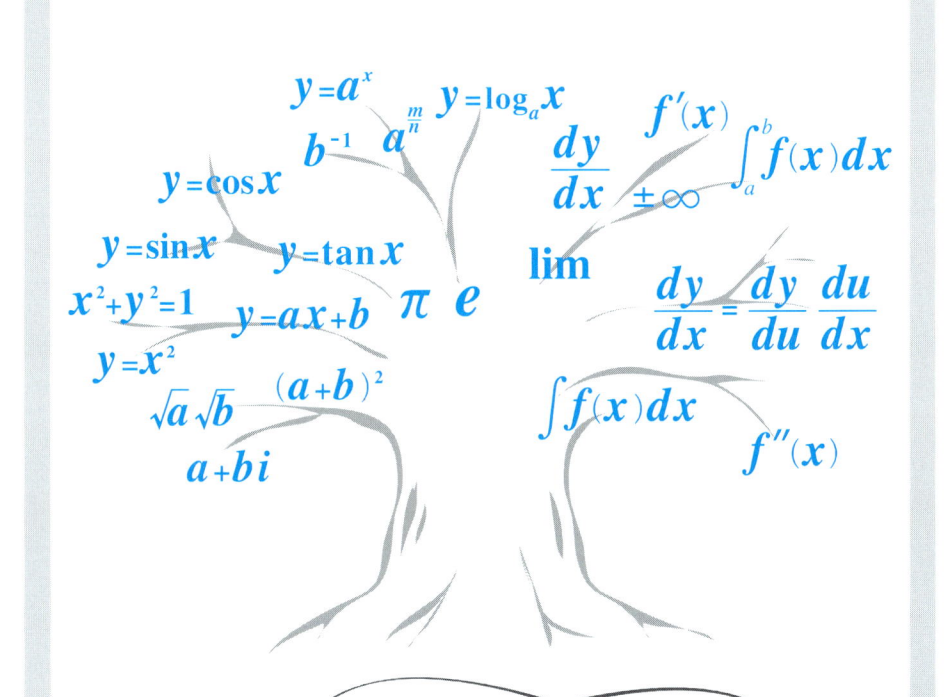

$y=a^x$ $y=\log_a x$
b^{-1} $a^{\frac{m}{n}}$
$y=\cos x$
$\dfrac{dy}{dx}$ $f'(x)$
$\pm\infty$ $\displaystyle\int_a^b f(x)\,dx$
$y=\sin x$ $y=\tan x$
$\lim$
$x^2+y^2=1$ $y=ax+b$ π e
$\dfrac{dy}{dx}=\dfrac{dy}{du}\dfrac{du}{dx}$
$y=x^2$
$\sqrt{a}\sqrt{b}$ $(a+b)^2$
$\displaystyle\int f(x)\,dx$
$a+bi$
$f''(x)$

> まず，自分で解いてみることが大切よ。

❶ 数と式の計算

問題 1.1 (p.2)

優先順位に気をつけながら計算しましょう。

(1) 与式 $= (-6) \div \{3-9\} - 5 \times \{4+3\}$
$= (-6) \div (-6) - 5 \times 7$
$= 1 - 35$
$= \boxed{-34}$

(2) 与式 $= \dfrac{1}{12} - \dfrac{9-4}{12} \div \left(-\dfrac{5}{6}\right) \times \dfrac{3}{8}$
$= \dfrac{1}{12} - \dfrac{5}{12} \times \left(-\dfrac{6}{5}\right) \times \dfrac{3}{8}$
$= \dfrac{1}{12} - \left(-\dfrac{3}{16}\right)$
$= \dfrac{1}{12} + \dfrac{3}{16}$
$= \dfrac{4+9}{48} = \boxed{\dfrac{13}{48}}$

(3) 与式 $= \{3 \times (8.41 + 1.96 + 12.25) - 7.8^2\} \div 6$
$= \{3 \times 22.62 - 60.84\} \div 6$
$= (67.86 - 60.84) \div 6$
$= 7.02 \div 6$
$= \boxed{1.17}$

> 入力の練習に関数電卓で計算してみるのもいいわね。答が違ったら、どこかで入力ミスをしているのよ。

問題 1.2 (p.3)

繁分数の計算は特に間違えやすいので、ていねいに計算してください。

(1) 与式 $= \dfrac{\frac{9+4}{12}}{6} = \dfrac{\frac{13}{12}}{6}$
$= \dfrac{13}{12} \div 6 = \dfrac{13}{12} \times \dfrac{1}{6}$
$= \boxed{\dfrac{13}{72}}$

(2) 与式 $= \dfrac{7}{\frac{3-4}{6}} = \dfrac{7}{-\frac{1}{6}}$
$= 7 \div \left(-\dfrac{1}{6}\right) = 7 \times \left(-\dfrac{6}{1}\right)$
$= \boxed{-42}$

(3) 与式 $= \dfrac{3 \times \frac{12-1}{6}}{\frac{9+4}{12}} = \dfrac{\frac{11}{2}}{\frac{13}{12}}$
$= \dfrac{11}{2} \div \dfrac{13}{12} = \dfrac{11}{2} \times \dfrac{12}{13}$
$= \boxed{\dfrac{66}{13}}$

(4) 与式 $= 1 - \dfrac{\frac{4}{5}}{1 - \frac{1}{\frac{4}{5}}} = 1 - \dfrac{\frac{4}{5}}{1 - 1 \div \frac{4}{5}}$
$= 1 - \dfrac{\frac{4}{5}}{1 - 1 \times \frac{5}{4}} = 1 - \dfrac{\frac{4}{5}}{1 - \frac{5}{4}}$
$= 1 - \dfrac{\frac{4}{5}}{-\frac{1}{4}}$
$= 1 - \dfrac{4}{5} \div \left(-\dfrac{1}{4}\right) = 1 - \dfrac{4}{5} \times \left(-\dfrac{4}{1}\right)$
$= 1 - \left(-\dfrac{16}{5}\right) = 1 + \dfrac{16}{5}$
$= \dfrac{5+16}{5} = \boxed{\dfrac{21}{5}}$

問題 1.3 (p. 4)

（1） 与式 $=(3x)^2-2\cdot 3x\cdot y+y^2$
$\qquad =9x^2-6xy+y^2$

（2） 与式 $=a^2-(2b)^2=a^2-4b^2$

（3） 与式 $=t^2+(-8+4)t-8\cdot 4$
$\qquad =t^2-4t-32$

（4） 与式 $=x^3-3\cdot x^2\cdot \dfrac{1}{3}y+3\cdot x\cdot \left(\dfrac{1}{3}y\right)^2-\left(\dfrac{1}{3}y\right)^3$
$\qquad =x^3-x^2y+\dfrac{1}{3}xy^2-\dfrac{1}{27}y^3$

（5） 与式 $=5\cdot 4x^2+(5\cdot 1-2\cdot 4)xy-2y^2$
$\qquad =20x^2-3xy-2y^2$

（6） 与式 $=a^2+(-b)^2+c^2+2a(-b)+2(-b)c+2ac$
$\qquad =a^2+b^2+c^2-2ab-2bc+2ac$

問題 1.4 (p. 5)

（1） 与式 $=(4x)^2-(3y)^2=(4x+3y)(4x-3y)$

（2） 与式 $=1\cdot t^2-6\cdot t-16=(t-8)(t+2)$

$$\begin{array}{ccc} 1 & -8 & \longrightarrow -8 \\ 1 & \times \; 2 & \longrightarrow \; 2 \\ \hline & & -6 \end{array}$$

（3） 与式 $=15x^2-1\cdot x-2=(3x+1)(5x-2)$

$$\begin{array}{ccc} 3 & 1 & \longrightarrow \; 5 \\ 5 & \times \; -2 & \longrightarrow -6 \\ \hline & & -1 \end{array}$$

（4） 与式 $=x^2-2\cdot x\cdot 5+5^2=(x-5)^2$

（5） 与式 $=(3x)^3-y^3$
$\qquad =(3x-y)\{(3x)^2+3x\cdot y+y^2\}$
$\qquad =(3x-y)(9x^2+3xy+y^2)$

（6） 与式 $=a^3+3\cdot a^2\cdot 2+3\cdot a\cdot 2^2+2^3=(a+2)^3$

問題 1.5 (p. 6)

（1） 展開公式を使って
$\quad$ 与式 $=\{(\sqrt{3})^2-2\cdot\sqrt{3}\cdot\sqrt{2}+(\sqrt{2})^2\}+\sqrt{2^2\cdot 6}$
$\qquad =3-2\sqrt{6}+2+2\sqrt{6}$
$\qquad =5$

（2） 展開公式を使って
$\quad$ 与式 $=(\sqrt{5})^2-(2\sqrt{2})^2$
$\qquad =5-2^2\cdot 2$
$\qquad =5-8$
$\qquad =-3$

（3） 分母，分子に $(5-\sqrt{5})$ をかけて
$\quad$ 与式 $=\dfrac{(2-\sqrt{5})(5-\sqrt{5})}{(5+\sqrt{5})(5-\sqrt{5})}$
$\qquad =\dfrac{2\cdot 5-(2+5)\sqrt{5}+(\sqrt{5})^2}{5^2-(\sqrt{5})^2}$
$\qquad =\dfrac{10-7\sqrt{5}+5}{25-5}$
$\qquad =\dfrac{15-7\sqrt{5}}{20}$

> 展開公式を使ってね。

問題 1.6 (p.7)

（1） 与式 $= 3\cdot 2 + \{3\cdot 3 + (-2)\cdot 2\}i + (-2i)\cdot(3i)$
$= 6 + 5i - 6i^2$
$= 6 + 5i - 6\cdot(-1)$
$= 6 + 5i + 6$
$= \boxed{12 + 5i}$

（2） 分母，分子に $(5+2i)$ をかけて
与式 $= \dfrac{(5+2i)^2}{(5-2i)(5+2i)}$
$= \dfrac{5^2 + 2\cdot 5\cdot 2i + (2i)^2}{5^2 - (2i)^2}$
$= \dfrac{25 + 20i + 4\cdot i^2}{25 - 4\cdot i^2}$
$= \dfrac{25 + 20i + 4\cdot(-1)}{25 - 4\cdot(-1)}$
$= \dfrac{25 + 20i - 4}{25 + 4} = \boxed{\dfrac{21 + 20i}{29}}$

（3） 通分すると
与式 $= \dfrac{4\cdot(2-i) - 1\cdot(2+i)}{(2+i)(2-i)}$
$= \dfrac{8 - 4i - 2 - i}{2^2 - i^2}$
$= \dfrac{6 - 5i}{4 - (-1)} = \boxed{\dfrac{6 - 5i}{5}}$

問題 1.7 (p.8)

（1） まず因数分解してから計算すると
与式 $= \dfrac{x(x-2)}{(x-6)(x+1)} \times \dfrac{x-6}{x-2}$
$= \boxed{\dfrac{x}{x+1}}$

（2） 通分して計算すると
与式 $= \dfrac{3(x+1) + 1\cdot(x-3)}{(x-3)(x+1)}$
$= \dfrac{3x + 3 + x - 3}{(x-3)(x+1)}$
$= \boxed{\dfrac{4x}{(x-3)(x+1)}}$

（3） 分母の因子に気をつけて通分すると
与式 $= \dfrac{(3x-1)(x-2) - x\cdot x}{x(x+1)(x-2)}$
$= \dfrac{3x^2 + (-6-1)x + 2 - x^2}{x(x+1)(x-2)}$
$= \boxed{\dfrac{2x^2 - 7x + 2}{x(x+1)(x-2)}}$

警告！
$\dfrac{1}{1+x} \neq \dfrac{1}{1} + \dfrac{1}{x}$

警告！
$\dfrac{6 - 5i}{5} \neq 6 - i$

だめよ。

問題 1.8 (p.9)

(1) まず分母を因数分解して部分分数展開の形を決めましょう。

$$与式 = \frac{6}{(x-1)(x+5)} = \frac{a}{x-1} + \frac{b}{x+5}$$

とおいて右辺を通分すると

$$右辺 = \frac{a(x+5) + b(x-1)}{(x-1)(x+5)}$$

$$= \frac{(a+b)x + (5a-b)}{(x-1)(x+5)}$$

右辺と左辺の分子を比較して

$$\left.\begin{array}{l} a+b=0 \\ 5a-b=6 \end{array}\right\} これを解くと \left\{\begin{array}{l} a=1 \\ b=-1 \end{array}\right.$$

$$\therefore \quad \frac{6}{x^2+4x-5} = \boxed{\frac{1}{x-1} - \frac{1}{x+5}}$$

(2) 展開の仕方に気をつけて

$$\frac{1}{x(x+1)^2} = \frac{a}{x} + \frac{b}{x+1} + \frac{c}{(x+1)^2}$$

とおくと右辺を通分して

$$右辺 = \frac{a(x+1)^2 + bx(x+1) + cx}{x(x+1)^2}$$

左辺の分子と比較して

$$1 = a(x+1)^2 + bx(x+1) + cx$$

x に3つの値を代入して a, b, c の値を求めてみます。

$$\left.\begin{array}{l} x=0 \text{ を代入}\quad 1 = a + 0 + 0 \\ x=-1 \text{ を代入}\quad 1 = 0 + 0 - c \\ x=1 \text{ を代入}\quad 1 = 4a + 2b + c \end{array}\right\} \to \left\{\begin{array}{l} a=1 \\ b=-1 \\ c=-1 \end{array}\right.$$

$$\therefore \quad \frac{1}{x(x+1)^2} = \boxed{\frac{1}{x} - \frac{1}{x+1} - \frac{1}{(x+1)^2}}$$

(3) 展開の形は次のようになります。

$$\frac{1}{x(x^2+1)} = \frac{a}{x} + \frac{bx+c}{x^2+1}$$

右辺を通分すると

$$右辺 = \frac{a(x^2+1) + x(bx+c)}{x(x^2+1)}$$

左辺の分子と比較すると

$$1 = a(x^2+1) + x(bx+c)$$

x に3つの値を代入して a, b, c の値を求めてみます。

$$x=0 \text{ を代入}\quad 1 = a + 0$$
$$x=1 \text{ を代入}\quad 1 = 2a + b + c$$
$$x=-1 \text{ を代入}\quad 1 = 2a - (-b+c)$$

これらより a, b, c を求めると

$$a=1, \ b=-1, \ c=0$$

$$\therefore \quad \frac{1}{x(x^2+1)} = \boxed{\frac{1}{x} - \frac{x}{x^2+1}}$$

一般的にはこのように部分分数展開されま〜す。分母の因数をよく見て展開してね。

部分分数展開

- $\dfrac{1}{(x+p)(x+q)} = \dfrac{a}{x+p} + \dfrac{b}{x+q}$

- $\dfrac{1}{(x+p)(x+q)^2} = \dfrac{a}{x+p} + \dfrac{b}{x+q} + \dfrac{c}{(x+q)^2}$

- $\dfrac{1}{(x+p)(x^2+qx+r)} = \dfrac{a}{x+p} + \dfrac{bx+c}{x^2+qx+r}$

問題 1.9 (p. 10)

（1） 通分すると

$$\text{与式} = \frac{(\sqrt{x^2+1}-x)-(\sqrt{x^2+1}+x)}{(\sqrt{x^2+1}+x)(\sqrt{x^2+1}-x)}$$

$$= \frac{\sqrt{x^2+1}-x-\sqrt{x^2+1}-x}{(\sqrt{x^2+1})^2-x^2}$$

$$= \frac{-2x}{(x^2+1)-x^2}$$

$$= \frac{-2x}{1} = \boxed{-2x}$$

（2） 繁分数の分子から通分してゆくと

$$\text{与式} = \frac{\dfrac{\sqrt{1-x^2}+x}{\sqrt{1-x^2}}}{x+\sqrt{1-x^2}}$$

$$= \frac{\sqrt{1-x^2}+x}{\sqrt{1-x^2}} \div (x+\sqrt{1-x^2})$$

$$= \frac{x+\sqrt{1-x^2}}{\sqrt{1-x^2}} \times \frac{1}{x+\sqrt{1-x^2}}$$

$$= \boxed{\frac{1}{\sqrt{1-x^2}}}$$

> このような x の入った式を関数と考える場合は，
> 分母 $\neq 0$，$\sqrt{}$ の中 ≥ 0
> となる x だけを考えま〜す。

問題 1.10 (p. 11)

解き方はいろいろあります。ここに示すのは一例にすぎません。

（1） ①×2 より　　$6a+4b=-4$　③
　　　②−③ より　　　　$b=-2$
　　　①へ代入して　$3a+2\cdot(-2)=-2$
　　　→　$3a-4=-2$
　　　→　$3a=2$　→　$a=\dfrac{2}{3}$

$$\therefore \boxed{a=\dfrac{2}{3}, \quad b=-2}$$

（2）　③を使って①と②の y を消去します。
　　　②+③ より　　$x-z=3$　④
　　　③×4 より　　$12x-4y-8z=8$　⑤
　　　①+⑤ より　　$13x-5z=15$　⑥

④と⑥を連立させて x と z を求めます。
　　④より　$x=z+3$　⑦
　　⑥へ代入して　$13(z+3)-5z=15$
　　→　$13z+39-5z=15$　→　$8z=-24$
　　→　$z=-3$
　　⑦へ代入して　$x=-3+3=0$
　　③に代入して　$3\cdot 0-y-2\cdot(-3)=2$
　　→　$-y+6=2$　→　$-y=-4$　→　$y=4$

$$\therefore \boxed{x=0, \quad y=4, \quad z=-3}$$

問題 1.11 (p. 12)

（1）　因数分解をして x を求めます。

$$(3x+2)(x-3)=0 \quad \text{より} \quad x=\boxed{-\dfrac{2}{3}, \ 3}$$

（2）　$3x^2+2\cdot(-3)x-1=0$ とかけるので，b' の方の解の公式を使うと

$$x=\frac{-(-3)\pm\sqrt{(-3)^2-3\cdot(-1)}}{3}$$

$$=\frac{3\pm\sqrt{9+3}}{3}=\frac{3\pm\sqrt{12}}{3}=\frac{3\pm\sqrt{4\cdot 3}}{3}$$

$$=\boxed{\dfrac{3\pm 2\sqrt{3}}{3}}$$

(3) 解の公式を使って
$$x = \frac{-(-3) \pm \sqrt{(-3)^2 - 4 \cdot 3 \cdot 1}}{2 \cdot 3} = \frac{3 \pm \sqrt{9-12}}{6}$$
$$= \frac{3 \pm \sqrt{-3}}{6} = \boxed{\frac{3 \pm \sqrt{3}\,i}{6}}$$

(4) $P(x) = x^4 - x^3 + 2x$ とおくと
$$P(x) = x(x^3 - x^2 + 2)$$
また，
$$P(-1) = (-1)\{(-1)^3 - (-1)^2 + 2\} = 0$$
よって，$P(x)$ は $(x+1)$ で割り切れることがわかります．

$(x^3 - x^2 + 2)$ を $(x+1)$ で割り，他の因数を求めると
$$P(x) = x(x+1)(x^2 - 2x + 2)$$
$P(x) = 0$ のとき $x = 0$, $x + 1 = 0$, $x^2 - 2x + 2 = 0$
2 次方程式の方は解の公式（b' 公式）より
$$x = \frac{-(-1) \pm \sqrt{(-1)^2 - 1 \cdot 2}}{1}$$
$$= 1 \pm \sqrt{1-2}$$
$$= 1 \pm \sqrt{-1} = 1 \pm i$$
$$\therefore\ x = \boxed{0,\ -1,\ 1 \pm i}$$

$$\begin{array}{r}
x^2 - 2x + 2 \\
x+1\overline{\smash{\big)}\,x^3 - x^2 + 2} \\
\underline{x^3 + x^2} \\
-2x^2 \\
\underline{-2x^2 - 2x} \\
2x + 2 \\
\underline{2x + 2} \\
0
\end{array}$$

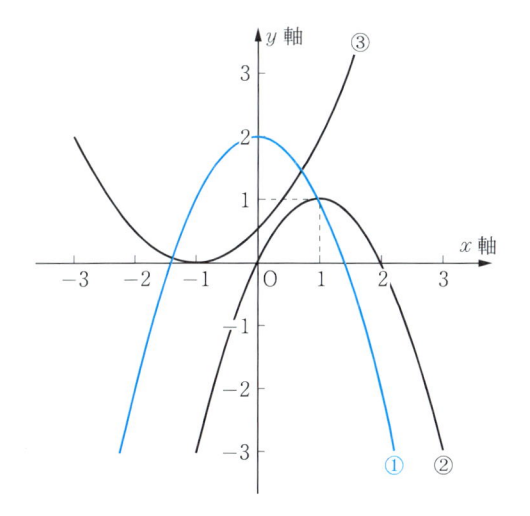

2 関数とグラフ

問題 2.1 (p.15)

③と④を変形すると

③ $y = \dfrac{5}{3}x + 2$ ④ $y = \dfrac{7}{2}$

各直線は下のようになります．

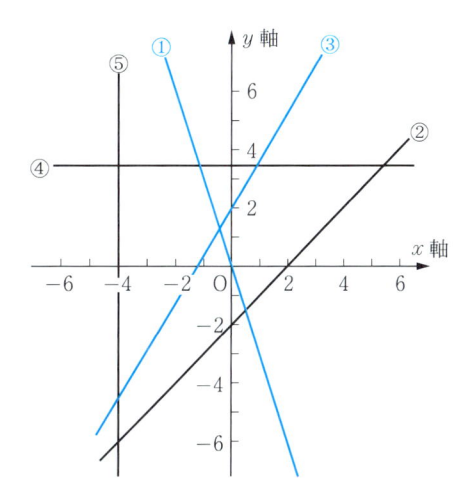

問題 2.2 (p.17)

① $y = -(x-0)^2 + 2$ より，頂点は $(0, 2)$
   頂点より $y = -x^2$ のグラフを描きます（左図①）．

② 標準形に直すと
$$y = -(x^2 - 2x) = -\{(x-1)^2 - 1^2\}$$
$$= -(x-1)^2 + 1$$
ゆえに，頂点は $(1, 1)$．ここから $y = -x^2$ を描きます（左図②）．

③ 標準形に直すと
$$y = \frac{1}{2}(x^2 + 2x) + \frac{1}{2} = \frac{1}{2}\{(x+1)^2 - 1^2\} + \frac{1}{2}$$
$$= \frac{1}{2}(x+1)^2 - \frac{1}{2} + \frac{1}{2} = \frac{1}{2}(x+1)^2$$

ゆえに頂点は $(-1, 0)$．ここから $y = \dfrac{1}{2}x^2$ を描きます（左図③）．

問題 2.3 (p.18)

① $y=\sqrt{x}$ のグラフを左へ 2，平行移動させた曲線（下図①）。

② $y=-\sqrt{x}$ のグラフを右へ 3，平行移動させた曲線（下図②）。

③ $y=4x^2$ のグラフを $y=x$ について対称に移動させた放物線。$y=\dfrac{1}{2}\sqrt{x}$ と $y=-\dfrac{1}{2}\sqrt{x}$ の 2 つのグラフを合わせたもの（下図③）。

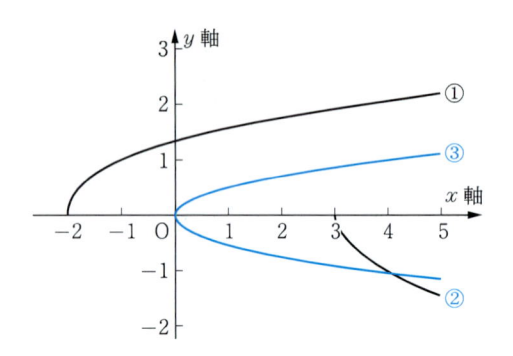

問題 2.4 (p.19)

① 中心 $(0,0)$，半径 3 の円（下図①）。

② 中心 $(-2,1)$，半径 $\sqrt{5}$ の円（下図②）。

③ x と y とを別々に平方完成させると
$$\{(x-3)^2-3^2\}+\{(y+2)^2-2^2\}=3$$
$$(x-3)^2+(y+2)^2=16$$

ゆえに，中心 $(3,-2)$，半径 4 の円（下図③）。

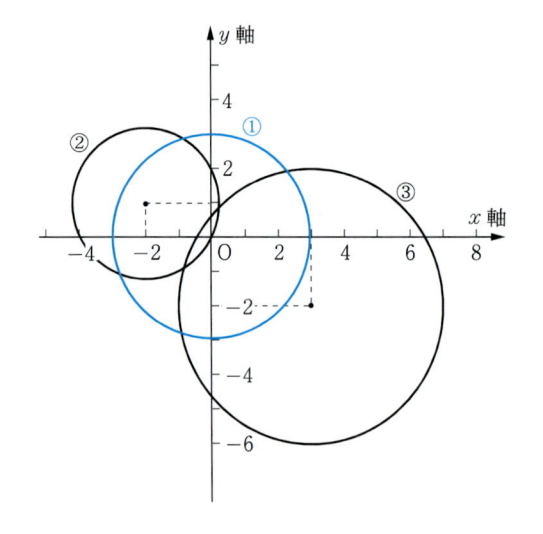

問題 2.5 (p.21)

いずれも "$y=$" の式に直し，数表をつくってグラフを描いてみましょう。（数表をつくらず概形を描いてもよいですが，曲線の特徴がうまく出るように描いてください。）

① 楕円です。方程式を変形すると
$$y=\pm\dfrac{1}{2}\sqrt{4-x^2}$$

$4-x^2\geqq 0$ より $-2\leqq x\leqq 2$ の範囲で数表をつくって，楕円を描きます（下表①，下図①）。

② 双曲線です。方程式を変形すると
$$y=\pm\sqrt{x^2+1}$$

数表をつくって，双曲線を描きます（下表②，下図②）。漸近線は $y=\pm x$ です。

x	① $y=\pm\dfrac{1}{2}\sqrt{4-x^2}$	② $y=\pm\sqrt{x^2+1}$
0	± 1	± 1
± 0.5	± 0.9682	± 1.1180
± 1	± 0.8660	± 1.4142
± 1.5	± 0.6614	± 1.8027
± 1.8	± 0.4358	± 2.0591
± 2	0	± 2.2360
± 2.5	——	± 2.6925
$\vdots$	——	$\vdots$

（小数第 5 位以下切り捨て）

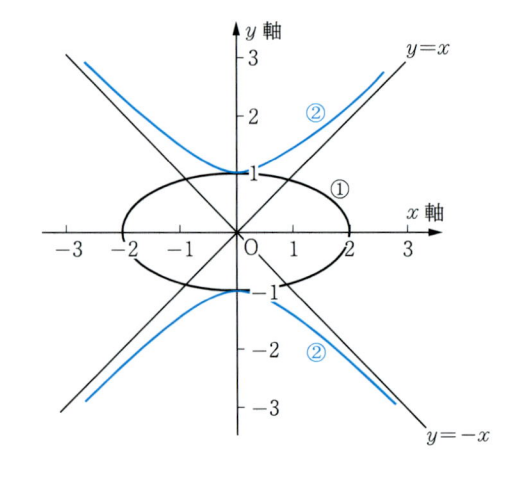

2 関数とグラフ   137

③ $y = -\dfrac{2}{x}$

（右数表は複号同順，下図③）

x	$y = -\dfrac{2}{x}$
0	$\pm\infty$
$\vdots$	$\vdots$
± 0.3	∓ 6.6666
± 0.5	∓ 4
± 1	∓ 2
± 1.5	∓ 1.3333
± 2	∓ 1
± 3	∓ 0.6666
$\vdots$	$\vdots$
$\pm\infty$	0

（小数第 5 位以下切り捨て）

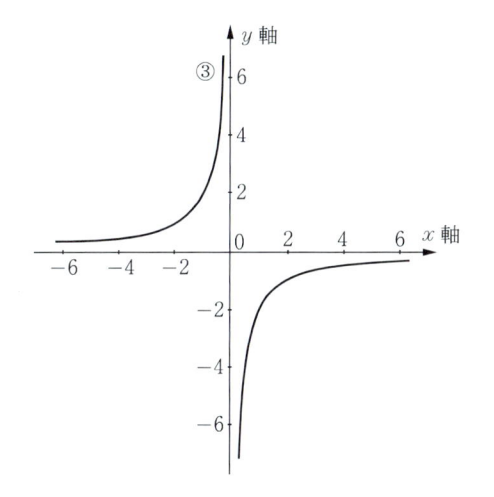

問題 2.6 (p.22)

（1） $y = x^2 + 4x$
  $= x(x+4)$
より，$y \leqq 0$ となる x は
  $-4 \leqq x \leqq 0$

（2） 両辺に $-$ をかけて x^2 の係数を $+$ にしておく方が安全です。
  $x^2 + x - 6 > 0$
となる x を求めます。
  $y = x^2 + x - 6$ とおくと
  $y = (x+3)(x-2)$
より，$y > 0$ となる x は
  $x < -3,\ 2 < x$

問題 2.7 (p.24)

（1） ① 境界は $x = 2y$，変形すると $y = \dfrac{1}{2}x$ です。点 $(0,0)$ は境界上にあるので，他の点で調べましょう。たとえば，$x = 1$，$y = 0$ を代入すると
$$2 \cdot 1 \leqq 0$$
この不等号は成立しないので点 $(1,0)$ の属さない方が求める領域です。下図で色のついた部分です。境界も含みます。

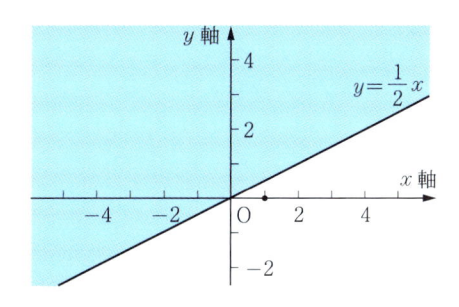

② 境界は $(x-1)^2 + (y-2)^2 = 5$ の円です。中心 $(1,2)$ について調べます。$x=1$，$y=2$ を代入すると
$$(1-1)^2 + (2-2)^2 \leqq 5 \quad \longrightarrow \quad 0 \leqq 5$$
この不等号は成立するので，中心 $(1,2)$ が属する円の内側と境界が求める領域です。下図，色の部分です（境界も含む）。

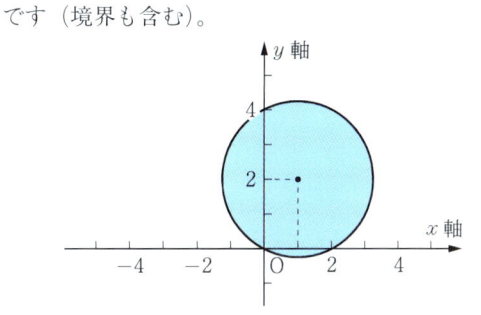

（2） ①と②の共通部分が求める領域です。下図，色の部分となります。境界も含みます。

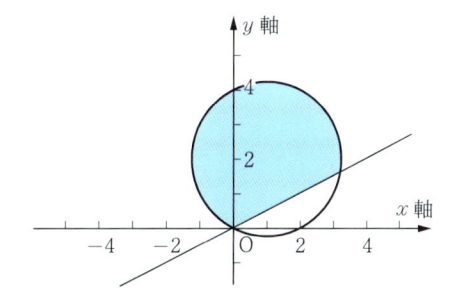

❸ 三角関数

問題 3.1 (p. 26)

(1) $\sin\theta = \dfrac{2}{\sqrt{7}} = \boxed{\dfrac{2}{7}\sqrt{7}}$, $\sin\varphi = \dfrac{\sqrt{3}}{\sqrt{7}} = \boxed{\dfrac{\sqrt{21}}{7}}$

$\cos\theta = \dfrac{\sqrt{3}}{\sqrt{7}} = \boxed{\dfrac{\sqrt{21}}{7}}$, $\cos\varphi = \dfrac{2}{\sqrt{7}} = \boxed{\dfrac{2}{7}\sqrt{7}}$

$\tan\theta = \dfrac{2}{\sqrt{3}} = \boxed{\dfrac{2}{3}\sqrt{3}}$, $\tan\varphi = \boxed{\dfrac{\sqrt{3}}{2}}$

(2) $\sin 45° = \dfrac{1}{\sqrt{2}} = \boxed{\dfrac{\sqrt{2}}{2}}$

$\cos 30° = \boxed{\dfrac{\sqrt{3}}{2}}$

$\tan 60° = \dfrac{\sqrt{3}}{1} = \boxed{\sqrt{3}}$

> θ は「シータ」, φ は「ファイ」と読みま〜す。
> どっちもギリシア文字で〜す。

問題 3.2 (p. 27)

°とラジアンの関係式を使って

(1) $60° = 60 \times \dfrac{\pi}{180} = \boxed{\dfrac{\pi}{3}}$

(2) $270° = 270 \times \dfrac{\pi}{180} = \boxed{\dfrac{3}{2}\pi}$

(3) $\dfrac{3}{4}\pi = \dfrac{3}{4} \times 180° = \boxed{135°}$

(4) $\dfrac{7}{6}\pi = \dfrac{7}{6} \times 180° = \boxed{210°}$

問題 3.3 (p. 29)

(1) ②と③は同じ動径。

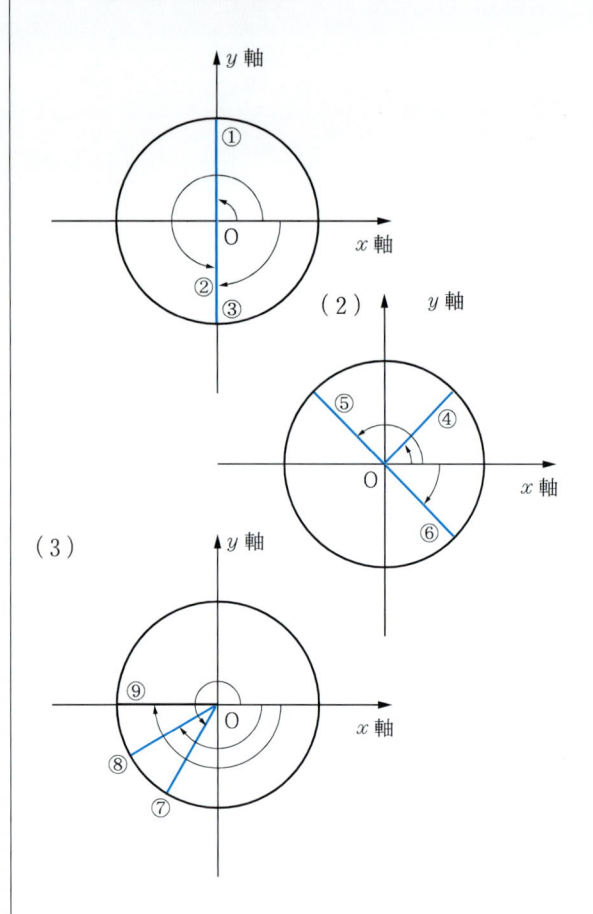

(2)

(3)

問題 3.4 (p. 31)

各角を表わす動径 OP をとり, P より x 軸への垂線 PH を下しておきます。

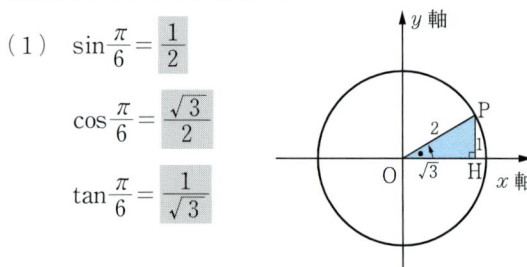

(1) $\sin\dfrac{\pi}{6} = \boxed{\dfrac{1}{2}}$

$\cos\dfrac{\pi}{6} = \boxed{\dfrac{\sqrt{3}}{2}}$

$\tan\dfrac{\pi}{6} = \boxed{\dfrac{1}{\sqrt{3}}}$

3 三角関数   139

(2)

$$\sin\frac{2}{3}\pi = \frac{\sqrt{3}}{2}$$

$$\cos\frac{2}{3}\pi = \frac{-1}{2} = -\frac{1}{2}$$

$$\tan\frac{2}{3}\pi = \frac{\sqrt{3}}{-1} = -\sqrt{3}$$

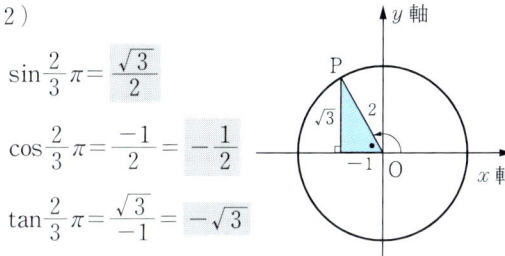

(3)

$$\sin\left(-\frac{\pi}{4}\right) = \frac{-1}{\sqrt{2}} = -\frac{1}{\sqrt{2}}$$

$$\cos\left(-\frac{\pi}{4}\right) = \frac{1}{\sqrt{2}}$$

$$\tan\left(-\frac{\pi}{4}\right) = \frac{-1}{1} = -1$$

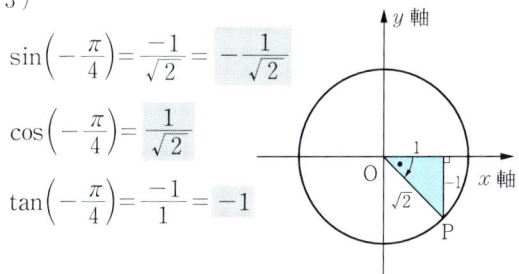

(4)

$$\sin\frac{7}{6}\pi = \frac{-1}{2} = -\frac{1}{2}$$

$$\cos\frac{7}{6}\pi = \frac{-\sqrt{3}}{2} = -\frac{\sqrt{3}}{2}$$

$$\tan\frac{7}{6}\pi = \frac{-1}{-\sqrt{3}} = \frac{1}{\sqrt{3}}$$

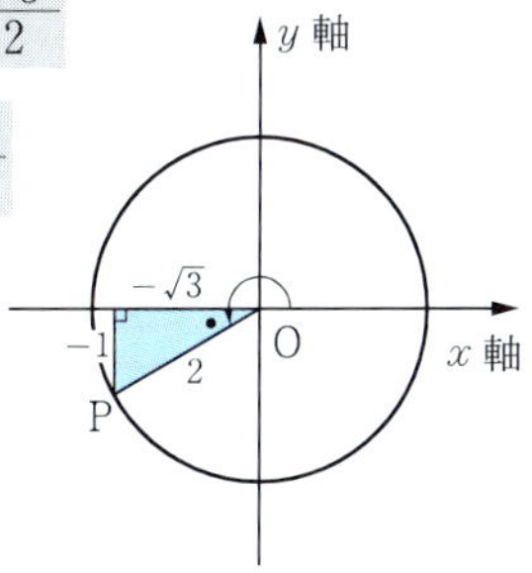

直角三角形のつくり方，もうわかった？

❀ ❀ ❀ ❀ ❀ 問題 3.5 (p. 32) ❀ ❀ ❀ ❀ ❀

いずれも動径を少しずらして直角三角形を考えます。

(1)

$$\sin\frac{\pi}{2} = \frac{1}{1} = 1$$

$$\cos\frac{\pi}{2} = \frac{0}{1} = 0$$

$\left(\tan\dfrac{\pi}{2}\ は存在しません。\right)$

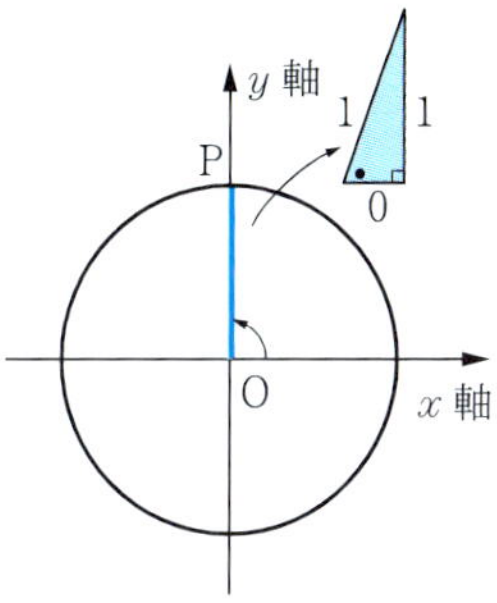

(2)

$$\sin\pi = \frac{0}{1} = 0$$

$$\cos\pi = \frac{-1}{1} = -1$$

$$\tan\pi = \frac{0}{-1} = 0$$

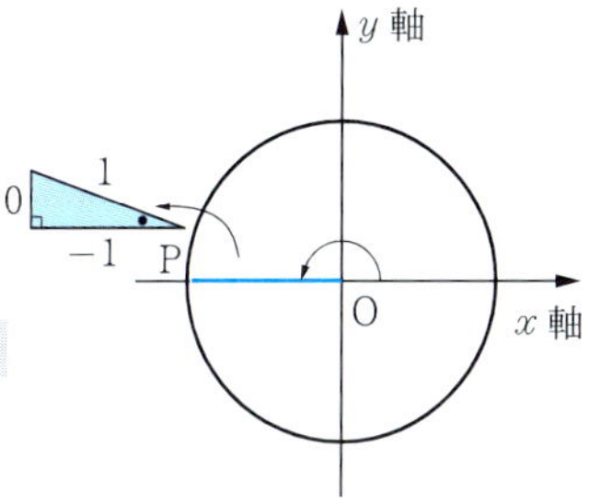

(3) 動径の位置は（2）と同じなので三角関数の値も同じですが，動径の位置が $-\pi$ よりちょっと手前と思って直角三角形をつくってみます（下図）。

$$\sin(-\pi) = \frac{0}{1} = 0$$

$$\cos(-\pi) = \frac{-1}{1} = -1$$

$$\tan(-\pi) = \frac{0}{-1} = 0$$

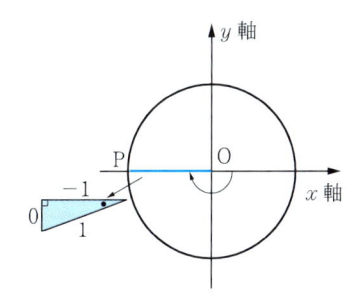

問題 3.6 (p. 33)

はじめは°の単位で入力すると

(1) $\sin 10° = \boxed{0.1736}$

(2) $\cos 130° = \boxed{-0.6427}$

(3) $\tan 200° = \boxed{0.3639}$

ラジアン単位に切りかえて

(4) $\sin \dfrac{8}{7}\pi = \sin(8 \times \pi \div 7) = \boxed{-0.4338}$

(5) $\cos \pi = \boxed{-1}$

(6) $\tan \dfrac{7}{10}\pi = \tan(7 \times \pi \div 10) = \boxed{-1.3763}$

問題 3.7 (p. 34)

範囲に気をつけて求めましょう。必ずただ１つ求まります。

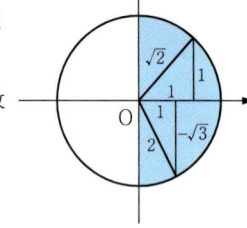

右図を参照しながら（数字は辺の比です）

(1) $x = \dfrac{\pi}{4}$

(2) $x = -\dfrac{\pi}{3}$

右中図を参照しながら

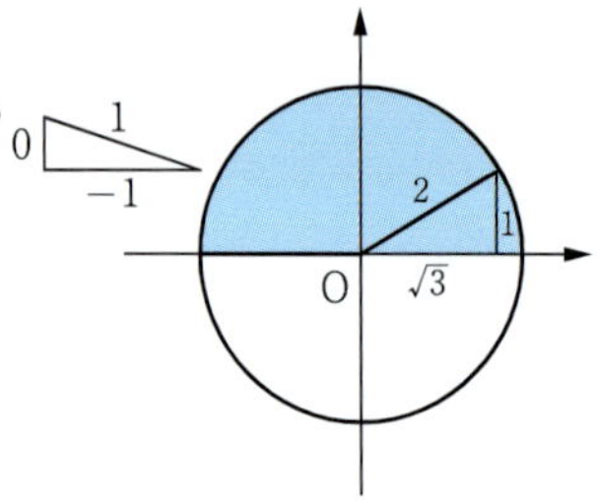

(3) $x = \dfrac{\pi}{6}$

(4) $x = \pi$

右下図を参照して

(5) $x = \dfrac{\pi}{3}$

(6) $x = -\dfrac{\pi}{6}$

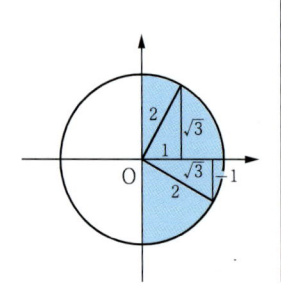

問題 3.8 (p. 37)

x	$y = -2\sin x$	$y = \cos \dfrac{x}{2}$
$-\dfrac{\pi}{2} = -90°$	2	0.7071
$-\dfrac{5}{12}\pi = -75°$	1.9318	0.7933
$-\dfrac{\pi}{3} = -60°$	1.7320	0.8660
$-\dfrac{\pi}{4} = -45°$	1.4142	0.9238
$-\dfrac{\pi}{6} = -30°$	1	0.9659
$-\dfrac{\pi}{12} = -15°$	0.5176	0.9914
0	0	1
$\dfrac{\pi}{12} = 15°$	-0.5176	0.9914
$\dfrac{\pi}{6} = 30°$	-1	0.9659
$\dfrac{\pi}{4} = 45°$	-1.4142	0.9238
$\dfrac{\pi}{3} = 60°$	-1.7320	0.8660
$\dfrac{5}{12}\pi = 75°$	-1.9318	0.7933
$\dfrac{\pi}{2} = 90°$	-2	0.7071

（小数第 5 位以下切り捨て）

上の数表を使ってグラフを描くと下のようになります。

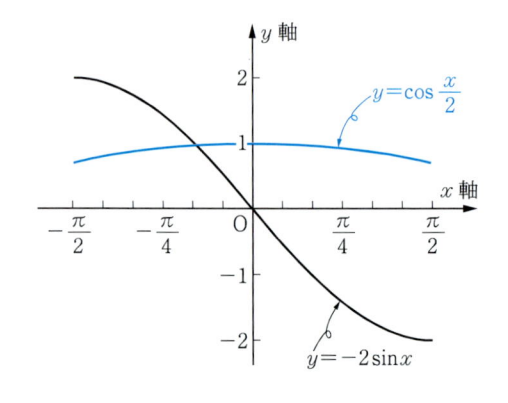

❹ 指数関数

❀ ❀ ❀ ❀ ❀ 問題 4.1 (p. 43) ❀ ❀ ❀ ❀ ❀

（1） $\sqrt{x^2+1} = \sqrt[2]{x^2+1} = \boxed{(x^2+1)^{\frac{1}{2}}}$

（2） $\dfrac{1}{\sqrt[3]{x}} = \dfrac{1}{x^{\frac{1}{3}}} = \boxed{x^{-\frac{1}{3}}}$

（3） $\dfrac{1}{\sqrt[3]{(1+x)^2}} = \dfrac{1}{(1+x)^{\frac{2}{3}}} = \boxed{(1+x)^{-\frac{2}{3}}}$

（4） $\sqrt{5} = \boxed{2.2360}$

（5） $\dfrac{1}{\sqrt[4]{2}} = 1 \div \sqrt[4]{2} = \boxed{0.8408}$

（6） $5^{0.3} = \boxed{1.6206}$

（7） $2^{\sqrt{5}} = \boxed{4.7111}$

❀ ❀ ❀ ❀ ❀ 問題 4.2 (p. 44) ❀ ❀ ❀ ❀ ❀

なるべく小さい数の累乗で表わしてから，指数法則を使って計算しましょう。

（1） $64^{\frac{1}{4}} = (2^6)^{\frac{1}{4}} = 2^{6\times\frac{1}{4}} = 2^{\frac{3}{2}}$
　　　　$= \sqrt{2^3} = \sqrt{2^2 \cdot 2} = \boxed{2\sqrt{2}}$

（2） $8^{-\frac{2}{3}} = (2^3)^{-\frac{2}{3}} = 2^{3\times(-\frac{2}{3})} = 2^{-2}$
　　　　$= \dfrac{1}{2^2} = \boxed{\dfrac{1}{4}}$

（3） 与式 $= \dfrac{2^{2\times\frac{1}{2}} \times 3^{-1\times\frac{1}{2}}}{3^{\frac{3}{2}}} = \dfrac{2^1 \times 3^{-\frac{1}{2}}}{3^{\frac{3}{2}}}$
　　　　$= 2\times 3^{-\frac{1}{2}-\frac{3}{2}} = 2\times 3^{-2}$
　　　　$= \dfrac{2}{3^2} = \boxed{\dfrac{2}{9}}$

（4） 与式 $= \dfrac{\sqrt[3]{3^2}}{\sqrt[6]{3}\cdot\sqrt{3}} = \dfrac{3^{\frac{2}{3}}}{3^{\frac{1}{6}}\cdot 3^{\frac{1}{2}}}$
　　　　$= 3^{\frac{2}{3}-\frac{1}{6}-\frac{1}{2}} = 3^0 = \boxed{1}$

❀ ❀ ❀ ❀ ❀ 問題 4.3 (p. 45) ❀ ❀ ❀ ❀ ❀

（1） 与式 $= \dfrac{x^{4\cdot 3}y^{5\cdot 3}}{x^{2\cdot 4}y^{3\cdot 4}\times xy}$

　　　　$= \dfrac{x^{12}y^{15}}{x^8 y^{12} xy}$

　　　　$= \left(\dfrac{x^{12}}{x^8 x^1}\right)\left(\dfrac{y^{15}}{y^{12}y^1}\right)$

　　　　$= x^{12-8-1}y^{15-12-1}$

　　　　$= \boxed{x^3 y^2}$

（2） 与式 $= (xy^2)^{\frac{1}{3}}(x^3 y)^{\frac{1}{4}} x^{\frac{1}{6}}$

　　　　$= x^{\frac{1}{3}}y^{\frac{2}{3}} \cdot x^{\frac{3}{4}}y^{\frac{1}{4}} \cdot x^{\frac{1}{6}}$

　　　　$= x^{\frac{1}{3}+\frac{3}{4}+\frac{1}{6}} y^{\frac{2}{3}+\frac{1}{4}}$

　　　　$= \boxed{x^{\frac{5}{4}} y^{\frac{11}{12}}}$

（3） 与式 $= \dfrac{(x^3 y^3)^{\frac{1}{2}}}{y^{\frac{5}{3}}\cdot(x^2 y)^{\frac{1}{4}}}$

　　　　$= \dfrac{x^{\frac{3}{2}}\cdot y^{\frac{3}{2}}}{y^{\frac{5}{3}}\cdot x^{\frac{2}{4}}\cdot y^{\frac{1}{4}}}$

　　　　$= x^{\frac{3}{2}-\frac{1}{2}} y^{\frac{3}{2}-\frac{5}{3}-\frac{1}{4}}$

　　　　$= x^1 y^{-\frac{5}{12}}$

　　　　$= \boxed{xy^{-\frac{5}{12}}}$

> 指数法則間違えなかった？

- $a^p \times a^q = a^{p+q}$
- $\dfrac{a^p}{a^q} = a^{p-q}$
- $(a^p)^q = a^{pq}$

問題 4.4 (p. 47)

x	$y=3^x$	$y=\left(\frac{1}{2}\right)^x=2^{-x}$
⋮	⋮	⋮
-3	0.0370	8
-2.5	0.0641	5.6568
-2	0.1111	4
-1.5	0.1924	2.8284
-1	0.3333	2
-0.5	0.5773	1.4142
0	1	1
0.5	1.7320	0.7071
1	3	0.5
1.5	5.1961	0.3535
2	9	0.25
2.5	15.5884	0.1767
3	27	0.125
⋮	⋮	⋮

(小数第 5 位以下切り捨て)

上の数表を使って点をとると下のグラフが描けます。

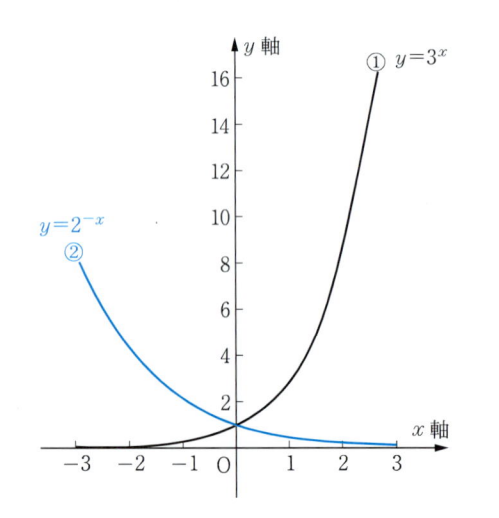

⑤ 対数関数

問題 5.1 (p. 52)

(1) $4 = \log_3 81$ (2) $\dfrac{1}{3} = \log_8 2$

(3) $5 = \log_{10} 100000$ (4) $-5 = \log_{10} 0.00001$

(5) $1 = \log_5 5$

問題 5.2 (p. 53)

真数を底と同じ数字の累乗の形に直して，各種対数法則を使います。

(1) $\log_3 81 = \log_3 3^4 = 4\log_3 3$
$= 4 \cdot 1 = 4$

(2) $\log_2 8\sqrt{2} = \log_2 2^3 \cdot 2^{\frac{1}{2}} = \log_2 2^{3+\frac{1}{2}}$
$= \log_2 2^{\frac{7}{2}} = \dfrac{7}{2}\log_2 2$
$= \dfrac{7}{2} \cdot 1 = \dfrac{7}{2}$

(3) $\log_{10} 0.01 = \log_{10} \dfrac{1}{100} = \log_{10} \dfrac{1}{10^2}$
$= \log_{10} 10^{-2} = -2\log_{10} 10$
$= -2 \cdot 1 = -2$

(4) $\log_{10} \dfrac{1}{\sqrt[3]{100}} = \log_{10} \dfrac{1}{100^{\frac{1}{3}}} = \log_{10} \dfrac{1}{(10^2)^{\frac{1}{3}}}$
$= \log_{10} \dfrac{1}{10^{\frac{2}{3}}} = \log_{10} 10^{-\frac{2}{3}}$
$= -\dfrac{2}{3}\log_{10} 10 = -\dfrac{2}{3} \cdot 1$
$= -\dfrac{2}{3}$

(5) $\log_e \dfrac{1}{e} = \log_e e^{-1} = -1 \cdot \log_e e$
$= -1 \cdot 1 = -1$

5 対数関数　143

問題 5.3 (p. 54)

例題と同様に，使った法則を"="の所にかいておきます．変形方法は1通りではありません．

（1）　与式 $\overset{(\mathrm{i})}{\underset{(\mathrm{ii})}{=}} \log_2 \dfrac{27 \times \dfrac{8}{9}}{48} = \log_2 \dfrac{24}{48}$

$= \log_2 \dfrac{1}{2} = \log_2 2^{-1} \overset{(\mathrm{iii})}{=} -1 \cdot \log_2 2$

$= -1 \cdot 1 = \boxed{-1}$

（2）　log の外にある 2 を中に入れてから (ii) を使います．

与式 $\overset{(\mathrm{iii})}{=} \log_{10}\left(\dfrac{\sqrt{3}}{10}\right)^2 - \log_{10} 30$

$= \log_{10} \dfrac{3}{100} - \log_{10} 30$

$\overset{(\mathrm{ii})}{=} \log_{10}\left(\dfrac{3}{100} \div 30\right)$

$= \log_{10}\left(\dfrac{3}{100} \times \dfrac{1}{30}\right)$

$= \log_{10} \dfrac{1}{1000} = \log_{10} \dfrac{1}{10^3}$

$= \log_{10} 10^{-3} \overset{(\mathrm{iii})}{=} -3 \log_{10} 10$

$= -3 \cdot 1 = \boxed{-3}$

（3）　与式 $= \log_e (2e)^{-1} + \dfrac{1}{2} \log_e 2e^2 + \log_e 2^{\frac{1}{2}}$

$\overset{(\mathrm{iii})}{=} -1 \cdot \log_e 2e + \dfrac{1}{2} \log_e 2e^2 + \dfrac{1}{2} \log_e 2$

$\overset{(\mathrm{i})}{=} -(\log_e 2 + \log_e e) + \dfrac{1}{2}(\log_e 2 + \log_e e^2)$
$\qquad\qquad + \dfrac{1}{2} \log_e 2$

$\overset{(\mathrm{iii})}{=} -\log_e 2 - 1 + \dfrac{1}{2}\log_e 2 + \dfrac{1}{2} \cdot 2 \log_e e$
$\qquad\qquad + \dfrac{1}{2} \log_e 2$

$= -1 + 1 \cdot 1 = \boxed{0}$

問題 5.4 (p. 55)

底を 10 に変換すると

（1）　$\log_5 100 = \dfrac{\log_{10} 100}{\log_{10} 5} = \dfrac{\log_{10} 10^2}{\log_{10} 5}$

$= \dfrac{2 \log_{10} 10}{\log_{10} 5} = \dfrac{2 \cdot 1}{\log_{10} 5}$

$= \boxed{\dfrac{2}{\log_{10} 5}}$

（2）　$\log_3 10e = \dfrac{\log_{10} 10e}{\log_{10} 3}$

$= \dfrac{\log_{10} 10 + \log_{10} e}{\log_{10} 3}$

$= \boxed{\dfrac{1 + \log_{10} e}{\log_{10} 3}}$

底を e に変換すると

（1）　$\log_5 100 = \dfrac{\log_e 100}{\log_e 5} = \dfrac{\log_e 10^2}{\log_e 5}$

$= \boxed{\dfrac{2 \log_e 10}{\log_e 5}}$

（2）　$\log_3 10e = \dfrac{\log_e 10e}{\log_e 3}$

$= \dfrac{\log_e 10 + \log_e e}{\log_e 3}$

$= \boxed{\dfrac{\log_e 10 + 1}{\log_e 3}}$

問題 5.5 (p. 56)

常用対数のキーを使って

（1）　$\log_{10} 5 = \boxed{0.6989}$

（2）　$\log_{10} \dfrac{2}{3} = \log_{10}(2 \div 3) = \boxed{-0.1760}$

（3）　$\log_3 5 = \dfrac{\log_{10} 5}{\log_{10} 3} \left(= \dfrac{\log_e 5}{\log_e 3}\right) = \boxed{1.4649}$

自然対数のキーを使って

（4）　$\log_e 5 = \boxed{1.6094}$

（5）　$\log_e \dfrac{3}{2} = \log_e(3 \div 2) = \boxed{0.4054}$

問題 5.6 (p.58)

関数の式を変形すると

① $y = \log_3 x = \dfrac{\log_{10} x}{\log_{10} 3}$

② $y = \log_{\frac{1}{3}} x = \dfrac{\log_3 x}{\log_3 \frac{1}{3}} = \dfrac{\log_3 x}{\log_3 3^{-1}}$

$\quad\quad = \dfrac{\log_3 x}{-\log_3 3} = \dfrac{\log_3 x}{-1} = -\log_3 x$

したがって，①と②のグラフは＋と－の違いだけです。

x	$y = \log_3 x$	$y = \log_{\frac{1}{3}} x$
0	$-\infty$	$+\infty$
0.1	-2.0959	2.0959
0.2	-1.4649	1.4649
0.4	-0.8340	0.8340
0.6	-0.4649	0.4649
0.8	-0.2031	0.2031
1	0	0
2	0.6309	-0.6309
3	1	-1
4	1.2618	-1.2618
⋮	⋮	⋮

（小数第5位以下切り捨て）

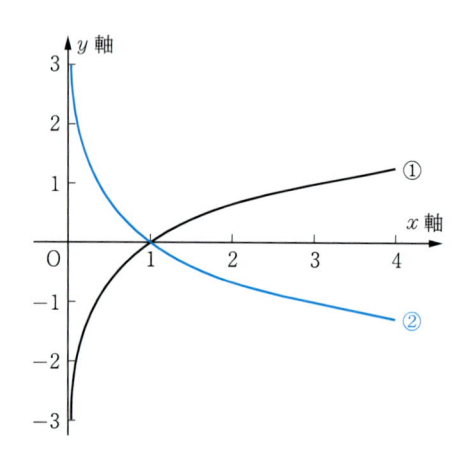

❻ 関数の極限

問題 6.1 (p.61)

（1） $y = x^2$ のグラフはどこでも連続なので
$$\lim_{x \to -1} x^2 = (-1)^2 = \boxed{1}$$

（2） $y = f(x)$ のグラフは下のようになります。

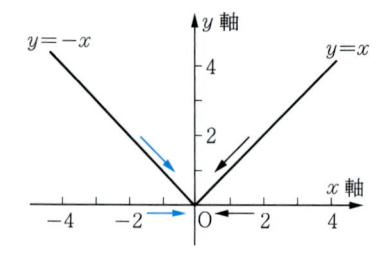

$x > 0$ と $x < 0$ と別々に $x \to 0$ を考えると
$$\lim_{x \to 0-0} f(x) = 0, \quad \lim_{x \to 0+0} f(x) = 0$$
なので，$x < 0$ でも $x > 0$ でも $x \to 0$ のとき，同じ値 0 に限りなく近づきます。

$\therefore \quad \lim_{x \to 0} f(x) = \boxed{0}$

（3） $g(x)$ のグラフは下の通り。

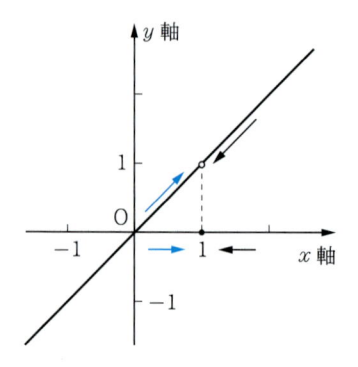

$$\lim_{x \to 1-0} g(x) = 1, \quad \lim_{x \to 1+0} g(x) = 1$$
なので $\lim_{x \to 1} g(x) = \boxed{1}$

（$g(1) = 0$ なので $\lim_{x \to 1} g(x) \neq g(1)$ です。）

問題 6.2 (p.63)

（1） $x \to +\infty$ のとき，$x+1 \to +\infty$ なので
$$\lim_{x \to +\infty} \frac{1}{x+1} = \boxed{0} \quad (\text{または} \boxed{+0})$$

（2） $x \to -\infty$ のとき，$x^3 \to -\infty$ なので
$$\lim_{x \to -\infty} \frac{1}{x^3} = \boxed{0} \quad (\text{または} \boxed{-0})$$

（3） $x \to 0$ のとき，$x^2 \to +0$ なので $\frac{1}{x^2} \to +\infty$
$$\therefore \lim_{x \to 0}\left(1 - \frac{1}{x^2}\right) = \boxed{-\infty}$$

$\lim_{x \to -\infty} \frac{1}{x^3} = -0$ は
「負の値をとりながら限りなく 0 に近づく」
という意味で〜す。

問題 6.3 (p.64)

（1） $\lim_{x \to 0} g(x) = 2 - 0 + 3 \cdot 0 - 0 = \boxed{2}$

（2） $\lim_{x \to +\infty} g(x) = \lim_{x \to +\infty} x^3 \left(\frac{2}{x^3} - \frac{x}{x^3} + \frac{3x^2}{x^3} - \frac{x^3}{x^3}\right)$
$= \lim_{x \to +\infty} x^3 \left(\frac{2}{x^3} - \frac{1}{x^2} + \frac{3}{x} - 1\right)$

$x \to +\infty$ のとき
$$\frac{2}{x^3} - \frac{1}{x^2} + \frac{3}{x} - 1 \longrightarrow$$
$$2(+0) - (+0) + 3(+0) - 1 = -1$$
なので
$$\lim_{x \to +\infty} g(x) = \boxed{-\infty}$$

（3）（2）と同様に $x \to -\infty$ のとき
$$\frac{2}{x^3} - \frac{1}{x^2} + \frac{3}{x} - 1 \longrightarrow$$
$$2(-0) - (+0) + 3(-0) - 1 = -1$$
より
$$\lim_{x \to -\infty} g(x) = \lim_{x \to -\infty} x^3 \left(\frac{2}{x^3} - \frac{1}{x^2} + \frac{3}{x} - 1\right) = \boxed{+\infty}$$

7 微 分

問題 7.1 (p.70)

（1） $f(x) = (x-1)^2$ とおきます。

$$\text{平均変化率} = \frac{y \text{ 座標の変化}}{x \text{ 座標の変化}} = \frac{f(3) - f(1)}{3 - 1}$$

$f(3)$ は $f(x)$ の x の所に 3 を代入
$f(1)$ は $f(x)$ の x の所に 1 を代入
して求めます。
$$= \frac{(3-1)^2 - (1-1)^2}{3-1} = \frac{2^2 - 0^2}{2}$$
$$= \frac{4}{2} = \boxed{2}$$

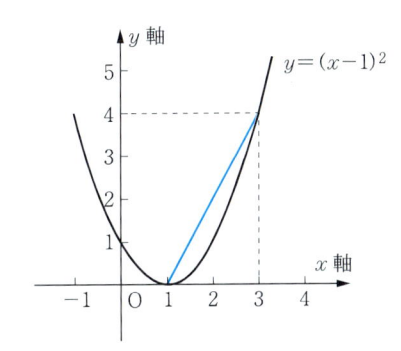

（2） $f(x) = e^x$ とおくと，同様に
$$\text{平均変化率} = \frac{f(1) - f(0)}{1 - 0} = \frac{e^1 - e^0}{1}$$
$e^0 = 1$ なので
$$= \boxed{e - 1}$$

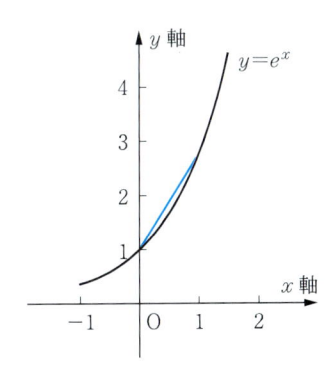

問題 7.2 (p.72)

（1） $f(x)=x^2$ とおきます。

$$f'(-2)=\lim_{h\to 0}\frac{f(-2+h)-f(-2)}{h}$$
$$=\lim_{h\to 0}\frac{(-2+h)^2-(-2)^2}{h}$$
$$=\lim_{h\to 0}\frac{(4-4h+h^2)-4}{h}$$
$$=\lim_{h\to 0}\frac{-4h+h^2}{h}$$
$$=\lim_{h\to 0}\frac{h(-4+h)}{h}$$
$$=\lim_{h\to 0}(-4+h)=\boxed{-4}$$

（2） $f(x)=\log x$ とおきます。

$$f'(1)=\lim_{h\to 0}\frac{f(1+h)-f(1)}{h}$$
$$=\lim_{h\to 0}\frac{\log(1+h)-\log 1}{h}$$
$$=\lim_{h\to 0}\frac{\log(1+h)}{h}=\lim_{h\to 0}\frac{1}{h}\log(1+h)$$

対数法則より

$$=\lim_{h\to 0}\log(1+h)^{\frac{1}{h}}$$

極限公式を使うと

$$=\log e=\boxed{1}$$

（3） $f(x)=\sin x$ とおきます。

$$f'(0)=\lim_{h\to 0}\frac{f(0+h)-f(0)}{h}=\lim_{h\to 0}\frac{f(h)-f(0)}{h}$$
$$=\lim_{h\to 0}\frac{\sin h-\sin 0}{h}=\lim_{h\to 0}\frac{\sin h-0}{h}$$
$$=\lim_{h\to 0}\frac{\sin h}{h}$$

極限公式を使って

$$=\boxed{1}$$

$$\boxed{\begin{array}{l}\log 1=0\\ \log e=1\end{array}}\quad \boxed{p\log_a q=\log_a q^p}$$

問題 7.3 (p.73)

（1） $$f'(x)=\lim_{h\to 0}\frac{f(x+h)-f(x)}{h}$$
$$=\lim_{h\to 0}\frac{(x+h)-x}{h}$$
$$=\lim_{h\to 0}\frac{h}{h}=\lim_{h\to 0}1=\boxed{1}$$

（2） $$f'(x)=\lim_{h\to 0}\frac{f(x+h)-f(x)}{h}$$
$$=\lim_{h\to 0}\frac{(x+h)^3-x^3}{h}$$
$$=\lim_{h\to 0}\frac{(x^3+3x^2h+3xh^2+h^3)-x^3}{h}$$
$$=\lim_{h\to 0}\frac{3x^2h+3xh^2+h^3}{h}$$
$$=\lim_{h\to 0}\frac{h(3x^2+3xh+h^2)}{h}$$
$$=\lim_{h\to 0}(3x^2+3xh+h^2)$$
$$=3x^2+3x\cdot 0+0=\boxed{3x^2}$$

問題 7.4 (p.74)

$f'(x)$ の定義に代入して求めます。

（1） $$f'(x)=\lim_{h\to 0}\frac{f(x+h)-f(x)}{h}$$
$$=\lim_{h\to 0}\frac{\cos(x+h)-\cos x}{h}$$

ここで，三角関数の公式（p.39）を用いて差を積に直すと

$$=\lim_{h\to 0}\frac{-2\sin\dfrac{(x+h)+x}{2}\sin\dfrac{(x+h)-x}{2}}{h}$$
$$=\lim_{h\to 0}\frac{-2\sin\dfrac{2x+h}{2}\sin\dfrac{h}{2}}{h}$$

極限公式が使えるように変形して

$$=\lim_{h\to 0}\left(-\sin\frac{2x+h}{2}\cdot\frac{\sin\dfrac{h}{2}}{\dfrac{h}{2}}\right)$$
$$=-\sin\frac{2x}{2}\cdot 1=\boxed{-\sin x}$$

$$\boxed{\cos\alpha-\cos\beta=-2\sin\frac{\alpha+\beta}{2}\sin\frac{\alpha-\beta}{2}}$$

7 微 分

（2） $f'(x) = \lim_{h \to 0} \dfrac{f(x+h) - f(x)}{h}$

$= \lim_{h \to 0} \dfrac{e^{x+h} - e^x}{h}$

指数法則を使って変形すると

$= \lim_{h \to 0} \dfrac{e^x e^h - e^x}{h} = \lim_{h \to 0} \dfrac{e^x(e^h - 1)}{h}$

$= \lim_{h \to 0} e^x \cdot \dfrac{e^h - 1}{h}$

極限公式を使うと

$= e^x \cdot 1 = \boxed{e^x}$

$$\boxed{e^p e^q = e^{p+q}}$$

問題 7.5 (p. 75)

（1） $y' = (4x^2 + 2x - 5)' = (4x^2)' + (2x)' - 5'$

$= 4(x^2)' + 2 \cdot x' - 5' = 4 \cdot 2x + 2 \cdot 1 - 0$

$= \boxed{8x + 2}$

（2） $y' = (4\cos x + 3e^x - 1)'$

$= (4\cos x)' + (3e^x)' - 1'$

$= 4(\cos x)' + 3(e^x)' - 1'$

$= 4(-\sin x) + 3e^x - 0$

$= \boxed{-4\sin x + 3e^x}$

（3） だんだんと変形を省略してみましょう。

$y' = (3x^3 - 2\sin x)'$

$= 3(x^3)' - 2(\sin x)'$

$= 3 \cdot 3x^2 - 2 \cdot \cos x = \boxed{9x^2 - 2\cos x}$

（4） $y' = (x + 3\log x)' = x' + 3(\log x)'$

$= 1 + 3 \cdot \dfrac{1}{x} = \boxed{1 + \dfrac{3}{x}}$

（5） $y' = (5e^x - 2\log x + 3)'$

$= 5(e^x)' - 2(\log x)' + 3'$

$= 5e^x - 2 \cdot \dfrac{1}{x} + 0 = \boxed{5e^x - \dfrac{2}{x}}$

問題 7.6 (p. 76)

（1） 積の微分公式を使って

$y' = (x^3 \log x)' = (x^3)' \log x + x^3 (\log x)'$

$= 3x^2 \cdot \log x + x^3 \cdot \dfrac{1}{x}$

$= 3x^2 \log x + x^2 = \boxed{x^2(3\log x + 1)}$

（2） 積の微分公式より

$y' = (e^x \cos x)' = (e^x)' \cos x + e^x (\cos x)'$

$= e^x \cdot \cos x + e^x \cdot (-\sin x)$

$= \boxed{e^x \cos x - e^x \sin x} = \boxed{e^x(\cos x - \sin x)}$

（3） 商の微分公式より

$y' = \left(\dfrac{1}{\log x}\right)' = -\dfrac{(\log x)'}{(\log x)^2}$

$= -\dfrac{\dfrac{1}{x}}{(\log x)^2} = \boxed{-\dfrac{1}{x(\log x)^2}}$

（4） $\tan x = \dfrac{\sin x}{\cos x}$ と変形して商の微分公式を使います。

$y' = (\tan x)' = \left(\dfrac{\sin x}{\cos x}\right)'$

$= \dfrac{(\sin x)' \cos x - \sin x (\cos x)'}{(\cos x)^2}$

$= \dfrac{\cos x \cdot \cos x - \sin x \cdot (-\sin x)}{\cos^2 x}$

$= \dfrac{\cos^2 x + \sin^2 x}{\cos^2 x}$

$\cos^2 x + \sin^2 x = 1$ なので

$= \boxed{\dfrac{1}{\cos^2 x}}$

（5） 商の微分公式より

$y' = -\dfrac{(x^2)'}{(x^2)^2} = -\dfrac{2x}{x^4} = \boxed{-\dfrac{2}{x^3}}$

または，$y = x^{-2}$ なので

$y' = -2x^{-2-1} = \boxed{-2x^{-3}}$

$= -\dfrac{2}{x^3}$

（4）を公式としておくわよ

$$\boxed{(\tan x)' = \dfrac{1}{\cos^2 x}}$$

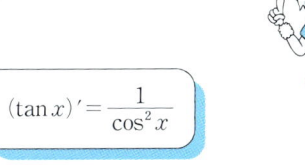

問題 7.7 (p.77)

(1) $u = x^3 - 2x + 1$ とおくと $y = u^3$

$$\therefore\ y' = \frac{dy}{dx} = \frac{dy}{du}\frac{du}{dx}$$
$$= 3u^2 \cdot (3x^2 - 2)$$
$$= \boxed{3(x^3 - 2x + 1)^2(3x^2 - 2)}$$

(2) $y = (x^2 + 1)^{-2}$ とかけるので
$u = x^2 + 1$ とおくと $y = u^{-2}$

$$\therefore\ y' = \frac{dy}{dx} = \frac{dy}{du}\frac{du}{dx}$$
$$= -2u^{-3} \cdot 2x = -4x\,u^{-3}$$
$$= -\frac{4x}{u^3} = \boxed{-\frac{4x}{(x^2+1)^3}}$$

(3) $y = (\cos x)^4$ なので, $u = \cos x$ とおくと
$y = u^4$

$$\therefore\ y' = \frac{dy}{dx} = \frac{dy}{du}\frac{du}{dx}$$
$$= 4u^3 \cdot (-\sin x) = 4(\cos x)^3 \cdot (-\sin x)$$
$$= \boxed{-4\cos^3 x \cdot \sin x}$$

(4) $u = 2x$ とおくと $y = e^u$

$$\therefore\ y' = \frac{dy}{dx} = \frac{dy}{du}\frac{du}{dx}$$
$$= e^u \cdot 2 = 2e^u = \boxed{2e^{2x}}$$

(5) $u = x^2 + x + 1$ とおくと $y = \log u$

$$\therefore\ y' = \frac{dy}{dx} = \frac{dy}{du}\frac{du}{dx}$$
$$= \frac{1}{u} \cdot (2x+1) = \frac{2x+1}{u} = \boxed{\frac{2x+1}{x^2+x+1}}$$

(6) $u = -x$ とおくと $y = \log u$

$$\therefore\ y' = \frac{dy}{dx} = \frac{dy}{du}\frac{du}{dx}$$
$$= \frac{1}{u} \cdot (-1) = -\frac{1}{u}$$
$$= -\frac{1}{-x} = \boxed{\frac{1}{x}}$$

問題 7.8 (p.78)

(1) はじめに両辺を3乗します。

$$y^3 = x$$

次に両辺を x で微分します。

$$\frac{dy^3}{dx} = 1$$

左辺の y^3 は x で直接微分できないので, 合成関数の微分公式を使って

$$\frac{dy^3}{dy} \cdot \frac{dy}{dx} = 1 \quad \text{より} \quad 3y^2 \cdot y' = 1$$

$$\therefore\ y' = \frac{1}{3y^2} = \frac{1}{3(\sqrt[3]{x})^2} = \boxed{\frac{1}{3\sqrt[3]{x^2}}}$$

(2) 指数の形に直してから公式を使います。

(ⅰ) $y' = (x^{\frac{1}{3}})' = \frac{1}{3}x^{\frac{1}{3}-1} = \boxed{\frac{1}{3}x^{-\frac{2}{3}}}$

$$= \frac{1}{3} \cdot \frac{1}{x^{\frac{2}{3}}} = \frac{1}{3} \cdot \frac{1}{\sqrt[3]{x^2}} = \boxed{\frac{1}{3\sqrt[3]{x^2}}}$$

(ⅱ) $y = \dfrac{1}{x^{\frac{1}{2}}} = x^{-\frac{1}{2}}$ より

$$y' = -\frac{1}{2}x^{-\frac{1}{2}-1} = \boxed{-\frac{1}{2}x^{-\frac{3}{2}}}$$

$$= -\frac{1}{2}\frac{1}{x^{\frac{3}{2}}} = -\frac{1}{2}\frac{1}{\sqrt{x^3}} = \boxed{-\frac{1}{2\sqrt{x^3}}}$$

例題や問題で求めた導関数を公式にしておくわよ。

——— 公式 ———
- $(\sin ax)' = a\cos ax$
- $(\cos ax)' = -a\sin ax$

——— 公式 ———
- $(e^{ax})' = ae^{ax}$

——— 公式 ———
- $(\log |x|)' = \dfrac{1}{x}$

問題 7.9 (p.79)

合成関数の微分公式を使います。

(1) $u=5x-1$ とおくと
$$y=\sqrt{u}=u^{\frac{1}{2}}$$
$$\therefore\ y'=\frac{dy}{dx}=\frac{dy}{du}\frac{du}{dx}$$
$$=\frac{1}{2}u^{\frac{1}{2}-1}\cdot 5=\frac{5}{2}u^{-\frac{1}{2}}$$
$$=\frac{5}{2}\frac{1}{u^{\frac{1}{2}}}=\frac{5}{2\sqrt{u}}=\boxed{\frac{5}{2\sqrt{5x-1}}}$$

(2) $u=x^2-1$ とおくと
$$y=\sqrt[3]{u}=u^{\frac{1}{3}}$$
$$\therefore\ y'=\frac{dy}{dx}=\frac{dy}{du}\frac{du}{dx}$$
$$=\frac{1}{3}u^{\frac{1}{3}-1}\cdot 2x=\frac{2}{3}xu^{-\frac{2}{3}}$$
$$=\frac{2}{3}\frac{x}{u^{\frac{2}{3}}}=\frac{2x}{3\sqrt[3]{u^2}}=\boxed{\frac{2x}{3\sqrt[3]{(x^2-1)^2}}}$$

(3) $u=1-x^2$ とおくと
$$y=\frac{1}{\sqrt{u}}=\frac{1}{u^{\frac{1}{2}}}=u^{-\frac{1}{2}}$$
$$\therefore\ y'=\frac{dy}{dx}=\frac{dy}{du}\frac{du}{dx}$$
$$=-\frac{1}{2}u^{-\frac{1}{2}-1}\cdot(-2x)=xu^{-\frac{3}{2}}$$
$$=\frac{x}{u^{\frac{3}{2}}}=\frac{x}{\sqrt{u^3}}=\boxed{\frac{x}{\sqrt{(1-x^2)^3}}}$$

$$\boxed{\begin{array}{l} x^{\frac{n}{m}}=\sqrt[m]{x^n} \\ x^{-n}=\dfrac{1}{x^n} \end{array}}$$

問題 7.10 (p.80)

(1) $y=f(x)=1-x^2$ とおきます。
$$y'=f'(x)=0-2x=-2x$$
なので $x=2$ における微分係数 $f'(2)$ は
$$f'(2)=-2\cdot 2=-4$$
また，$x=2$ のとき $y=f(2)=1-2^2=1-4=-3$
$$\therefore\ \text{接点の座標は }(2,-3)$$
接線は点 $(2,-3)$ を通り，傾き -4 の直線となるので
$$y-(-3)=-4(x-2)$$
これより
$$y=-4x+8-3$$
$$\therefore\ \boxed{y=-4x+5}$$

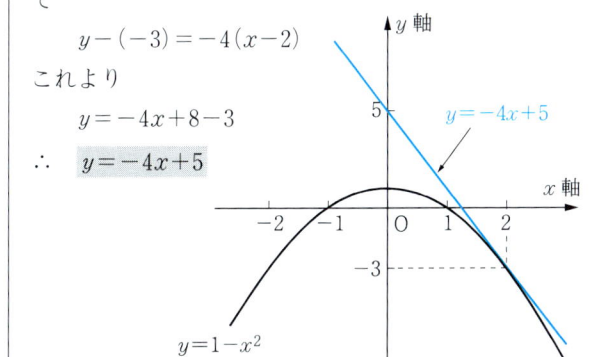

(2) $y=f(x)=\sin x$ とおきます。
$$y'=f'(x)=\cos x$$
なので，$x=0$ における微分係数 $f'(0)$ は
$$f'(0)=\cos 0=1$$
です。また，$x=0$ のとき y の値は
$$y=f(0)=\sin 0=0$$
なので，接点の座標は原点 $(0,0)$ となります。これらより求める接線の方程式は
$$y-0=1\cdot(x-0)$$
整理すると
$$\boxed{y=x}$$

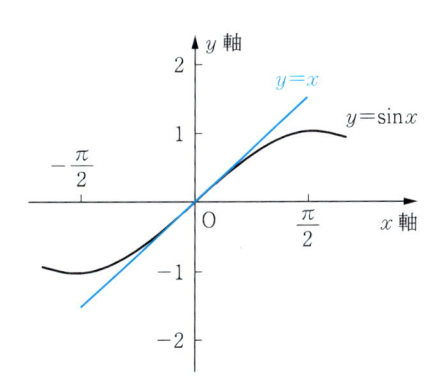

（3） $y=f(x)=e^x$ とおくと
$$y'=f'(x)=e^x$$
これより，$x=0$ における微分係数 $f'(0)$ は
$$f'(0)=e^0=1$$
となります．また $x=0$ のとき，y の値は
$$y=f(0)=e^0=1$$
なので，接点の座標は $(0,1)$ です．これらより求める接線の方程式は
$$y-1=1\cdot(x-0)$$
整理すると，
$$\boxed{y=x+1}$$

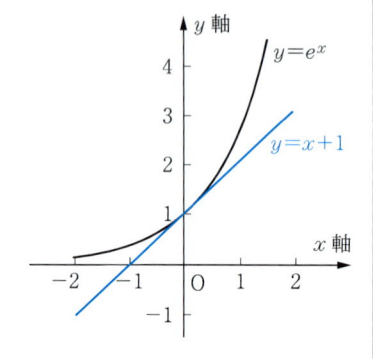

（4） $y=f(x)=\log x$ とおくと
$$y'=f'(x)=\frac{1}{x}$$
なので，$x=1$ における微分係数 $f'(1)$ は
$$f'(1)=\frac{1}{1}=1$$
です．また $x=1$ のときの y の値は
$$y=f(1)=\log 1=0$$
なので，接点の座標は $(1,0)$ です．これらより求める接線の方程式は
$$y-0=1\cdot(x-1)$$
$$\therefore \boxed{y=x-1}$$

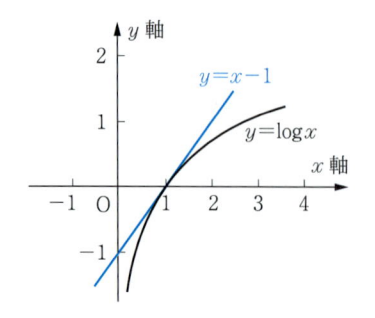

❀ ❀ ❀ ❀ ❀ 問題 7.11 (p. 81) ❀ ❀ ❀ ❀ ❀

y', y'' を順次求めます．
（1） $y'=(2x^3+3x^2)'=2\cdot 3x^2+3\cdot 2x$
$$=6x^2+6x$$
$$y''=(6x^2+6x)'=6\cdot 2x+6\cdot 1$$
$$=\boxed{12x+6}=\boxed{6(2x+1)}$$

（2） $y'=(\sin x)'=\cos x$
$$y''=(\cos x)'=\boxed{-\sin x}$$

（3） 商の微分公式より
$$y'=\left(\frac{1}{x}\right)'$$
$$=-\frac{x'}{x^2}=-\frac{1}{x^2}$$
$$y''=-\left(\frac{1}{x^2}\right)'=-\left\{-\frac{(x^2)'}{(x^2)^2}\right\}$$
$$=\frac{2x}{x^4}=\boxed{\frac{2}{x^3}}$$

（4） 積の微分公式より
$$y'=(xe^x)'=x'e^x+x(e^x)'$$
$$=1\cdot e^x+xe^x=(1+x)e^x$$
$$y''=\{(1+x)e^x\}'$$
$$=(1+x)'e^x+(1+x)(e^x)'$$
$$=1\cdot e^x+(1+x)e^x$$
$$=\{1+(1+x)\}e^x=\boxed{(2+x)e^x}$$

（3）は公式
$(x^{-n})' = -nx^{-n-1}$
を使って求めてもいいわね．

7 微 分   151

🦋🦋🦋🦋🦋 問題 7.12 (p.85) 🦋🦋🦋🦋🦋

（1） グラフを描く手順通りに求めていきます。

1. $y'=(1-3x^2-2x^3)'=-6x-6x^2$
    $=-6x(x+1)$
    $=-6(x+x^2)$
   $y''=-6(x+x^2)'=-6(1+2x)$

2. $y'=0$ のとき　$-6x(x+1)=0$
   　　∴　$x=0, -1$
   $y''=0$ のとき　$-6(1+2x)=0$
   $1+2x=0$ より　$x=-\dfrac{1}{2}$

3. $y'=-6x(x+1)$, $y''=-6(1+2x)$ の式を見ながら, y', y'' の欄へ, 0, $+$, $-$ を記入。

4. y の欄へ
   　y' の $+$, $-$ に従い ↗, ↘
   　y'' の $+$, $-$ に従い ∪, ∩
   を記入し, さらに ↗, ↗, ↘, ↘ を記入。

5. 極大点, 極小点, 変曲点を記入。
   　$x=-1$ のとき
   　　$y=1-3(-1)^2-2(-1)^3=0$　（極小値）
   　$x=0$ のとき
   　　$y=1-3\cdot 0^2-2\cdot 0^3=1$　（極大値）
   　$x=-\dfrac{1}{2}$ のとき
   　　$y=1-3\left(-\dfrac{1}{2}\right)^2-2\left(-\dfrac{1}{2}\right)^3$
   　　$=1-\dfrac{3}{4}-2\left(-\dfrac{1}{8}\right)$
   　　$=1-\dfrac{2}{4}=\dfrac{1}{2}$

6. $x\to +\infty$, $x\to -\infty$ のとき
   $$\lim_{x\to +\infty} y = \lim_{x\to +\infty} x^3\left(\dfrac{1}{x^3}-\dfrac{3}{x}-2\right)=-\infty$$
   $$\lim_{x\to -\infty} y = \lim_{x\to -\infty} x^3\left(\dfrac{1}{x^3}-\dfrac{3}{x}-2\right)=+\infty$$

7. $y=0$ のとき
   　$1-3x^2-2x^3=0$　→　$2x^3+3x^2-1=0$
   (5.において, $x=-1$ のとき $y=0$ だったので $(x+1)$ を因数にもつ)
   因数分解すると　$(x+1)(2x^2+x-1)=0$
   さらに分解して　$(x+1)(2x-1)(x+1)=0$
   　　∴　$x=-1$（重解）, $\dfrac{1}{2}$
   $x=0$ のとき　$y=1-3\cdot 0^2-2\cdot 0^3=1$

8. 増減表は左下, グラフは下のようになります。
   以上より
   極大点 $(0,1)$, 極小点 $(-1,0)$
   変曲点 $\left(-\dfrac{1}{2}, \dfrac{1}{2}\right)$

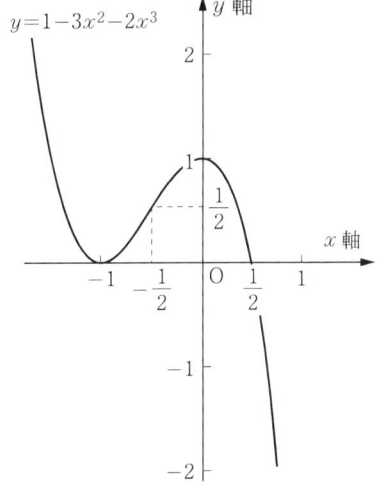

増 減 表

x	$-\infty$	$\cdots$	-1	$\cdots$	$-\dfrac{1}{2}$	$\cdots$	0	$\cdots$	$+\infty$
y'		$-$	0	$+$	$+$	$+$	0	$-$	
y''		$+$	$+$	$+$	0	$-$	$-$	$-$	
y	$+\infty$	↘∪	0	↗∪	$\dfrac{1}{2}$	↗∩	1	↘∩	$-\infty$
			極小点		変曲点		極大点		

(2) グラフを描く手順通りに求めていきます。

1. $y' = (x^3 - 3x^2 + 3x)' = 3x^2 - 6x + 3$
   $= 3(x^2 - 2x + 1) = 3(x-1)^2$
   $y'' = 3(x^2 - 2x + 1)' = 3(2x - 2)$
   $= 3 \cdot 2(x-1) = 6(x-1)$

2. $y' = 0$ のとき,
   $3(x-1)^2 = 0$ より $x = 1$ (重解)
   $y'' = 0$ のとき,
   $6(x-1) = 0$ より $x = 1$
   ゆえに, $x = 1$ のみ増減表へ記入。

3. $y' = 3(x-1)^2$, $y'' = 6(x-1)$ の式より y', y'' の欄へ, 0, +, − を記入。

4. 増減表の y の欄へ y', y'' の +, − を見ながら ↗, ↘, ∪, ∩ を記入。さらに, 両方を合わせた状態を記入。

5. $x = 1$ では極値とはならず, 変曲点
   $x = 1$ のとき $y = 1^3 - 3 \cdot 1^2 + 3 \cdot 1 = 1$

6. $x \to +\infty$, $x \to -\infty$ のとき
   $$\lim_{x \to +\infty} y = \lim_{x \to +\infty} x^3 \left(1 - \frac{3}{x} + \frac{3}{x^2}\right) = +\infty$$
   $$\lim_{x \to -\infty} y = \lim_{x \to -\infty} x^3 \left(1 - \frac{3}{x} + \frac{3}{x^2}\right) = -\infty$$

7. x 軸との交点は $y = 0$ とおいて
   $x^3 - 3x^2 + 3x = x(x^2 - 3x + 3) = 0$ より
   $x = 0$ または $x^2 - 3x + 3 = 0$ …①
   ①の判別式をとると
   $D = (-3)^2 - 4 \cdot 1 \cdot 3 = -3 < 0$
   より①には実数解はありません。したがって x 軸との交点は $x = 0$ のみ。
   y 軸との交点は $x = 0$ とおいて
   $y = 0^3 - 3 \cdot 0^2 + 3 \cdot 0 = 0$

8. グラフは右上のようになります。

増減表

x	$-\infty$	$\cdots$	1	$\cdots$	$+\infty$
y'		+	0	+	
y''		−	0	+	
y		↗∩		↗∪	
	$-\infty$	↗	1	↗	$+\infty$

変曲点

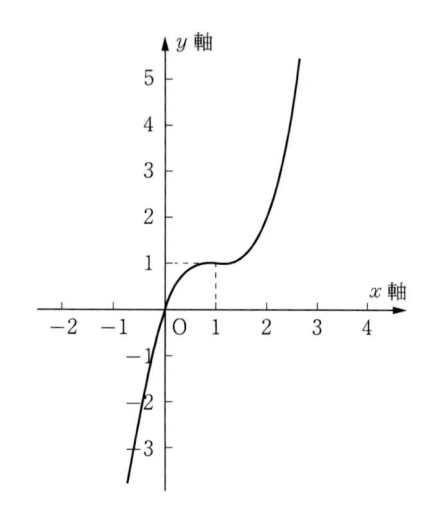

以上より,
  極大点, 極小点はなし
  変曲点 $(1, 1)$

問題 7.13 (p.87)

（1） グラフを描く手順通りに求めていきます。

1. $y' = (x + \cos x)' = 1 - \sin x$
   $y'' = (1 - \sin x)' = 0 - \cos x = -\cos x$

2. $0 \leq x \leq 2\pi$ の範囲で，$y' = 0$，$y'' = 0$ となる x を求め，増減表の x の欄へ記入。

   $y' = 0$ のとき $1 - \sin x = 0 \to \sin x = 1$
   $\to x = \dfrac{\pi}{2}$

   $y'' = 0$ のとき $-\cos x = 0 \to \cos x = 0$
   $\to x = \dfrac{\pi}{2}, \dfrac{3}{2}\pi$

3. $y' = 1 - \sin x$，$y'' = -\cos x$ の式を見ながら y'，y'' の欄へ，0，+，− を記入。

4. 増減表の y の欄に y'，y'' の +，− を見ながら ↗，↘，∪，∩ を記入。さらに両方を合わせた状態を記入。

5. $x = \dfrac{\pi}{2}, \dfrac{3}{2}\pi$ ともに変曲点。

   $x = \dfrac{\pi}{2}$ のとき $y = \dfrac{\pi}{2} + \cos\dfrac{\pi}{2} = \dfrac{\pi}{2} + 0 = \dfrac{\pi}{2}$

   $x = \dfrac{3}{2}\pi$ のとき $y = \dfrac{3}{2}\pi + \cos\dfrac{3}{2}\pi$
   $= \dfrac{3}{2}\pi + 0 = \dfrac{3}{2}\pi$

6. x の範囲 $0 \leq x \leq 2\pi$ の端の点について
   $x = 0$ のとき $y = 0 + \cos 0 = 0 + 1 = 1$
   $y' = 1 - \sin 0 = 1 - 0 = 1$
   $x = 2\pi$ のとき $y = 2\pi + \cos 2\pi = 2\pi + 1$
   $y' = 1 - \sin 2\pi = 1 - 0 = 1$

7. $0 < x < 2\pi$ で y は常に増加しているので
   x 軸との交点はなし
   y 軸との交点は $(0, 1)$

8. $x = 0$ と $x = 2\pi$ のときの y' の値（接線の傾き）に注意してグラフを描くと下のようになります。

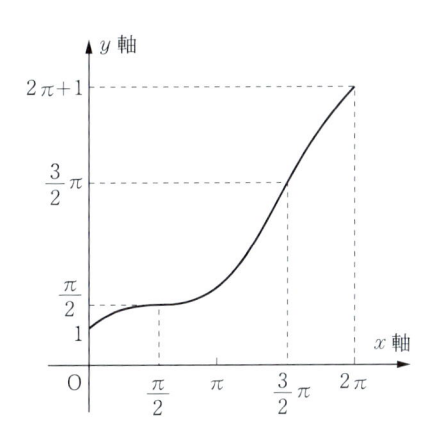

増 減 表

x	0	⋯	$\dfrac{\pi}{2}$	⋯	$\dfrac{3}{2}\pi$	⋯	2π
y'	1	+	0	+	+	+	1
y''		−	0	+	0	−	
		↗∩		↗∪	↗		↗∩
y	1		$\dfrac{\pi}{2}$	↗	$\dfrac{3}{2}\pi$	↗	$2\pi+1$
			変曲点		変曲点		

> $y' = 1 - \sin x$，$y'' = -\cos x$ の +，− は，p.35 のグラフを見ながら求めてもいいわね。

（2） グラフを描く手順通りに求めていきます。

1. $y'=(x-2\sin x)'=1-2\cos x$
   $y''=(1-2\cos x)'=0+2\sin x=2\sin x$

2. $-\pi \leqq x \leqq \pi$ の範囲で，$y'=0$，$y''=0$ となる x を求めて，増減表の x の欄へ記入。

   $y'=0$ のとき　$1-2\cos x=0 \to \cos x=\dfrac{1}{2}$
   $\to x=\dfrac{\pi}{3},\ -\dfrac{\pi}{3}$

   $y''=0$ のとき　$2\sin x=0 \to x=-\pi,\ 0,\ \pi$

3. $y'=1-2\cos x$，$y''=2\sin x$ の式を見ながら y'，y'' の欄へ，0，+，− を記入。

4. 増減表の y の欄に y'，y'' の +，− を見ながら ↗，↘，∪，∩ を記入。さらに両方を合わせた状態を記入。

5. $x=-\dfrac{\pi}{3}$ のとき極大となり

   $y=-\dfrac{\pi}{3}-2\sin\left(-\dfrac{\pi}{3}\right)=-\dfrac{\pi}{3}-2\cdot\left(-\dfrac{\sqrt{3}}{2}\right)$
   $=-\dfrac{\pi}{3}+\sqrt{3}$ 　（≒ 0.685）

   $x=0$ のとき変曲点となり
   $y=0-2\sin 0=0-0=0$

   $x=\dfrac{\pi}{3}$ のとき極小となり

   $y=\dfrac{\pi}{3}-2\sin\dfrac{\pi}{3}=\dfrac{\pi}{3}-2\cdot\dfrac{\sqrt{3}}{2}$
   $=\dfrac{\pi}{3}-\sqrt{3}$ 　（≒ −0.685）

6. 範囲の両端では

   $x=-\pi$ のとき　$y=-\pi-2\sin(-\pi)$
   $=-\pi-2\cdot 0=-\pi$
   $y'=1-2\cos(-\pi)$
   $=1-2\cdot(-1)=3$

   $x=\pi$ のとき　$y=\pi-2\sin\pi=\pi-2\cdot 0=\pi$
   $y'=1-2\cos\pi=1-2\cdot(-1)=3$

7. x 軸との交点は $y=0$ とおいて
   $x-2\sin x=0$ より $x=2\sin x$
   このような x はきちんと求まりませんので，だいたいのところで x 軸を通過させて下さい。
   y 軸との交点は $(0, 0)$ です。

8. $x=0$ と 2π の所の y' の値（接線の傾き）に注意してグラフを描くと下のようになります。

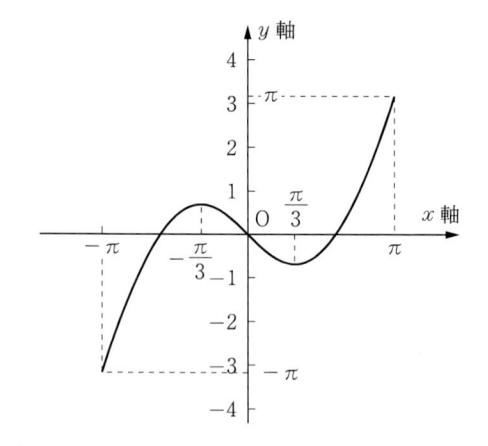

以上より

極大点 $\left(-\dfrac{\pi}{3},\ \sqrt{3}-\dfrac{\pi}{3}\right)$

極小点 $\left(\dfrac{\pi}{3},\ \dfrac{\pi}{3}-\sqrt{3}\right)$

変曲点 $(0, 0)$

増　減　表

x	$-\pi$	⋯	$-\dfrac{\pi}{3}$	⋯	0	⋯	$\dfrac{\pi}{3}$	⋯	π
y'	3	+	0	−		−	0	+	3
y''	0	−	−	−	0	+	+	+	0
	↗	∩	∩	↘∩	↘	↘∪	∪	↗∪	
y	$-\pi$	↗	$\sqrt{3}-\dfrac{\pi}{3}$	↘	0	↘	$\dfrac{\pi}{3}-\sqrt{3}$	↗	π
			極大点		変曲点		極小点		

8 積分

問題 8.1 (p. 91)

不定積分に慣れてきたら，バラバラにする式を省略して計算しましょう。

（1） 与式 $= 2\int x^3\,dx - \int x^2\,dx$
$\qquad\qquad + 5\int x^1\,dx - 2\int 1\,dx$
$= 2\cdot\dfrac{1}{3+1}x^{3+1} - \dfrac{1}{2+1}x^{2+1}$
$\qquad + 5\cdot\dfrac{1}{1+1}x^{1+1} - 2\cdot x + C$
$= 2\cdot\dfrac{1}{4}x^4 - \dfrac{1}{3}x^3 + 5\cdot\dfrac{1}{2}x^2 - 2x + C$
$= \boxed{\dfrac{1}{2}x^4 - \dfrac{1}{3}x^3 + \dfrac{5}{2}x^2 - 2x + C}$

（2） 指数の形に直してから積分します。
与式 $= \int x^{-2}\,dx = \dfrac{1}{-2+1}x^{-2+1} + C$
$= \dfrac{1}{-1}x^{-1} + C = \boxed{-\dfrac{1}{x} + C}$

（3） 指数の形に直してから積分すると
与式 $= \int \dfrac{1}{x^{\frac{1}{2}}}\,dx = \int x^{-\frac{1}{2}}\,dx$
$= \dfrac{1}{-\dfrac{1}{2}+1}x^{-\frac{1}{2}+1} + C = \dfrac{1}{\dfrac{1}{2}}x^{\frac{1}{2}} + C$
$= \boxed{2\sqrt{x} + C}$

$\dfrac{1}{\frac{1}{2}} = 1 \div \dfrac{1}{2} = 1 \times \dfrac{2}{1} = 2$
となるのよ。

問題 8.2 (p. 92)

公式をよく見ながら積分しましょう。

（1） 与式 $= 4\int \sin x\,dx - \int 1\,dx$
$= 4(-\cos x) - x + C$
$= \boxed{-4\cos x - x + C}$

（2） 与式 $= \dfrac{1}{2}\int \dfrac{1}{x}\,dx - 3\int \dfrac{1}{\cos^2 x}\,dx$
$= \boxed{\dfrac{1}{2}\log|x| - 3\tan x + C}$

（3） 与式 $= 3\int \cos x\,dx + \dfrac{1}{2}\int e^x\,dx$
$= \boxed{3\sin x + \dfrac{1}{2}e^x + C}$

問題 8.3 (p. 93)

（1） $a=4$ の場合なので
与式 $= \boxed{\dfrac{1}{4}\sin 4x + C}$

（2） $a=\dfrac{1}{2}$ の場合なので
与式 $= -\dfrac{1}{\frac{1}{2}}\cos\dfrac{1}{2}x + C = \boxed{-2\cos\dfrac{1}{2}x + C}$

（3） $a=3$ の場合なので
与式 $= \boxed{\dfrac{1}{3}e^{3x} + C}$

（4） 与式 $= \dfrac{2}{3}\int \sin 2x\,dx + \dfrac{3}{4}\int \cos 3x\,dx$
$= \dfrac{2}{3}\cdot\left(-\dfrac{1}{2}\cos 2x\right) + \dfrac{3}{4}\cdot\dfrac{1}{3}\sin 3x + C$
$= \boxed{-\dfrac{1}{3}\cos 2x + \dfrac{1}{4}\sin 3x + C}$

（5） 与式 $= \int e^{2x}\,dx - \int e^{-2x}\,dx$
$= \dfrac{1}{2}e^{2x} - \dfrac{1}{-2}e^{-2x} + C$
$= \boxed{\dfrac{1}{2}e^{2x} + \dfrac{1}{2}e^{-2x} + C}$

問題 8.4 (p. 94)

（1） $u = 5x + 2$ とおくと

$\dfrac{du}{dx} = 5$ より $dx = \dfrac{1}{5} du$

$\displaystyle\int (5x+2)^3 \, dx = \int u^3 \dfrac{1}{5} du = \dfrac{1}{5} \int u^3 \, du$

$= \dfrac{1}{5} \cdot \dfrac{1}{3+1} u^{3+1} + C = \dfrac{1}{20} u^4 + C$

$= \boxed{\dfrac{1}{20}(5x+2)^4 + C}$

（2） $u = 2x + 1$ とおくと

$\dfrac{du}{dx} = 2$ より $dx = \dfrac{1}{2} du$

$\displaystyle\int \sqrt{2x+1} \, dx = \int \sqrt{u} \, \dfrac{1}{2} du$

$= \dfrac{1}{2} \int u^{\frac{1}{2}} du = \dfrac{1}{2} \cdot \dfrac{1}{\frac{1}{2}+1} u^{\frac{1}{2}+1} + C$

$= \dfrac{1}{2} \cdot \dfrac{1}{\frac{3}{2}} u^{\frac{3}{2}} + C = \dfrac{1}{2} \cdot \dfrac{2}{3} \sqrt{u^3} + C$

$= \boxed{\dfrac{1}{3} \sqrt{(2x+1)^3} + C}$

（3） $u = \cos x$ とおくと

$\dfrac{du}{dx} = -\sin x$ より $\sin x \, dx = (-1) du$

$\displaystyle\int \cos^2 x \, \sin x \, dx = \int u^2 (-1) \, du = -\int u^2 \, du$

$= -\dfrac{1}{2+1} u^{2+1} + C = -\dfrac{1}{3} u^3 + C$

$= \boxed{-\dfrac{1}{3}(\cos x)^3 + C} = \boxed{-\dfrac{1}{3} \cos^3 x + C}$

問題 8.5 (p. 95)

（1） $u = 1 + x^2$ とおくと

$\dfrac{du}{dx} = 2x$ より $x \, dx = \dfrac{1}{2} du$

与式 $= \displaystyle\int \dfrac{1}{1+x^2} x \, dx = \int \dfrac{1}{u} \dfrac{1}{2} du$

$= \dfrac{1}{2} \displaystyle\int \dfrac{1}{u} du = \dfrac{1}{2} \log u + C$

$= \boxed{\dfrac{1}{2} \log(1+x^2) + C}$

（2） $u = 1 + e^x$ とおくと

$\dfrac{du}{dx} = e^x$ より $e^x \, dx = du$

与式 $= \displaystyle\int (1+e^x)^3 e^x \, dx = \int u^3 \, du$

$= \dfrac{1}{4} u^4 + C = \boxed{\dfrac{1}{4}(1+e^x)^4 + C}$

（3） $u = \log x$ とおくと

$\dfrac{du}{dx} = \dfrac{1}{x}$ より $\dfrac{1}{x} dx = du$

与式 $= \displaystyle\int (\log x)^2 \dfrac{1}{x} dx = \int u^2 \, du$

$= \dfrac{1}{3} u^3 + C = \boxed{\dfrac{1}{3}(\log x)^3 + C}$

（4） $u = x^2$ とおくと

$\dfrac{du}{dx} = 2x$ より $x \, dx = \dfrac{1}{2} du$

与式 $= \displaystyle\int e^{x^2} x \, dx = \int e^u \dfrac{1}{2} du$

$= \dfrac{1}{2} \displaystyle\int e^u \, du = \dfrac{1}{2} e^u + C = \boxed{\dfrac{1}{2} e^{x^2} + C}$

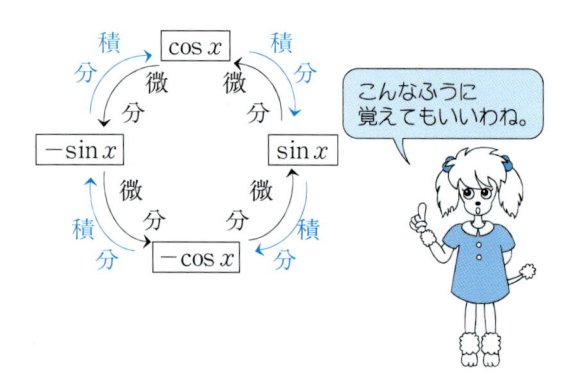

こんなふうに覚えてもいいわね。

問題 8.6 (p. 96)

(1) $f(x)=x$, $g'(x)=e^{-x}$ とすると

$$x \xrightarrow{\text{微分}} 1$$
$$e^{-x} \xrightarrow{\text{積分}} -e^{-x}$$

与式 $= \underbrace{x(-e^{-x})}_{①} - \int \underbrace{1\cdot(-e^{-x})}_{②}\,dx$

$= -xe^{-x} + \int e^{-x}\,dx$

$= -xe^{-x} - e^{-x} + C$

$= -(x+1)e^{-x} + C$

(2) $f(x)=x$, $g'(x)=\cos x$ とすると

$$x \xrightarrow{\text{微分}} 1$$
$$\cos x \xrightarrow{\text{積分}} \sin x$$

与式 $= \underbrace{x\sin x}_{①} - \int \underbrace{1\cdot \sin x}_{②}\,dx$

$= x\sin x - \int \sin x\,dx$

$= x\sin x - (-\cos x) + C$

$= x\sin x + \cos x + C$

(3) $\log x$ があったら，それを $f(x)$ とおきます。
$f(x)=\log x$, $g'(x)=x^2$ とおくと

$$\log x \xrightarrow{\text{微分}} \frac{1}{x}$$
$$x^2 \xrightarrow{\text{積分}} \frac{1}{3}x^3$$

与式 $= \underbrace{\log x \cdot \frac{1}{3}x^3}_{①} - \int \underbrace{\frac{1}{x}\cdot \frac{1}{3}x^3}_{②}\,dx$

$= \frac{1}{3}x^3 \log x - \frac{1}{3}\int x^2\,dx$

$= \frac{1}{3}x^3 \log x - \frac{1}{3}\cdot\frac{1}{3}x^3 + C$

$= \frac{1}{3}x^3 \log x - \frac{1}{9}x^3 + C$

$= \frac{1}{9}x^3(3\log x - 1) + C$

問題 8.7 (p. 99)

(1) 与式 $= \left[3\cdot\dfrac{1}{2+1}x^{2+1} - 2\cdot\dfrac{1}{1+1}x^{1+1} + 4x\right]_0^2$

$= \left[\dfrac{3}{3}x^3 - \dfrac{2}{2}x^2 + 4x\right]_0^2$

$= \left[x^3 - x^2 + 4x\right]_0^2$

$= (2^3 - 2^2 + 4\cdot 2) - (0^3 - 0^2 + 4\cdot 0)$

$= 8 - 4 + 8 = 12$

(2) 与式 $= \left[\dfrac{1}{4+1}x^{4+1} - \dfrac{1}{3+1}x^{3+1}\right]_{-1}^1$

$= \left[\dfrac{1}{5}x^5 - \dfrac{1}{4}x^4\right]_{-1}^1$

$= \left(\dfrac{1}{5}\cdot 1^5 - \dfrac{1}{4}\cdot 1^4\right)$
$\quad - \left\{\dfrac{1}{5}(-1)^5 - \dfrac{1}{4}(-1)^4\right\}$

$= \dfrac{1}{5} - \dfrac{1}{4} - \left(-\dfrac{1}{5} - \dfrac{1}{4}\right)$

$= \dfrac{1}{5} - \dfrac{1}{4} + \dfrac{1}{5} + \dfrac{1}{4} = \dfrac{2}{5}$

(3) 指数の形にしてから積分します。

与式 $= \displaystyle\int_1^9 x^{-\frac{1}{2}}\,dx$

$= \left[\dfrac{1}{-\frac{1}{2}+1}x^{-\frac{1}{2}+1}\right]_1^9 = \left[\dfrac{1}{\frac{1}{2}}x^{\frac{1}{2}}\right]_1^9$

$= \left[2\sqrt{x}\right]_1^9 = 2(\sqrt{9} - \sqrt{1})$

$= 2(3-1) = 2\cdot 2 = 4$

問題 8.8 (p. 100)

(1) 与式 $= \left[\sin x\right]_0^{\frac{\pi}{6}}$

$$= \sin\frac{\pi}{6} - \sin 0 = \frac{1}{2} - 0 = \boxed{\frac{1}{2}}$$

(2) 与式 $= \left[-\frac{1}{3}\cos 3x\right]_0^{\frac{\pi}{2}}$

$$= -\frac{1}{3}\left\{\cos\left(3\cdot\frac{\pi}{2}\right) - \cos 0\right\}$$

$$= -\frac{1}{3}\left(\cos\frac{3}{2}\pi - \cos 0\right)$$

$$= -\frac{1}{3}(0-1) = \boxed{\frac{1}{3}}$$

(3) 与式 $= \left[-e^{-x}\right]_0^1$

$$= -(e^{-1} - e^0) = -\left(\frac{1}{e} - 1\right)$$

$$= \boxed{1 - \frac{1}{e}}$$

(4) 与式 $= \left[x - \log x\right]_1^e$

$$= (e - \log e) - (1 - \log 1)$$

$$= (e-1) - (1-0)$$

$$= e - 1 - 1 = \boxed{e-2}$$

問題 8.9 (p. 101)

置換により，積分範囲も変わるので気をつけましょう．

(1) $u = 2x - 1$ とおくと

$$\frac{du}{dx} = 2 \quad \text{より} \quad dx = \frac{1}{2}du$$

また，積分範囲は次のように変わります．

x	$-1 \to 1$
u	$-3 \to 1$

$$\therefore \int_{-1}^{1}(2x-1)^2\,dx = \int_{-3}^{1} u^2 \frac{1}{2}\,du = \frac{1}{2}\int_{-3}^{1} u^2\,du$$

$$= \frac{1}{2}\left[\frac{1}{3}u^3\right]_{-3}^{1} = \frac{1}{6}\left[u^3\right]_{-3}^{1}$$

$$= \frac{1}{6}\{1^3 - (-3)^3\}$$

$$= \frac{1}{6}\{1 - (-27)\} = \frac{1}{6}\cdot 28$$

$$= \boxed{\frac{14}{3}}$$

(2) $u = \cos x$ とおくと

$$\frac{du}{dx} = -\sin x \quad \text{より} \quad \sin x\,dx = (-1)\,du$$

また，積分範囲は次のように変わります．

x	$0 \to \frac{\pi}{4}$
u	$1 \to \frac{1}{\sqrt{2}}$

$$\left(\begin{array}{l}\cos 0 = 1 \\ \cos\frac{\pi}{4} = \frac{1}{\sqrt{2}}\end{array}\right)$$

$$\therefore \int_0^{\frac{\pi}{4}} \cos^3 x \sin x\,dx = \int_1^{\frac{1}{\sqrt{2}}} u^3 (-1)\,du$$

$$= -\int_1^{\frac{1}{\sqrt{2}}} u^3\,du = -\left[\frac{1}{4}u^4\right]_1^{\frac{1}{\sqrt{2}}}$$

$$= -\frac{1}{4}\left\{\left(\frac{1}{\sqrt{2}}\right)^4 - 1^4\right\}$$

$$= -\frac{1}{4}\cdot\left(\frac{1}{4} - 1\right) = -\frac{1}{4}\cdot\left(-\frac{3}{4}\right)$$

$$= \boxed{\frac{3}{16}}$$

(3) $u = \log x$ とおくと

$$\frac{du}{dx} = \frac{1}{x} \quad \text{より} \quad \frac{1}{x} dx = du$$

また，

x	$1 \to e$
u	$0 \to 1$

$\begin{pmatrix} \log 1 = 0 \\ \log e = 1 \end{pmatrix}$

なので

$$\int_1^e \frac{\log x}{x} dx = \int_1^e \log x \cdot \frac{1}{x} dx$$
$$= \int_0^1 u\, du = \left[\frac{1}{2} u^2\right]_0^1$$
$$= \frac{1}{2}(1^2 - 0^2) = \underline{\frac{1}{2}}$$

問題 8.10 (p. 102)

(1) $f(x) = x,\ g'(x) = e^{2x}$ とおくと

$$x \xrightarrow{\text{微分}} 1$$
①　　　　②
$$e^{2x} \xrightarrow{\text{積分}} \frac{1}{2} e^{2x}$$

$$与式 = \left[\underbrace{x \cdot \frac{1}{2} e^{2x}}_{①}\right]_0^1 - \int_0^1 \underbrace{1 \cdot \frac{1}{2} e^{2x}}_{②} dx$$

$$= \frac{1}{2}\left[xe^{2x}\right]_0^1 - \frac{1}{2}\int_0^1 e^{2x} dx$$

$$= \frac{1}{2}(1 \cdot e^{2 \cdot 1} - 0) - \frac{1}{2}\left[\frac{1}{2} e^{2x}\right]_0^1$$

$$= \frac{1}{2} e^2 - \frac{1}{4}(e^{2 \cdot 1} - e^{2 \cdot 0})$$

$$= \frac{1}{2} e^2 - \frac{1}{4}(e^2 - e^0)$$

$$= \frac{1}{2} e^2 - \frac{1}{4}(e^2 - 1) = \frac{1}{2} e^2 - \frac{1}{4} e^2 + \frac{1}{4}$$

$$= \underline{\frac{1}{4} e^2 + \frac{1}{4}} = \underline{\frac{1}{4}(e^2 + 1)}$$

(2) $f(x) = x,\ g'(x) = \cos 2x$ とおくと

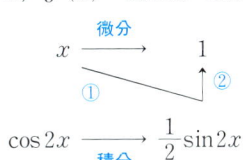

$$x \xrightarrow{\text{微分}} 1$$
①　　　　②
$$\cos 2x \xrightarrow{\text{積分}} \frac{1}{2} \sin 2x$$

$$与式 = \left[\underbrace{x \cdot \frac{1}{2} \sin 2x}_{①}\right]_0^{\frac{\pi}{3}} - \int_0^{\frac{\pi}{3}} \underbrace{1 \cdot \frac{1}{2} \sin 2x}_{②} dx$$

$$= \frac{1}{2}\left[x \sin 2x\right]_0^{\frac{\pi}{3}} - \frac{1}{2}\int_0^{\frac{\pi}{3}} \sin 2x\, dx$$

$$= \frac{1}{2}\left(\frac{\pi}{3} \sin \frac{2}{3}\pi - 0\right) - \frac{1}{2}\left[-\frac{1}{2} \cos 2x\right]_0^{\frac{\pi}{3}}$$

$$= \frac{1}{2}\left(\frac{\pi}{3} \cdot \frac{\sqrt{3}}{2}\right) + \frac{1}{4}\left[\cos 2x\right]_0^{\frac{\pi}{3}}$$

$$= \frac{\sqrt{3}}{12}\pi + \frac{1}{4}\left(\cos \frac{2}{3}\pi - \cos 0\right)$$

$$= \frac{\sqrt{3}}{12}\pi + \frac{1}{4}\left(-\frac{1}{2} - 1\right)$$

$$= \frac{\sqrt{3}}{12}\pi + \frac{1}{4} \cdot \left(-\frac{3}{2}\right) = \underline{\frac{\sqrt{3}}{12}\pi - \frac{3}{8}}$$

(3) $f(x) = \log x,\ g'(x) = x^2$ とおきます。

$$\log x \xrightarrow{\text{微分}} \frac{1}{x}$$
①　　　　②
$$x^2 \xrightarrow{\text{積分}} \frac{1}{3} x^3$$

$$与式 = \left[\underbrace{\log x \cdot \frac{1}{3} x^3}_{①}\right]_1^e - \int_1^e \underbrace{\frac{1}{x} \cdot \frac{1}{3} x^3}_{②} dx$$

$$= \frac{1}{3}\left[x^3 \log x\right]_1^e - \frac{1}{3}\int_1^e x^2\, dx$$

$$= \frac{1}{3}(e^3 \log e - 1 \cdot \log 1) - \frac{1}{3}\left[\frac{1}{3} x^3\right]_1^e$$

$$= \frac{1}{3}(e^3 \cdot 1 - 1 \cdot 0) - \frac{1}{9}(e^3 - 1^3)$$

$$= \frac{1}{3} e^3 - \frac{1}{9} e^3 + \frac{1}{9}$$

$$= \underline{\frac{2}{9} e^3 + \frac{1}{9}} = \underline{\frac{1}{9}(2e^3 + 1)}$$

問題 8.11 (p.103)

（1） $y=-x^2+2x+3=-(x^2-2x-3)$
$\qquad =-(x-3)(x+1)$

と因数分解されるので，この放物線は下のようになります。

求める面積 S は

$S=\int_{-1}^{3}(-x^2+2x+3)\,dx$

$\quad =\left[-\dfrac{1}{3}x^3+\dfrac{2}{2}x^2+3x\right]_{-1}^{3}$

$\quad =\left[-\dfrac{1}{3}x^3+x^2+3x\right]_{-1}^{3}$

$\quad =\left(-\dfrac{1}{3}\cdot 3^3+3^2+3\cdot 3\right)$

$\qquad -\left\{-\dfrac{1}{3}(-1)^3+(-1)^2+3(-1)\right\}$

$\quad =(-9+9+9)-\left(\dfrac{1}{3}+1-3\right)=\boxed{\dfrac{32}{3}}$

（2） $y=x^2+x-2=(x+2)(x-1)$

と因数分解されるので，グラフは下のようになります。囲まれた部分の関数の値は負なので，求める面積 S は

$S=-\int_{-2}^{1}(x^2+x-2)\,dx$

$\quad =-\left[\dfrac{1}{3}x^3+\dfrac{1}{2}x^2-2x\right]_{-2}^{1}$

各項ごとに上下の値を代入して計算すると

$\quad =-\left[\dfrac{1}{3}\{1^3-(-2)^3\}\right.$

$\qquad \left.+\dfrac{1}{2}\{1^2-(-2)^2\}-2\{1-(-2)\}\right]$

$\quad =-\left(\dfrac{9}{3}-\dfrac{3}{2}-6\right)=\boxed{\dfrac{9}{2}}$

> グラフが描けていないと，面積も求まらないわよ。

問題 8.12 (p.104)

（1） 2つの放物線を描き，交点を求めます。

$x^2=2x^2-1$ より $x^2=1$, ゆえに $x=\pm 1$

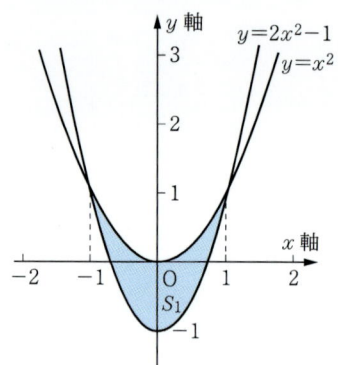

これより

$S_1=\int_{-1}^{1}\{x^2-(2x^2-1)\}\,dx$

$\quad =\int_{-1}^{1}(-x^2+1)\,dx=\left[-\dfrac{1}{3}x^3+x\right]_{-1}^{1}$

$\quad =\left(-\dfrac{1}{3}\cdot 1^3+1\right)-\left\{-\dfrac{1}{3}(-1)^3+(-1)\right\}$

$\quad =\dfrac{2}{3}+\dfrac{2}{3}=\boxed{\dfrac{4}{3}}$

（2） 直線と放物線を描き，交点を求めます。

$2x+1=1-x^2$ より $x^2+2x=0$

$x(x+2)=0$ ゆえに $x=0,-2$

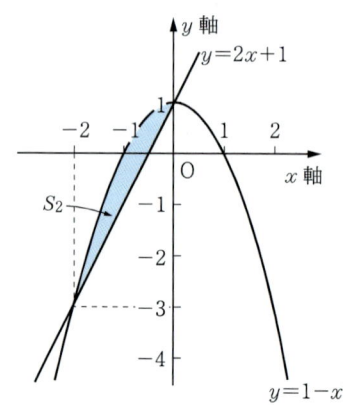

これより，

$S_2=\int_{-2}^{0}\{(1-x^2)-(2x+1)\}\,dx$

$\quad =\int_{-2}^{0}(-x^2-2x)\,dx=\left[-\dfrac{1}{3}x^3-x^2\right]_{-2}^{0}$

$\quad =0-\left\{-\dfrac{1}{3}(-2)^3-(-2)^2\right\}=\boxed{\dfrac{4}{3}}$

🌸🌸🌸🌸 問題 8.13 (p.105) 🌸🌸🌸🌸

（1） 円錐は次のようになります。

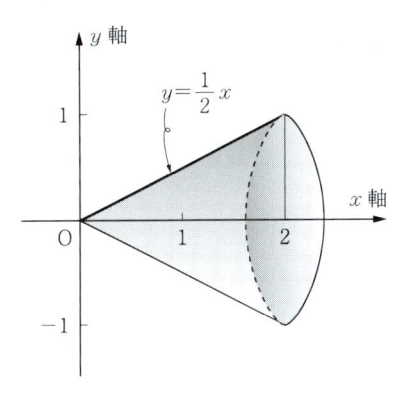

回転体の体積公式へ代入して

$$V_1 = \pi \int_0^2 \left(\frac{1}{2}x\right)^2 dx = \pi \int_0^2 \frac{1}{4}x^2 dx$$

$$= \frac{\pi}{4}\int_0^2 x^2 dx = \frac{\pi}{4}\left[\frac{1}{3}x^3\right]_0^2$$

$$= \frac{1}{12}\pi\left[x^3\right]_0^2 = \frac{1}{12}\pi(2^3-0^3) = \boxed{\frac{2}{3}\pi}$$

（2） 球は下のようになります。

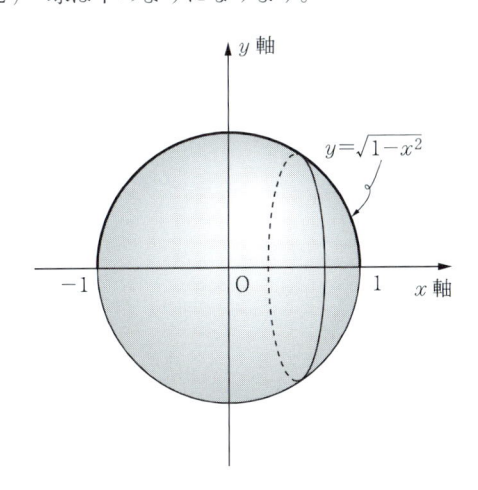

回転体の体積公式へ代入すると

$$V_2 = \pi \int_{-1}^1 (\sqrt{1-x^2})^2 dx = \pi \int_{-1}^1 (1-x^2) dx$$

$$= \pi \left[x - \frac{1}{3}x^3\right]_{-1}^1$$

$$= \pi \left[\left(1 - \frac{1}{3}\cdot 1^3\right) - \left\{(-1) - \frac{1}{3}(-1)^3\right\}\right]$$

$$= \pi \left\{\frac{2}{3} - \left(-1 + \frac{1}{3}\right)\right\} = \boxed{\frac{4}{3}\pi}$$

9 練習問題

🌸🌸🌸🌸 練習問題 1.1 (p.108) 🌸🌸🌸🌸

A （1） 98　（2） -4　（3） 26　（4） 4
　（5） $\frac{4}{45}$　（6） $\frac{1}{3}$
　（7） 2.8　（8） 1.62　（9） 190

B （1） 4　（2） -9　（3） $-\frac{4}{5}$
　（4） $-\frac{24}{5}$　（5） 27.46

C （1） 100　（2） -18　（3） $-\frac{1}{16}$
　（4） -0.25

🌸🌸🌸🌸 練習問題 1.2 (p.108) 🌸🌸🌸🌸

A （1） $\frac{5}{18}$　（2） 12　（3） $\frac{4}{9}$

B （1） 2　（2） $\frac{1}{6}$　（3） $\frac{12}{13}$

C （1） $\frac{14}{23}$　（2） $\frac{5}{12}$　（3） $\frac{7}{3}$

🌸🌸🌸🌸 練習問題 1.3 (p.108) 🌸🌸🌸🌸

A （1） x^2-6x+9　（2） x^2-9
　（3） $y^2+3y-10$　（4） x^3+3x^2+3x+1

B （1） $x^2+6xy+9y^2$　（2） x^2-4y^2
　（3） $u^2+2uv-8v^2$　（4） $x^3-6x^2+12x-8$

C （1） $25x^2-30xy+9y^2$　（2） $\frac{1}{4}a^2-\frac{1}{9}b^2$
　（3） $x^2+y^2+1+2xy-2y-2x$
　（4） $4a^2+b^2+9-4ab-6b+12a$

🌸🌸🌸🌸 練習問題 1.4 (p.109) 🌸🌸🌸🌸

A （1） $(x+2)^2$　（2） $(x+3)(x-3)$
　（3） $(x+1)(x+5)$　（4） $(t-6)(t+1)$
　（5） $(a+1)(a^2-a+1)$

B （1） $(3x-1)^2$　（2） $(2x+y)(2x-y)$
　（3） $(2x-3)(2x+1)$　（4） $(3t-1)(t+2)$
　（5） $(a-2)(a^2+2a+4)$

C (1) $(3x+2y)^2$ (2) $(4a-3b)(2a-b)$
(3) $(2u+3v)(4u^2-6uv+9v^2)$
(4) $(x-2)^3$

練習問題 1.5 (p. 109)

A (1) $3+2\sqrt{2}$ (2) 2 (3) $1-\sqrt{3}$
(4) $14+8\sqrt{3}$

B (1) $\dfrac{\sqrt{3}-1}{2}$ (2) $5+2\sqrt{6}$
(3) $2+\sqrt{10}$ (4) $\dfrac{13+5\sqrt{7}}{2}$

C (1) $\dfrac{9\sqrt{2}+4\sqrt{3}}{19}$ (2) $\dfrac{7+2\sqrt{10}}{9}$
(3) $\dfrac{21+11\sqrt{3}}{26}$
(4) (分母 $=(\sqrt{2}+\sqrt{3})+\sqrt{5}$ として有理化)
$\dfrac{2\sqrt{3}+3\sqrt{2}-\sqrt{30}}{12}$

練習問題 1.6 (p. 109)

A (1) $2i$ (2) $3-4i$ (3) 2
(4) $16-2i$

B (1) $-5+12i$ (2) $-32+24i$
(3) $11+2i$ (4) $\dfrac{1}{2}-\dfrac{1}{2}i$
(5) $\dfrac{3}{13}+\dfrac{2}{13}i$

C (1) i (2) $\dfrac{5}{13}-\dfrac{12}{13}i$ (3) i
(4) $-\dfrac{4}{5}i$ (5) $\dfrac{3}{10}-\dfrac{1}{10}i$

練習問題 1.7 (p. 109)

A (1) $\dfrac{x}{x-1}$ (2) $\dfrac{1}{(x-y)^2}$
(3) $\dfrac{2}{(x-1)(x+1)}$ (4) $\dfrac{1}{(x+1)(x+2)}$

B (1) $\dfrac{1}{(x+2)^2}$ (2) $\dfrac{-2}{x(x-3)}$
(3) $\dfrac{2}{x(x+1)(x+2)}$

C (1) $\dfrac{6x+3}{(x-1)(x+1)(x+2)}$ (2) $\dfrac{x-1}{x+1}$
(3) $\dfrac{x-1}{x^2}$

練習問題 1.8 (p. 110)

A (1) $\dfrac{-1}{x+1}+\dfrac{1}{x-1}$ (2) $\dfrac{-1}{x+1}+\dfrac{1}{x-3}$
(3) $\dfrac{2}{x+2}-\dfrac{1}{x+1}$

B (1) $\left(\dfrac{a}{x}+\dfrac{b}{x^2}+\dfrac{c}{x-1}\ とおく\right)$
$-\dfrac{1}{x}-\dfrac{1}{x^2}+\dfrac{1}{x-1}$
(2) $\left(\dfrac{a}{x}+\dfrac{b}{x-1}+\dfrac{c}{(x-1)^2}\ とおく\right)$
$\dfrac{1}{x}-\dfrac{1}{x-1}+\dfrac{1}{(x-1)^2}$
(3) $\left(\dfrac{a}{x+1}+\dfrac{b}{x-2}+\dfrac{c}{(x-2)^2}\ とおく\right)$
$-\dfrac{1}{9}\cdot\dfrac{1}{(x+1)}+\dfrac{1}{9}\cdot\dfrac{1}{x-2}+\dfrac{2}{3}\cdot\dfrac{1}{(x-2)^2}$

C (1) $\left(\dfrac{a}{x+1}+\dfrac{bx+c}{x^2+1}\ とおく\right)$
$\dfrac{1}{x+1}-\dfrac{x-1}{x^2+1}$
(2) $\left(\dfrac{a}{x}+\dfrac{bx+c}{x^2+x+1}\ とおく\right)$
$\dfrac{1}{x}-\dfrac{x+1}{x^2+x+1}$
(3) $\left(\dfrac{ax+b}{x^2+x+1}+\dfrac{cx+d}{x^2-x+1}\ とおく\right)$
$\dfrac{1}{2}\cdot\dfrac{x+1}{x^2+x+1}-\dfrac{1}{2}\cdot\dfrac{x-1}{x^2-x+1}$

練習問題 1.9 (p. 110)

A (1) x^2 (2) 4

B (1) $\dfrac{x^2}{\sqrt{x^2+1}}$ (2) $\sqrt{x^2+1}$

C (1) $-\dfrac{2x}{x+1}$ (2) $-\dfrac{1}{\sqrt{x^2+4}}$

練習問題 1.10 (p. 110)

A (1) $x=4,\ y=-2$　(2) $a=-3,\ b=1$
(3) $u=-10,\ v=20$

B (1) $x=\dfrac{3}{2},\ y=-\dfrac{1}{2}$　(2) $a=\dfrac{1}{2},\ b=\dfrac{1}{3}$
(3) $u=\dfrac{4}{17},\ v=-\dfrac{1}{17}$

C (1) $a=1,\ b=2,\ c=3$
(2) $x=\dfrac{3}{2},\ y=-\dfrac{3}{2},\ z=-\dfrac{1}{2}$
(3) $x=-\dfrac{1}{2},\ y=\dfrac{1}{3},\ z=-\dfrac{1}{6}$

練習問題 1.11 (p. 110)

A (1) $x=1$ (重解)　(2) $x=-3,\ -1$
(3) $x=\pm i$　(4) $x=0,\ \pm 1$

B (1) $x=\dfrac{1}{2},\ -1$
(2) (解の公式)　$x=\dfrac{-3\pm\sqrt{17}}{2}$
(3) (解の公式)　$x=\dfrac{-1\pm\sqrt{3}\,i}{2}$
(4) ($(x+1)(x^2-x+1)=0$ と因数分解)
　$x=-1,\ \dfrac{1\pm\sqrt{3}\,i}{2}$
(5) ($(x^2+1)(x+1)(x-1)=0$ と因数分解)
　$x=\pm 1,\ \pm i$

C (1) $x=0,\ -1\pm i$
(2) ($(x+1)(x-1)^2=0$ と因数分解)
　$x=-1,\ 1$ (重解)
(3) ($(x-2)(x^2+2x+4)=0$ と因数分解)
　$x=2,\ -1\pm\sqrt{3}\,i$
(4) $x=\pm\sqrt{3},\ \pm\sqrt{3}\,i$

練習問題 2.1 (p. 111)

A

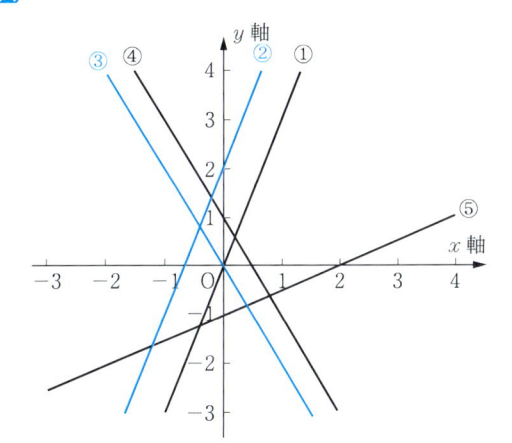

B ① $y=-x$　② $y=2x-2$　③ $y=-\dfrac{1}{3}x+1$
④ $y=\dfrac{1}{2}x-2$　⑤ $y=3$　⑥ $x=-3$

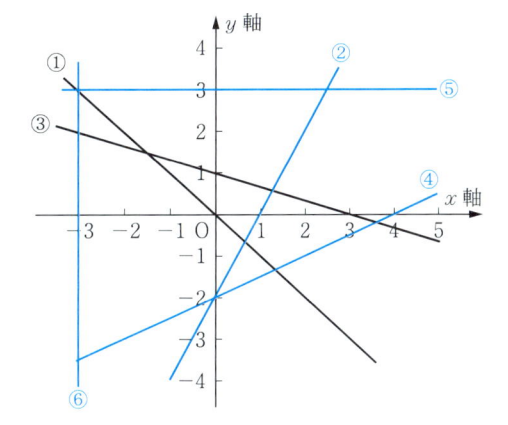

C 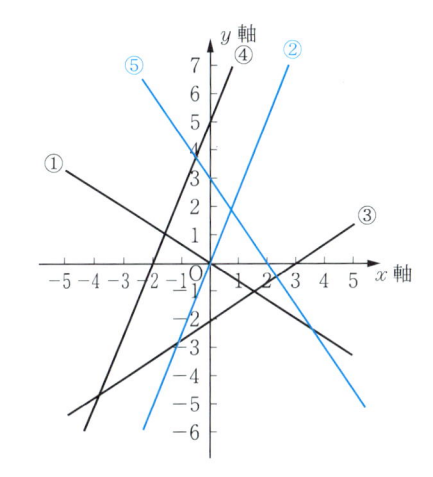 ① $y=-\dfrac{2}{3}x$　② $y=\dfrac{5}{2}x$　③ $y=\dfrac{2}{3}x-2$
④ $y=\dfrac{5}{2}x+5$　⑤ $y=-\dfrac{3}{2}x+3$

練習問題 2.2 (p. 111)

A

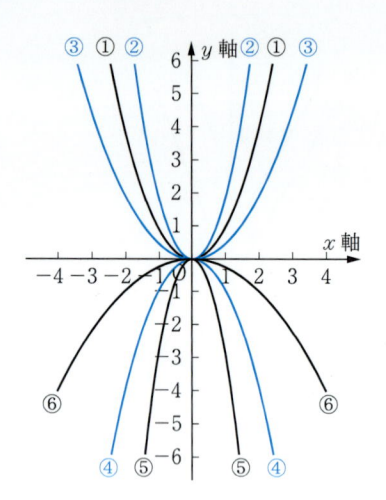

B

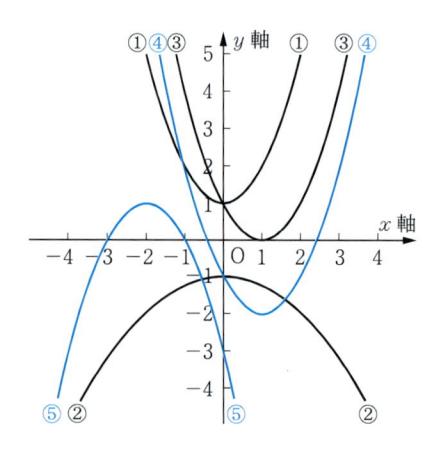

C
① $y=(x+1)^2$ ② $y=(x+2)^2-4$
③ $y=2(x+1)^2-3$ ④ $y=-(x-1)^2+3$
⑤ $y=-\dfrac{1}{4}(x+2)^2+1$

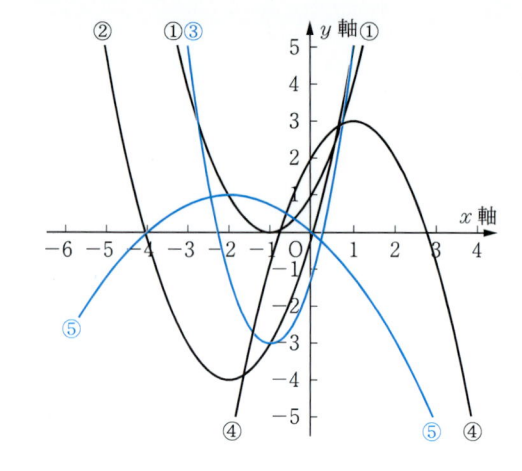

練習問題 2.3 (p. 111)

A ② $y=\sqrt{x}$ を右へ2 ③ $y=\sqrt{x}$ を左へ3
⑤ $y=-\sqrt{x}$ を右へ1 ⑥ $y=-\sqrt{x}$ を左へ1

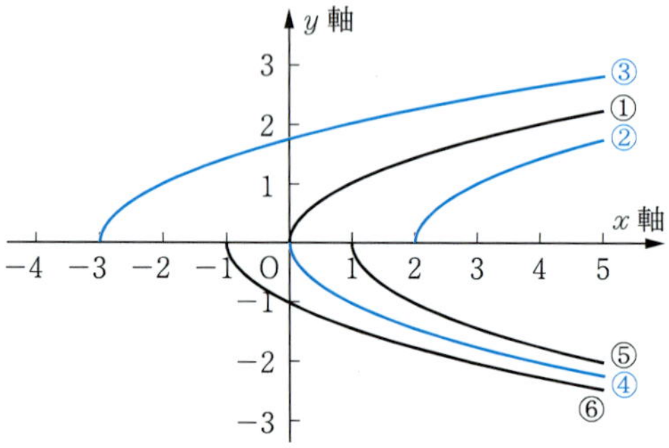

B

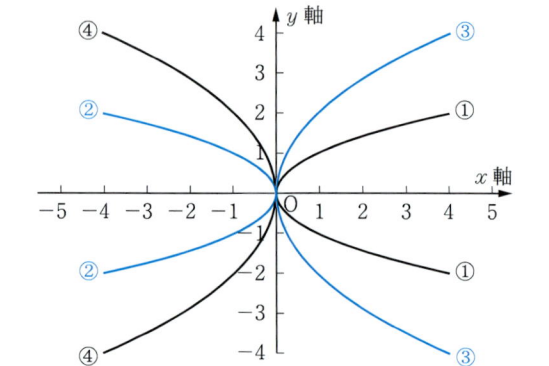

C ① $y^2=x$ を右へ 1
   ② $y^2=x$ を左へ 3
   ③ $y+1=\sqrt{x}$, $y=\sqrt{x}$ を下へ 1
   ④ $y-1=-\sqrt{x}$, $y=-\sqrt{x}$ を上へ 1
   ⑤ $y-2=-\sqrt{x-1}$, $y=-\sqrt{x}$ を右へ 1, 上へ 2

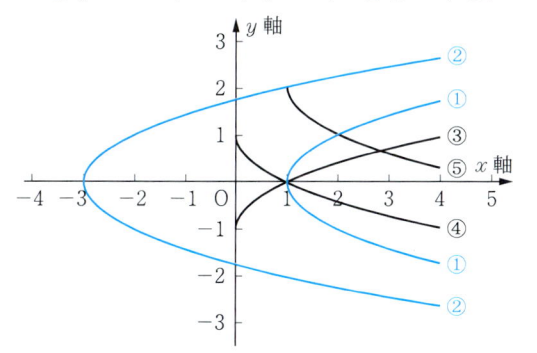

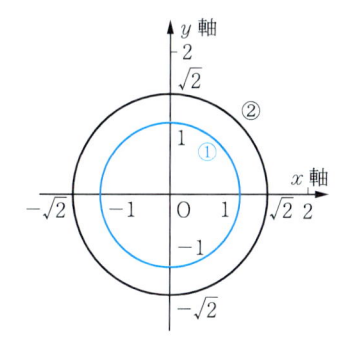

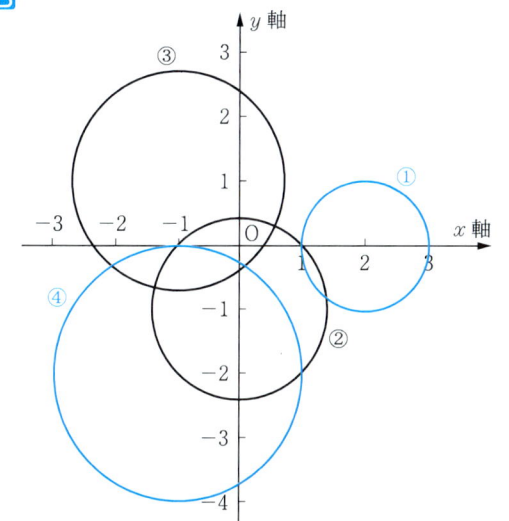

C ① $(x-2)^2+y^2=2^2$
   ② $x^2+(y+1)^2=1^2$
   ③ $(x-2)^2+(y+1)^2=(\sqrt{5})^2$
   ④ $(x+1)^2+(y+3)^2=3^2$

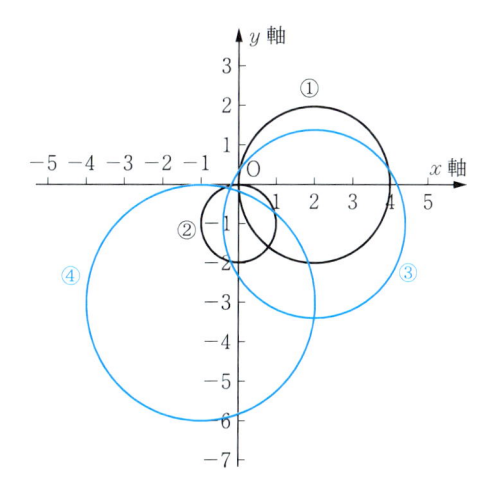

練習問題 2.4 (p. 111)

A

B

練習問題 2.5 (p. 112)

A

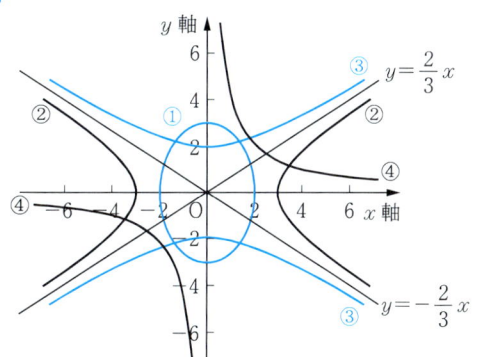

B ① $\dfrac{x^2}{2^2}+\dfrac{y^2}{3^2}=1$ ② $\dfrac{x^2}{2^2}-\dfrac{y^2}{3^2}=1$

③ $\dfrac{x^2}{2^2}-\dfrac{y^2}{4^2}=-1$ ④ $y=-\dfrac{4}{x}$

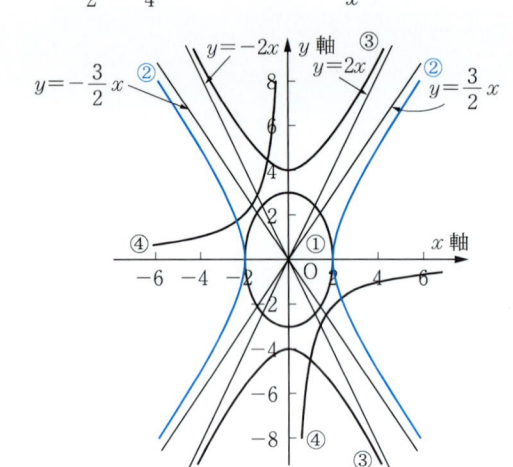

C ① B①の楕円を右へ1，下へ1

$y=\dfrac{1}{x}$ の双曲線を　② 上へ1　③ 右へ1

④ 上へ1，右へ2

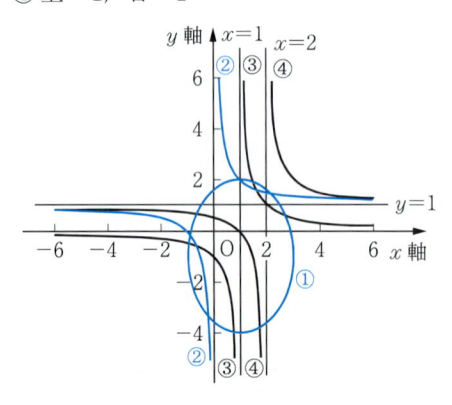

練習問題 2.6 (p. 112)

A (1) $x<0,\ 1<x$　(2) $x\leqq -2,\ 1\leqq x$
 (3) $-2<x<0$　(4) $-3\leqq x\leqq 2$

B (1) $x\leqq 0,\ 4\leqq x$　(2) $x<-1,\ 2<x$
 (3) $1\leqq x\leqq 5$　(4) $-1<x<6$

C (1) $-2\leqq x\leqq \dfrac{1}{2}$　(2) $x<-\dfrac{1}{6},\ \dfrac{1}{2}<x$

 (3) $x<-\dfrac{2}{3},\ \dfrac{3}{2}<x$　(4) $\dfrac{1}{3}\leqq x\leqq \dfrac{3}{4}$

練習問題 2.7 (p. 112)

A
(1) 境界は含まない　$y=2x$

(2) $y=-x+1$　境界を含む

(3) $y=x^2$　境界は含まない

(4) 境界を含む

(5) $x^2+y^2=1$　境界は含まない

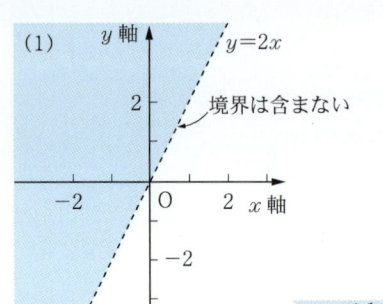

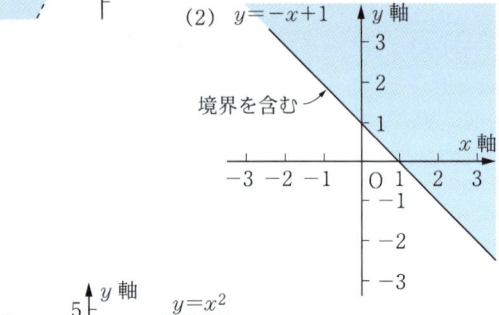

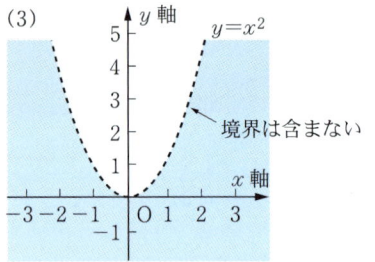

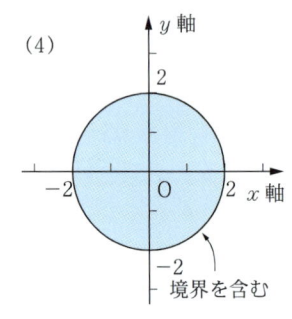

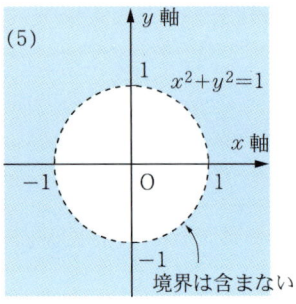

9 練習問題

B (1) $y < 2x+1$ (2) $y \leqq -x^2+1$
(3) $x^2+(y-1)^2 < 1$
(4) $(x-2)^2+(y+1)^2 \geqq (\sqrt{2})^2$

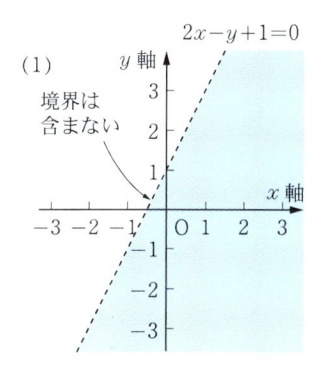

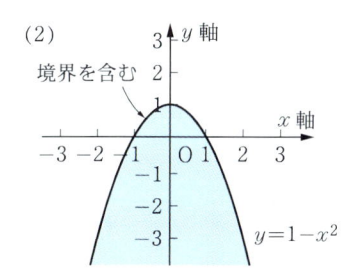

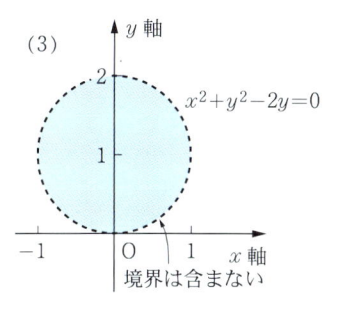

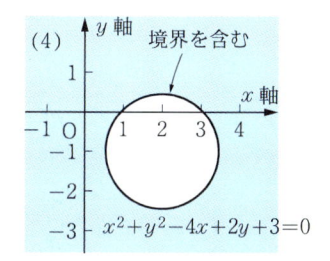

C (1) $y \geqq -x$, $x^2+y^2 \leqq 1$
(2) $y \leqq x$, $y \geqq x^2-1$
(5) $x^2+y^2 \leqq 2^2$, $(x-1)^2+y^2 > 1^2$

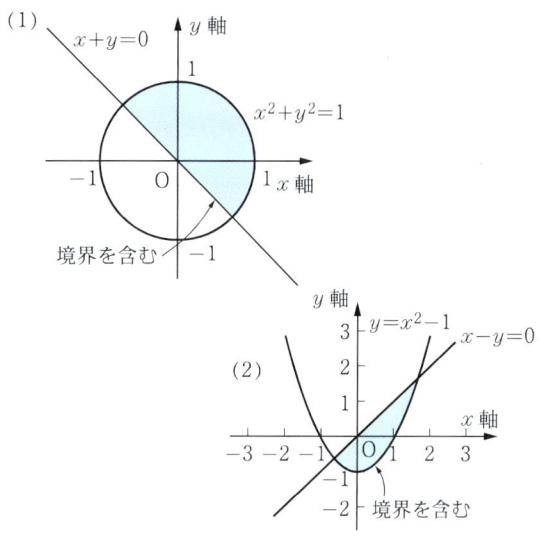

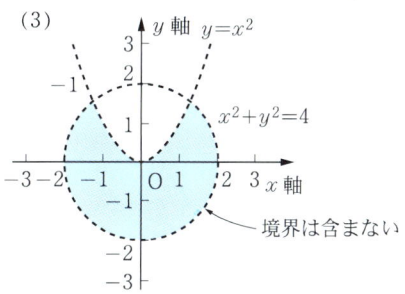

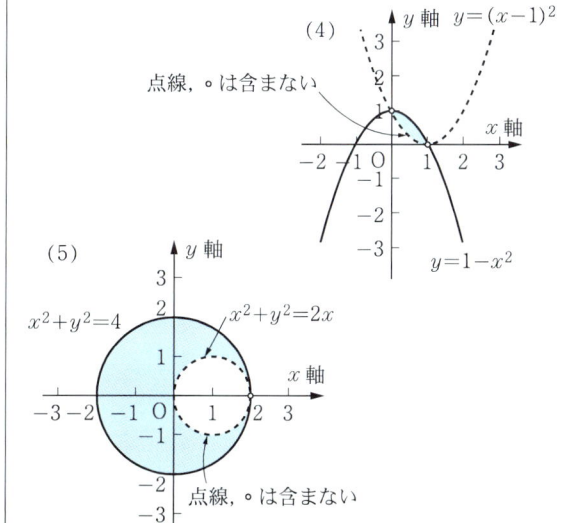

10. 問題の解答

練習問題 3.1 (p. 113)

A (1) $\dfrac{2}{3}, \dfrac{\sqrt{5}}{3}, \dfrac{2}{\sqrt{5}}$

(2) $\dfrac{1}{\sqrt{3}}, \dfrac{2}{\sqrt{6}}, \dfrac{\sqrt{2}}{2}$

(3) $\dfrac{\sqrt{2}}{\sqrt{3}}, \dfrac{1}{\sqrt{3}}, \sqrt{2}$ (4) $\dfrac{4}{5}, \dfrac{3}{5}, \dfrac{4}{3}$

(5) $\dfrac{1}{2}, \dfrac{\sqrt{3}}{2}, \dfrac{1}{\sqrt{3}}$

(6) $\dfrac{1}{\sqrt{2}}, \dfrac{1}{\sqrt{2}}, 1$ (7) $\dfrac{\sqrt{3}}{2}, \dfrac{1}{2}, \sqrt{3}$

練習問題 3.2 (p. 113)

A (1) $\dfrac{\pi}{4}$ (2) $\dfrac{\pi}{2}$ (3) $\dfrac{2}{3}\pi$

(4) $\dfrac{3}{4}\pi$ (5) π (6) $\dfrac{7}{6}\pi$

(7) $\dfrac{4}{3}\pi$ (8) $\dfrac{7}{4}\pi$ (9) 2π

(10) 30° (11) 60° (12) 90°

(13) 150° (14) 180° (15) 225°

(16) 240° (17) 270° (18) 330°

練習問題 3.3 (p. 113)

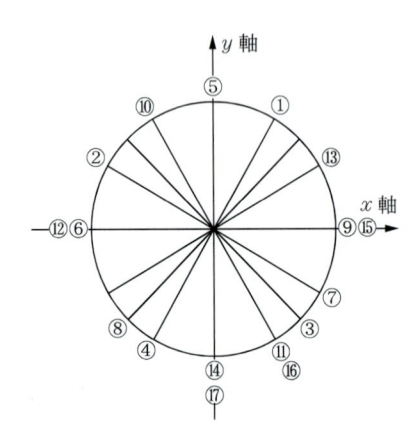

練習問題 3.4 (p. 113)

A (1) $\sqrt{3}$ (2) $-\dfrac{\sqrt{3}}{2}$ (3) $-\dfrac{1}{\sqrt{2}}$

(4) $-\dfrac{\sqrt{3}}{2}$ (5) $\dfrac{\sqrt{3}}{2}$ (6) 1

(7) $\dfrac{\sqrt{3}}{2}$ (8) $-\sqrt{3}$ (9) $\dfrac{1}{\sqrt{3}}$

(10) $\dfrac{1}{\sqrt{2}}$ (11) 1 (12) $\dfrac{1}{2}$

練習問題 3.5 (p. 114)

A (1) 0 (2) 0 (3) -1 (4) -1

(5) 0 (6) 1 (7) 1 (8) 0

(9) -1 (10) -1 (11) 0 (12) 0

練習問題 3.6 (p. 114)

A (1) 0.2588 (2) -0.1736

(3) -0.8390 (4) -0.4226

(5) 0.3420

B (1) 0.5877 (2) 0.5877

(3) -0.4142 (4) -0.6427

(5) 0.2225

練習問題 3.7 (p. 114)

B (1) $\theta = \dfrac{\pi}{3}$ (2) $\theta = -\dfrac{\pi}{4}$

(3) $\theta = -\dfrac{\pi}{2}$ (4) $\theta = \dfrac{\pi}{3}$

(5) $\theta = \dfrac{5}{6}\pi$ (6) $\theta = \dfrac{\pi}{2}$

(7) $\theta = \dfrac{\pi}{6}$ (8) $\theta = \dfrac{\pi}{4}$

(9) $\theta = -\dfrac{\pi}{3}$

練習問題 3.8 (p. 114)

B (1)

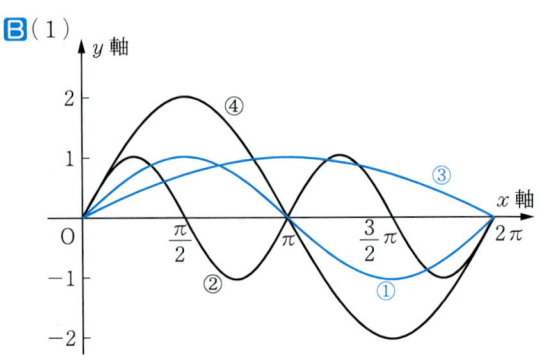

(2)

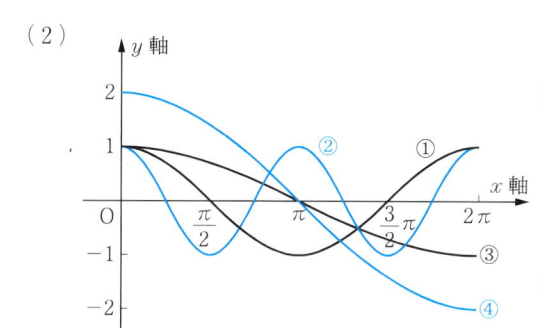

(3)

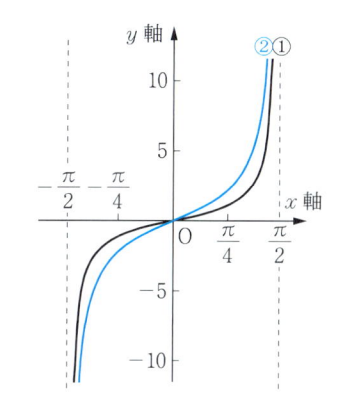

(4)

練習問題 4.1 (p. 115)

A (1) $x^{\frac{3}{2}}$　(2) $(x+1)^{\frac{1}{2}}$　(3) $x^{-\frac{1}{2}}$
(4) $x^{-\frac{3}{2}}$　(5) $(2x+1)^{\frac{1}{3}}$
(6) $(x+1)^{\frac{2}{3}}$　(7) $(x^2+1)^{-\frac{1}{3}}$
(8) 1.4142　(9) 1.7320　(10) 1.9129
(11) 0.7937　(12) 1.0717　(13) 6.7049
(14) 0.1449

練習問題 4.2 (p. 115)

A (1) 10　(2) 3　(3) 4
(4) $\dfrac{1}{10}$　(5) $\dfrac{1}{9}$　(6) $\dfrac{1}{16}$

B (1) $\dfrac{3}{10}$　(2) $\dfrac{10}{3}$　(3) $\dfrac{4}{9}$
(4) $\dfrac{5}{2}$　(5) 8

C (1) $2\sqrt[4]{2}$　(2) $\sqrt[6]{5}$　(3) $\sqrt[4]{3}$
(4) $\sqrt[12]{2}$

練習問題 4.3 (p. 115)

A (1) $p^6 q^9$　(2) $p^3 q^2$　(3) $p^{-6} q^9$
(4) $p^{-3} q^2$　(5) $p q^{\frac{3}{2}}$

B (1) $p^9 q^8$　(2) $p^{-3} q^4$　(3) $p^{-5} q^{-5}$

C (1) $p^{\frac{11}{6}} q^{\frac{7}{6}}$　(2) $p^{\frac{2}{3}} q^{-\frac{1}{6}}$　(3) $p^{\frac{5}{12}} q^{\frac{5}{12}}$

練習問題 4.4 (p. 115)

B ② $y = 4^{-x}$　④ $y = 10^{-x}$　⑥ $y = \left(\dfrac{3}{2}\right)^{-x}$
⑧ $y = e^{-x}$

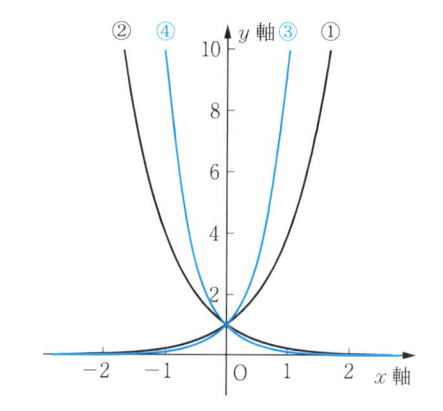

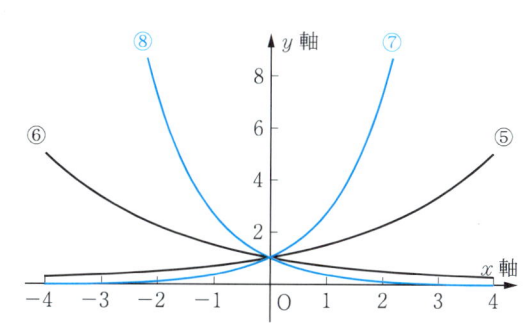

練習問題 5.1 (p. 116)

A (1) $2=\log_3 9$ (2) $4=\log_3 81$
 (3) $-1=\log_3 \frac{1}{3}$ (4) $-3=\log_3 \frac{1}{27}$
 (5) $1=\log_3 3$ (6) $0=\log_3 1$

練習問題 5.2 (p. 116)

A (1) 2 (2) 4 (3) -1 (4) -3
 (5) 1 (6) 0

B (1) $\frac{1}{2}$ (2) $-\frac{1}{2}$ (3) $\frac{1}{2}$
 (4) $\frac{2}{3}$ (5) $-\frac{3}{4}$

C (1) $\frac{3}{4}$ (2) $\frac{5}{2}$ (3) -1
 (4) $-\frac{4}{3}$ (5) $-\frac{3}{2}$ (6) 1
 (7) 2 (8) -2 (9) $\frac{1}{2}$ (10) $-\frac{1}{2}$

練習問題 5.3 (p. 116)

A (1) 3 (2) 3 (3) $\frac{3}{2}$ (4) $\frac{1}{2}$

B (1) 2 $\left(与式=\log_2\left(\frac{2}{3}\right)^2+\log_2 9\right)$
 (2) 3 $\left(与式=\log_3 54-\log_3 4^{\frac{1}{2}}\right)$
 (3) 3 $\left(与式=\log_5 25\sqrt{7}-\log_5\left(\frac{7}{25}\right)^{\frac{1}{2}}\right)$

C (1) $-\frac{3}{2}$ $\left(与式=\log_2\left(\frac{3}{2^3}\right)^{\frac{1}{3}}-\log_2\frac{3\sqrt{2}}{\sqrt[3]{3^2}}\right)$
 (2) -1 $\bigl(与式=\log_e(\sqrt{6}\,e^2)^2-\log_e(2e^4)^{\frac{1}{2}}$
 $-\log_e 3\sqrt{2}\,e^3\bigr)$

練習問題 5.4 (p. 116)

A (1) $\frac{1}{\log_2 3}$ (2) $\frac{\log_5 2}{\log_5 3}$ (3) $\frac{\log_{10} 2}{\log_{10} 3}$
 (4) $\frac{\log_e 2}{\log_e 3}$

B (1) 1 (2) 1 (3) $\frac{4}{3}$

C (底をそろえて計算) (1) $-\frac{15}{4}$ (2) $\frac{5}{4}$

練習問題 5.5 (p. 117)

A (1) 0.3010 (2) -0.3979
 (3) 1.0986 (4) -1.1363

B (底を 10 または e に直して求める)
 (1) 1.1609 (2) 1.4499

練習問題 5.6 (p. 117)

B ② $y=-\log_{10} x$ ④ $y=-\log_e x$
 ⑤ 底を 10 または e に直して計算

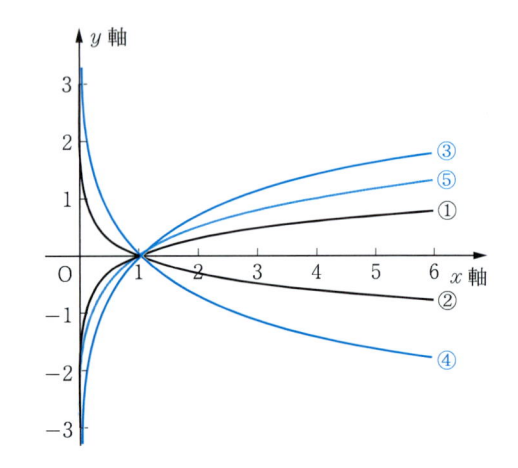

練習問題 6.1 (p. 117)

A (1) 1 (2) 2 (3) 2 (4) 5
B (1) 2 (2) 3 (3) 3
C (1) 0
 (2) $\lim_{x\to 0-0} g(x)=-1$, $\lim_{x\to 0+0} g(x)=+1$ より,
 存在しない

練習問題 6.2 (p. 117)

B (1) 0 (正の値をとりながら 0 へ近づく)
 (2) 1 (1 より大きい値をとりながら 1 へ近づく)
 (3) 0 (負の値をとりながら 0 へ近づく)
 (4) 1 (1 より大きい値をとりながら 1 へ近づく)
C (1) 1 (2) $+\infty$ (3) $-\infty$

練習問題 6.3 (p. 117)

A (1) 0　(2) 0　(3) $+\infty$
(4) $-\infty$

B (1) 1　(2) $\dfrac{1}{2}$
(3) 0（正の値をとりながら 0 に近づく）
(4) 0（負の値をとりながら 0 に近づく）

C (1) -1　(2) $+\infty$　(3) $-\infty$
(4) $-\infty$　$\left(h(x)=\dfrac{x+\dfrac{1}{x}}{1-\dfrac{1}{x}}\right)$

練習問題 7.1 (p. 118)

A (1) -1　(2) 2　(3) -3

B (1) $\dfrac{2}{\pi}\sqrt{2}\,(1-\sqrt{2})$　(2) $-\dfrac{2}{\pi}\sqrt{2}$
(3) $\dfrac{3}{\pi}(\sqrt{3}-1)$

C (1) $\dfrac{1}{e-1}$　(2) $\dfrac{1}{e(e-1)}$　(3) $\dfrac{e}{e-1}$

練習問題 7.2 (p. 118)

A $f'(0)=1,\ f'(1)=3$

B $f'(1)=e,\ f'(-1)=\dfrac{1}{e}$

C $f'(e)=\dfrac{1}{e},\ f'\!\left(\dfrac{1}{e}\right)=e$

練習問題 7.3 (p. 118)

A (1) 2　(2) -1　(3) 3

B (1) $4x$　(2) $-2x$　(3) $6x-1$

C (1) $-3x^2$　(2) $3x^2-2x$
(3) $6x^2-3$

練習問題 7.4 (p. 118)

A (1) $2\cos x$　(2) $3e^x$　(3) $-\dfrac{1}{x}$

B (1) $\sin x$　(2) $-e^{-x}$　(3) $\dfrac{1}{x+1}$

C (1) $2\cos 2x$　(2) $2e^{2x}$　(3) $\dfrac{3}{3x-1}$

練習問題 7.5 (p. 119)

A (1) $2x+1$　(2) $-3x^2+4x-\dfrac{1}{5}$
(3) $\dfrac{1}{2}x-\dfrac{1}{2}$　(4) $-\sin x+\cos x$
(5) $2\cos x+5\sin x$　(6) $\dfrac{3}{4}-\dfrac{1}{2}\cos x$
(7) $\dfrac{1}{x}+e^x$　(8) $\dfrac{e^x}{3}-\dfrac{2}{x}$
(9) $\dfrac{1}{2x}-\dfrac{e^x}{4}$

練習問題 7.6 (p. 119)

A (1) $x(x+2)e^x$　(2) $\cos x-x\sin x$
(3) $\sin x+x\cos x$　(4) $\log x+1$
(5) $e^x(\sin x+\cos x)$　(6) $-\dfrac{1}{x^2}$
(7) $-\dfrac{3}{x^4}$　(8) $-\dfrac{1}{(x+1)^2}$
(9) $-\dfrac{2x}{(x^2+1)^2}$　(10) $-\dfrac{\cos x}{\sin^2 x}$
(11) $\dfrac{\sin x}{\cos^2 x}$　(12) $-\dfrac{e^x}{(e^x+1)^2}$
(13) $\dfrac{-5}{(x-3)^2}$　(14) $\dfrac{1-x^2}{(x^2+1)^2}$
(15) $\dfrac{x\cos x-\sin x}{x^2}$
(16) $-\dfrac{x\sin x+\cos x}{x^2}$
(17) $\dfrac{xe^x}{(x+1)^2}$

B (1) $x^2 e^x$　(2) $x\cos x$
(3) $x\sin x$　(4) $2e^x\sin x$
(5) $2e^x\cos x$　(6) $9x^2\log x$
(7) $-\dfrac{1}{\sin^2 x}$　(8) $\dfrac{1}{1+\cos x}$
(9) $\dfrac{1}{1-\sin x}$　(10) $\dfrac{e^x}{(e^x+1)^2}$
(11) $\dfrac{2e^x}{(1-e^x)^2}$　(12) $\dfrac{1-\log x}{x^2}$
(13) $\dfrac{\log x-1}{(\log x)^2}$　(14) $\dfrac{2}{x(\log x+1)^2}$

練習問題 7.7 (p. 120)

1. B (1) $9(3x+1)^2$　(2) $10x(x^2-1)^4$
(3) $8(3x^2-2x+1)^3(3x-1)$　(4) $3\cos 3x$
(5) $-4\sin 4x$　(6) $2\cos\left(2x+\dfrac{\pi}{3}\right)$
(7) $-\dfrac{1}{2}\sin\left(\dfrac{1}{2}x+\dfrac{\pi}{5}\right)$　(8) $3\sin^2 x\cos x$
(9) $-2\cos x\sin x\;(=-\sin 2x)$
(10) $4(\sin x+1)^3\cos x$
(11) $5(1-\cos x)^4\sin x$　(12) $3e^{3x}$
(13) $-e^{-x}$　(14) $2xe^{x^2}$　(15) $\dfrac{3}{3x-1}$
(16) $\dfrac{2x}{x^2+1}$　(17) $\dfrac{e^x}{e^x+1}$　(18) $\dfrac{2\log x}{x}$
(19) $\dfrac{2(\log x+1)}{x}$　(20) $-\dfrac{4}{(2x-1)^3}$
(21) $-\dfrac{2\cos x}{\sin^3 x}$　(22) $\dfrac{3\sin x}{\cos^4 x}$
(23) $-\dfrac{2e^x}{(e^x-1)^3}$　(24) $-\dfrac{1}{x(\log x)^2}$

2. A (1) $2\cos 2x-3\sin 3x$
(2) $-2\sin 6x+2\cos 4x$
(3) $\dfrac{1}{3}\cos\dfrac{x}{3}+\dfrac{1}{2}\sin\dfrac{x}{2}$　(4) $2e^{2x}-e^{-x}$
(5) $\dfrac{1}{2}e^{\frac{x}{2}}$　(6) $\pi e^{\pi x}$
(7) $\sin 3x+3x\cos 3x$
(8) $2x(\cos 2x-x\sin 2x)$
(9) $x(2-x)e^{-x}$　(10) $x^2(2x+3)e^{2x}$
(11) $e^{3x}(3\sin 2x+2\cos 2x)$
(12) $-e^{-x}(\cos 3x+3\sin 3x)$
(13) $\dfrac{5\sin 5x}{\cos^2 5x}$　(14) $-\dfrac{4\cos 4x}{\sin^2 4x}$

B (1) $-xe^{-x}$　(2) $4x^2e^{2x}$
(3) $-x^2e^{-x}$　(4) $9x\sin 3x$
(5) $4x\cos 2x$　(6) $13e^{2x}\sin 3x$
(7) $13e^{3x}\cos 2x$　(8) $\dfrac{-3}{\sin^2 3x}$
(9) $\dfrac{2}{\cos^2 2x}$

C $\dfrac{1+\sin 5x}{(\sin 2x+\cos 3x)^2}$

3. B (1) $6(2x-1)^2$
(2) $7(x^2+x+1)^6(2x+1)$
(3) $4\sin^3 x\cos x$　(4) $-15\cos^4 3x\sin 3x$
(5) $3e^x(e^x+1)^2$　(6) $\dfrac{3}{3x+4}$

C (1) $\dfrac{4x}{2x+1}$　(2) $\dfrac{9x}{(3x+2)^2}$
(3) $-\dfrac{6e^{3x}}{(e^{3x}+1)^3}$　(4) $\dfrac{2\sin x}{\cos^3 x}$
(5) $-\dfrac{18\cos 3x}{\sin^7 3x}$　(6) $-\dfrac{2}{x^2-1}$
(7) $\dfrac{38}{(3x-7)(5x+1)}$

練習問題 7.8 (p. 121)

A (1) $\dfrac{1}{2\sqrt{x}}$　(2) $\dfrac{3}{2}\sqrt{x}$　(3) $\dfrac{5}{3}\sqrt[3]{x^2}$
(4) $\dfrac{-3}{2x^2\sqrt{x}}$　(5) $\dfrac{-4}{3x^2\sqrt[3]{x}}$

B (1) $\dfrac{3}{2}\sqrt{x}+1$
(2) $\dfrac{4}{3}\sqrt[3]{x}-\dfrac{1}{3\sqrt[3]{x^2}}\left(=\dfrac{4x-1}{3x}\sqrt[3]{x}\right)$
(3) $\dfrac{x-1}{2x\sqrt{x}}$

C (1) $\dfrac{-1}{2\sqrt{x}(\sqrt{x}+1)^2}$　(2) $\dfrac{1}{2\sqrt{x}(1-\sqrt{x})^2}$
(3) $\dfrac{1}{\sqrt{x}(\sqrt{x}+1)^2}$

練習問題 7.9 (p. 121)

A (1) $\dfrac{2}{\sqrt{4x+1}}$　(2) $\dfrac{2x-1}{2\sqrt{x^2-x+1}}$
(3) $\dfrac{1}{3\sqrt[3]{(x-1)^2}}$　(4) $\dfrac{2x}{3\sqrt[3]{(x^2-1)^2}}$
(5) $\dfrac{-2}{\sqrt{(4x+1)^3}}$　(6) $-\dfrac{2x-1}{2\sqrt{(x^2-x+1)^3}}$
(7) $\dfrac{-1}{3\sqrt[3]{(x-1)^4}}$　(8) $\dfrac{-2x}{3\sqrt[3]{(x^2-1)^4}}$

B (1) $\dfrac{x}{\sqrt{x^2+1}}$ (2) $-\dfrac{x}{\sqrt{1-x^2}}$

(3) $\dfrac{3(\sqrt{x}+1)^2}{2\sqrt{x}}$ (4) $\dfrac{-1}{2(\sqrt{x}+1)^2\sqrt{x}}$

(5) $\dfrac{-3}{2(\sqrt{x}-1)^4\sqrt{x}}$ (6) $-\dfrac{x}{\sqrt{(x^2+1)^3}}$

(7) $\dfrac{x}{\sqrt{(1-x^2)^3}}$ (8) $\dfrac{1}{2(1+\sqrt{x})\sqrt{x}}$

(9) $\dfrac{e^{\sqrt{x}}}{2\sqrt{x}}$

C (1) $\dfrac{2x^2+1}{\sqrt{x^2+1}}$ (2) $\dfrac{1-2x^2}{\sqrt{1-x^2}}$

(3) $\dfrac{-1}{x^2\sqrt{x^2+1}}$ (4) $\dfrac{-1}{x^2\sqrt{1-x^2}}$

(5) $\dfrac{1}{\sqrt{(x^2+1)^3}}$ (6) $\dfrac{1}{\sqrt{(1-x^2)^3}}$

(7) $\dfrac{-1}{2x\sqrt{x(1-x)}}$ (8) $\dfrac{1}{2\sqrt{x(1-x)^3}}$

(9) $\dfrac{-1}{(1+x)\sqrt{1-x^2}}$ (10) $\dfrac{1}{\sqrt{1+x^2}}$

(11) $\dfrac{1}{(x-1)\sqrt{x}}$

練習問題 7.10 (p. 121)

A (1) $y=x-1$ (2) $y=4x-1$

B (1) $y=-x+\pi$ (2) $y=-2x+\dfrac{\pi}{2}$

(3) $y=ex$ (4) $y=-x+1$

(5) $y=\dfrac{1}{e}x$ (6) $y=x-1$

(7) $y=\dfrac{1}{4}x+1$ (8) $y=-\dfrac{1}{4}x+1$

練習問題 7.11 (p. 122)

A (1) 0 (2) 2 (3) $-6x$

(4) e^{-x} (5) $4e^{2x}$ (6) $-4\sin 2x$

(7) $-9\cos 3x$

B (1) $-\dfrac{1}{4x\sqrt{x}}$ (2) $\dfrac{3}{4x^2\sqrt{x}}$

(3) $-\dfrac{1}{x^2}$ (4) $2\cos x - x\sin x$

(5) $-10\sin 5x - 25x\cos 5x$

(6) $(x^2+4x+2)e^x$ (7) $(x-2)e^{-x}$

(8) $\dfrac{1}{x}$ (9) $e^{2x}(12\cos 3x - 5\sin 3x)$

合成関数の微分公式

$y=f(g(x))$ のとき, $u=g(x)$ とおくと $y=f(u)$

$y'=f'(u)\cdot g'(x)$ または $\dfrac{dy}{dx}=\dfrac{dy}{du}\dfrac{du}{dx}$

接線の方程式

$y=f(x)$ の $x=a$ における接線の方程式は

$y-f(a)=f'(a)(x-a)$

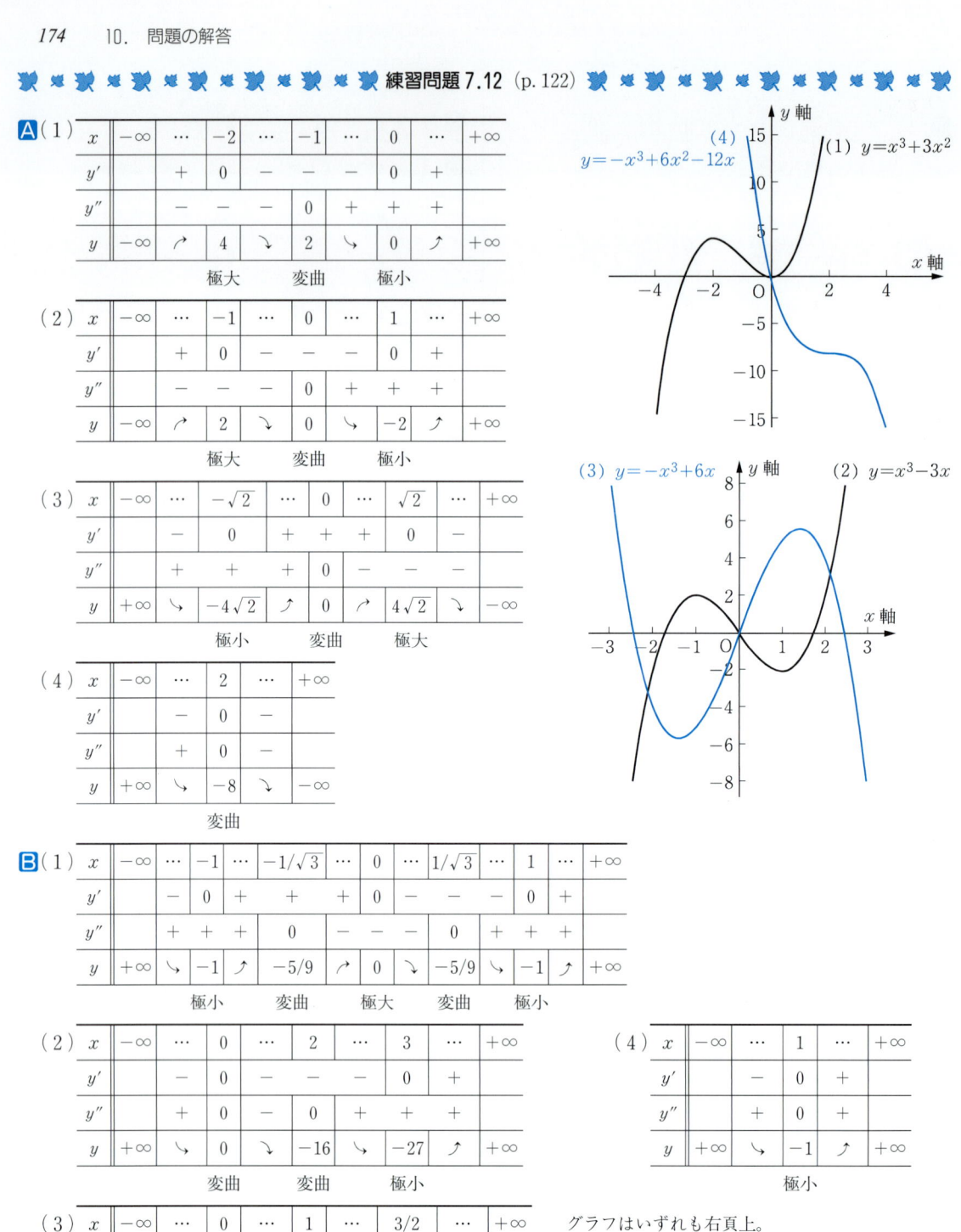

練習問題 7.12 (p.122)

A (1)

x	$-\infty$	$\cdots$	-2	$\cdots$	-1	$\cdots$	0	$\cdots$	$+\infty$
y'		$+$	0	$-$	$-$	$-$	0	$+$	
y''		$-$	$-$	$-$	0	$+$	$+$	$+$	
y	$-\infty$	↗	4	↘	2	↘	0	↗	$+\infty$
			極大		変曲		極小		

(2)

x	$-\infty$	$\cdots$	-1	$\cdots$	0	$\cdots$	1	$\cdots$	$+\infty$
y'		$+$	0	$-$	$-$	$-$	0	$+$	
y''		$-$	$-$	$-$	0	$+$	$+$	$+$	
y	$-\infty$	↗	2	↘	0	↘	-2	↗	$+\infty$
			極大		変曲		極小		

(3)

x	$-\infty$	$\cdots$	$-\sqrt{2}$	$\cdots$	0	$\cdots$	$\sqrt{2}$	$\cdots$	$+\infty$
y'		$-$	0	$+$	$+$	$+$	0	$-$	
y''		$+$	$+$	$+$	0	$-$	$-$	$-$	
y	$+\infty$	↘	$-4\sqrt{2}$	↗	0	↗	$4\sqrt{2}$	↘	$-\infty$
			極小		変曲		極大		

(4)

x	$-\infty$	$\cdots$	2	$\cdots$	$+\infty$
y'		$-$	0	$-$	
y''		$+$	0	$-$	
y	$+\infty$	↘	-8	↘	$-\infty$
			変曲		

B (1)

x	$-\infty$	$\cdots$	-1	$\cdots$	$-1/\sqrt{3}$	$\cdots$	0	$\cdots$	$1/\sqrt{3}$	$\cdots$	1	$\cdots$	$+\infty$
y'		$-$	0	$+$	$+$	$+$	0	$-$	$-$	$-$	0	$+$	
y''		$+$	$+$	$+$	0	$-$	$-$	$-$	0	$+$	$+$	$+$	
y	$+\infty$	↘	-1	↗	$-5/9$	↗	0	↘	$-5/9$	↘	-1	↗	$+\infty$
			極小		変曲		極大		変曲		極小		

(2)

x	$-\infty$	$\cdots$	0	$\cdots$	2	$\cdots$	3	$\cdots$	$+\infty$
y'		$-$	0	$-$	$-$	$-$	0	$+$	
y''		$+$	0	$-$	0	$+$	$+$	$+$	
y	$+\infty$	↘	0	↘	-16	↘	-27	↗	$+\infty$
			変曲		変曲		極小		

(3)

x	$-\infty$	$\cdots$	0	$\cdots$	1	$\cdots$	$3/2$	$\cdots$	$+\infty$
y'		$+$	0	$+$	$+$	$+$	0	$-$	
y''		$-$	0	$+$	0	$-$	$-$	$-$	
y	$-\infty$	↗	0	↗	1	↗	$27/16$	↘	$-\infty$
			変曲		変曲		極大		

(4)

x	$-\infty$	$\cdots$	1	$\cdots$	$+\infty$
y'		$-$	0	$+$	
y''		$+$	0	$+$	
y	$+\infty$	↘	-1	↗	$+\infty$
			極小		

グラフはいずれも右頁上。

(1) $y = x^3 + 3x^2$

(2) $y = x^3 - 3x$

(3) $y = -x^3 + 6x$

(4) $y = -x^3 + 6x^2 - 12x$

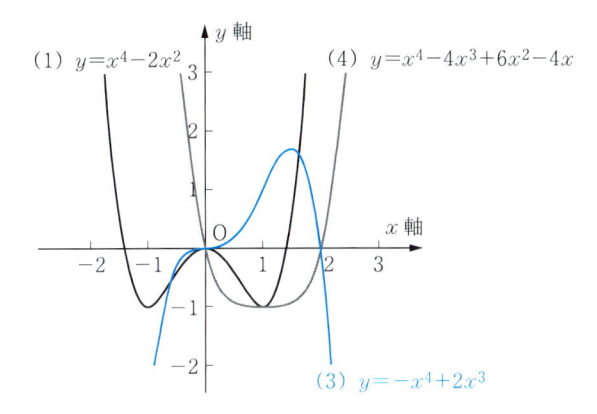

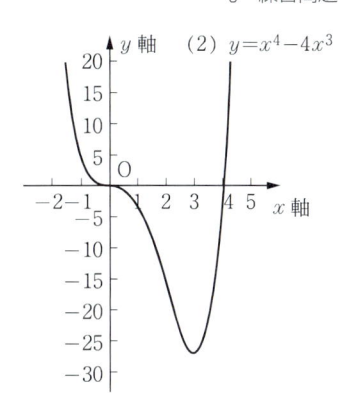

(1) $y=x^4-2x^2$
(4) $y=x^4-4x^3+6x^2-4x$
(3) $y=-x^4+2x^3$

(2) $y=x^4-4x^3$

C (1)

x	$-\infty$	$\cdots$	-1	$\cdots$	0	$\cdots$	1	$\cdots$	$+\infty$
y'		$+$	0	$-$	$-$	$-$	0	$+$	
y''			$-$	$-$	0	$+$	$+$	$+$	
y	$-\infty$	↗	4	↘	0	↘	-4	↗	$+\infty$
			極大		変曲		極小		

(2)

x	$-\infty$	$\cdots$	-1	$\cdots$	$-1/\sqrt{2}$	$\cdots$	0	$\cdots$	$1/\sqrt{2}$	$\cdots$	1	$\cdots$	$+\infty$
y'		$+$	0	$-$	$-$	$-$	0	$-$	$-$	$-$	0	$+$	
y''		$-$	$-$	$-$	0	$+$	0	$-$	0	$+$	$+$	$+$	
y	$-\infty$	↗	$2/15$	↘	$7\sqrt{2}/120$	↘	0	↘	$-7\sqrt{2}/120$	↘	$-2/15$	↗	$+\infty$
			極大		変曲		変曲		変曲		極小		

(3)

x	$-\infty$	$\cdots$	0	$\cdots$	$+\infty$
y'		$+$	0	$+$	
y''		$-$	0	$+$	
y	$-\infty$	↗	0	↗	$+\infty$
			変曲		

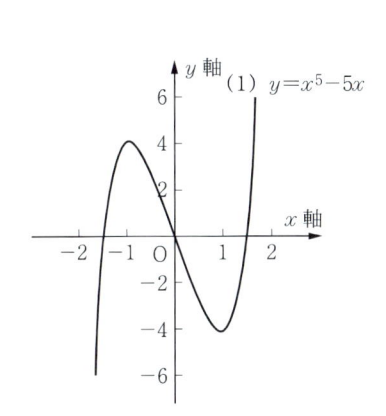

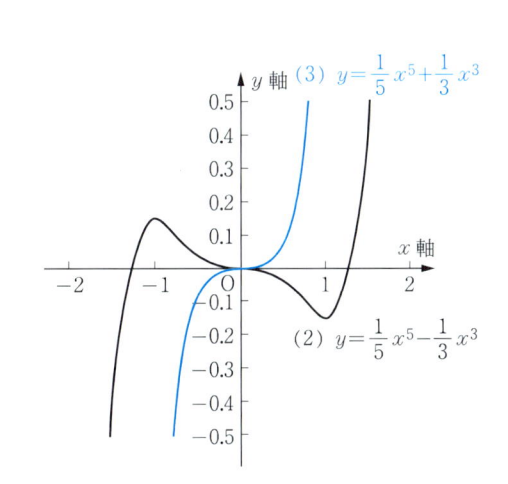

(1) $y=x^5-5x$

(3) $y=\dfrac{1}{5}x^5+\dfrac{1}{3}x^3$

(2) $y=\dfrac{1}{5}x^5-\dfrac{1}{3}x^3$

練習問題 7.13 (p. 122)

B (1)

x	$-\pi$	$\cdots$	$-3\pi/4$	$\cdots$	$-\pi/4$	$\cdots$	$\pi/4$	$\cdots$	$3\pi/4$	$\cdots$	π
y'	-1	$-$	$-$	$-$	0	$+$	$+$	$+$	0	$-$	-1
y''	$-$	$-$	0	$+$	$+$	$+$	0	$-$	$-$	$-$	$-$
y	1	↘	0	↘	$-\sqrt{2}$	↗	0	↗	$\sqrt{2}$	↘	1
			変曲		極小		変曲		極大		

(2)

x	$-\pi$	$\cdots$	$-3\pi/4$	$\cdots$	$-\pi/2$	$\cdots$	$-\pi/4$	$\cdots$	0	$\cdots$	$\pi/4$	$\cdots$	$\pi/2$	$\cdots$	$3\pi/4$	$\cdots$	π
y'	0	$+$	$+$	$+$	0	$-$	$-$	$-$	0	$+$	$+$	$+$	0	$-$	$-$	$-$	0
y''	$+$	$+$	0	$-$	$-$	$-$	0	$+$	$+$	$+$	0	$-$	$-$	$-$	0	$+$	$+$
y	0	↗	$1/2$	↗	1	↘	$1/2$	↘	0	↗	$1/2$	↗	1	↘	$1/2$	↘	0
	(極小)		変曲		極大		変曲		極小		変曲		極大		変曲		(極小)

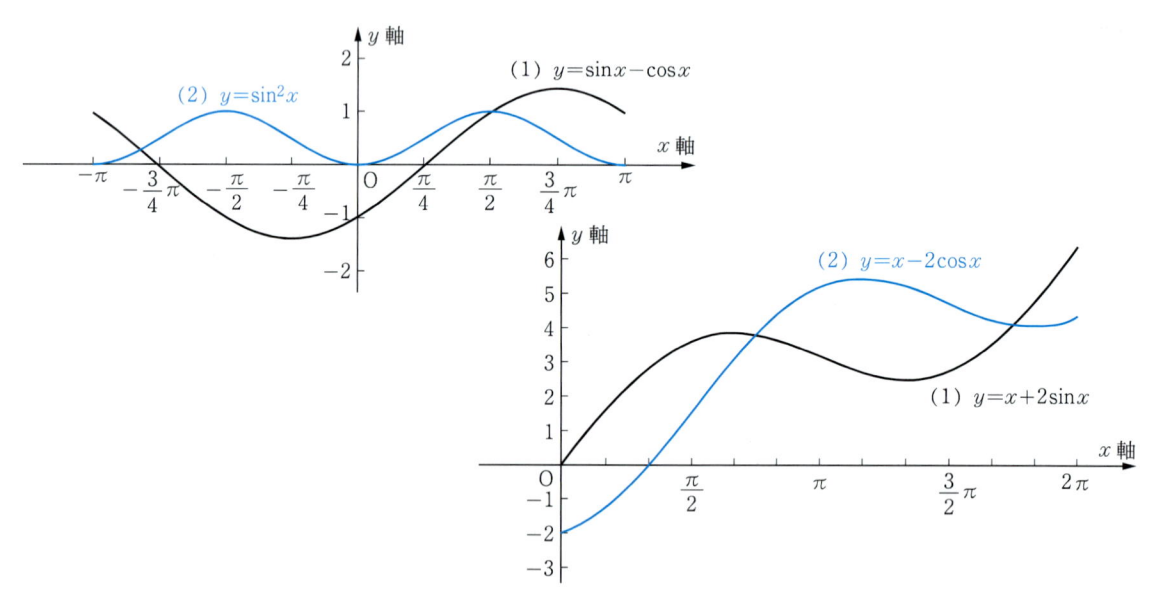

C (1)

x	0	$\cdots$	$2\pi/3$	$\cdots$	π	$\cdots$	$4\pi/3$	$\cdots$	2π
y'	3	$+$	0	$-$	$-$	$-$	0	$+$	3
y''	0	$-$	$-$	$-$	0	$+$	$+$	$+$	0
y	0	↗	$2\pi/3+\sqrt{3}$	↘	π	↘	$4\pi/3-\sqrt{3}$	↗	2π
	(変曲)		極大		変曲		極小		(変曲)

(2)

x	0	$\cdots$	$\pi/2$	$\cdots$	$7\pi/6$	$\cdots$	$3\pi/2$	$\cdots$	$11\pi/6$	$\cdots$	2π
y'	1	$+$	$+$	$+$	0	$-$	$-$	$-$	0	$+$	1
y''	$+$	$+$	0	$-$	$-$	$-$	0	$+$	$+$	$+$	$+$
y	-2	↗	$\pi/2$	↗	$7\pi/6+\sqrt{3}$	↘	$3\pi/2$	↘	$11\pi/6-\sqrt{3}$	↗	$2\pi-2$
			変曲		極大		変曲		極小		

練習問題 8.1 (p. 123)

A (1) $x^4 - x^3 + x^2 - x + C$

(2) $\dfrac{1}{8}x^4 - \dfrac{1}{9}x^3 + C$

(3) $\dfrac{1}{9}x^3 + \dfrac{1}{10}x^2 - \dfrac{1}{2}x + C$

B (1) $-\dfrac{1}{2x^2} + C$ (2) $-\dfrac{2}{x} + C$

(3) $\dfrac{4}{3}x\sqrt{x} + C$ (4) $\dfrac{2}{5}x^2\sqrt{x} + C$

(5) $\dfrac{3}{5}x\sqrt[3]{x^2} + C$ (6) $4\sqrt{x} + C$

(7) $-\dfrac{2}{\sqrt{x}} + C$ (8) $\dfrac{3}{2}\sqrt[3]{x^2} + C$

練習問題 8.2 (p. 123)

A (1) $-3\cos x + 4\sin x + C$

(2) $\dfrac{1}{3}\tan x + C$

(3) $\dfrac{1}{2}x^2 + 3e^x + C$

(4) $2e^x - \log|x| + C$

(5) $2\log|x| + \dfrac{1}{4}x^2 + C$

(6) $\dfrac{1}{3}\log|x| - \dfrac{3}{2}x^2 + C$

練習問題 8.3 (p. 123)

1. **A** (1) $-\dfrac{1}{3}\cos 3x - \dfrac{1}{5}\sin 5x + C$

(2) $2\sin\dfrac{x}{2} + 3\cos\dfrac{x}{3} + C$ (3) $\dfrac{1}{2}e^{2x} + C$

B (1) $2e^{\frac{1}{2}x} + C$ (2) $-\dfrac{2}{e^x} + C$

(3) $-\dfrac{1}{\pi}\cos \pi x + C$ (4) $\dfrac{4}{\pi}\sin\dfrac{\pi}{4}x + C$

2. **B** (1) $\dfrac{1}{4}(2x - \sin 2x) + C$

(2) $\dfrac{1}{4}(2x + \sin 2x) + C$

(3) $\dfrac{1}{8}(4x - \sin 4x) + C$

(4) $\dfrac{1}{4}\left(2x + 3\sin\dfrac{2}{3}x\right) + C$

C (1) $\dfrac{1}{6}(3\cos x - \cos 3x) + C$

(2) $\dfrac{1}{30}(3\sin 5x + 5\sin 3x) + C$

(3) $\dfrac{1}{10}(5\sin x - \sin 5x) + C$

練習問題 8.4 (p. 124)

1. **A** (1) $\dfrac{1}{8}(2x+1)^4 + C$

(2) $\dfrac{1}{2}\left(\dfrac{1}{3}x - 2\right)^6 + C$

(3) $\dfrac{1}{3}\sqrt{(2x+1)^3} + C$ (4) $\dfrac{2}{3}\sqrt{3x-1} + C$

(5) $-\cos\left(x - \dfrac{\pi}{3}\right) + C$

(6) $\dfrac{2}{\pi}\sin\left(\dfrac{\pi}{2}x + \dfrac{\pi}{6}\right) + C$

(7) $\log|x-2| + C$

(8) $\dfrac{1}{2}\log|2x-1| + C$

B (1) $-\dfrac{1}{4}\cos^4 x + C$ (2) $\dfrac{1}{6}\sin^6 x + C$

(3) $\log|\sin x| + C$

(4) $\left(\tan x = \dfrac{\sin x}{\cos x} \ \text{より}\right) \ -\log|\cos x| + C$

C (1) 与式 $= \displaystyle\int (u-1)\sqrt{u}\,du = \int (u^{\frac{3}{2}} - u^{\frac{1}{2}})\,du$

$= \dfrac{2}{15}u^{\frac{3}{2}}(3u - 5) + C$

$= \dfrac{2}{15}(3x-2)\sqrt{(x+1)^3} + C$

(2) 与式 $= \dfrac{1}{9}\displaystyle\int (u+1)\sqrt{u}\,du = \dfrac{1}{9}\int (u^{\frac{3}{2}} + u^{\frac{1}{2}})\,du$

$= \dfrac{2}{135}u^{\frac{3}{2}}(3u + 5) + C$

$= \dfrac{2}{135}(9x+2)\sqrt{(3x-1)^3} + C$

(3) 与式 $= \displaystyle\int \sin^5 x(1 - \sin^2 x)\cos x\,dx$

$= \displaystyle\int u^5(1 - u^2)\,du$

$= \dfrac{1}{6}\sin^6 x - \dfrac{1}{8}\sin^8 x + C$

(4) $2\sqrt{2 + \sin x} + C$

2. C（1） $\dfrac{1}{3}\log\left|\dfrac{x-1}{x+2}\right|+C$

 （2） $\dfrac{1}{4}\log\left|\dfrac{x-2}{x+2}\right|+C$

 （3） $\dfrac{1}{5}\log\left|\dfrac{x-3}{x+2}\right|+C$

 （4） $\dfrac{3}{5}\log|x-3|+\dfrac{2}{5}\log|x+2|+C$

練習問題 8.5 (p. 124)

B（1） $\dfrac{1}{8}(x^2+1)^4+C$ （2） $\dfrac{1}{3}\sqrt{(x^2-1)^3}+C$

 （3） $\dfrac{-1}{2(x^2+1)}+C$ （4） $\dfrac{1}{3}\log|x^3-1|+C$

 （5） $\dfrac{-1}{6(x^3-1)^2}+C$

 （6） $\log(x^2+x+1)+C$

 （7） $\dfrac{1}{3}(e^x-1)^3+C$

 （8） $\dfrac{1}{2}\log(1+e^{2x})+C$

 （9） $\dfrac{1}{2}(\log x-1)^2+C$

 （10） $\log|\log x|+C$

 （11） $\dfrac{-1}{\log x}+C$ （12） $e^{\frac{1}{2}x^2}+C$

C（1） 与式 $=2\displaystyle\int\dfrac{u-1}{u}du=2\int\left(1-\dfrac{1}{u}\right)du$

  $=2\{(\sqrt{x}+1)-\log(\sqrt{x}+1)\}+C_0$

  $=2\{\sqrt{x}-\log(\sqrt{x}+1)\}+C$

  $\qquad\qquad\qquad (C=C_0+2)$

 （2） 与式 $=\displaystyle\int\dfrac{1}{u(u-1)}du$

  $=x-\log(e^x+1)+C$

 （3） 与式 $=\displaystyle\int(1-\cos^2 x)^2\sin x\,dx$

  $=-\displaystyle\int(1-u^2)^2 du$

  $=-\cos x+\dfrac{2}{3}\cos^3 x-\dfrac{1}{5}\cos^5 x+C$

$\boxed{\log e^x = x}$

練習問題 8.6 (p. 125)

1. B（1） $\dfrac{1}{2}xe^{2x}-\dfrac{1}{4}e^{2x}+C$

 （2） $-\dfrac{1}{2}x\cos 2x+\dfrac{1}{4}\sin 2x+C$

 （3） $\dfrac{1}{3}x\sin 3x+\dfrac{1}{9}\cos 3x+C$

 （4） $\dfrac{1}{4}x^4\log x-\dfrac{1}{16}x^4+C$

C（1） 与式 $=\displaystyle\int\log x\cdot 1\,dx$

  $=x\log x-x+C$

 （2） 与式 $=I$ とおくと

  $I=(\log x)^2-I$

  $\therefore I=\dfrac{1}{2}(\log x)^2+C$

2. B（1） $(x^2-2x+2)e^x+C$

 （2） $(2-x^2)\cos x+2x\sin x+C$

 （3） $(x^2-2)\sin x+2x\cos x+C$

C（1） $\dfrac{1}{4}(2x^2-2x+1)e^{2x}+C$

 （2） $3(x^2-6x+18)e^{\frac{x}{3}}+C$

 （3） $-\dfrac{1}{27}(9x^2-2)\cos 3x+\dfrac{2}{9}x\sin 3x+C$

 （4） $2(x^2-8)\sin\dfrac{x}{2}+8x\cos\dfrac{x}{2}+C$

 （5） 与式 $=I$ とおくと

  $I=e^x(\sin x+\cos x)-I$

  $\therefore I=\dfrac{1}{2}e^x(\sin x+\cos x)+C$

 （6） 与式 $=I$ とおくと

  $I=\dfrac{1}{9}e^{2x}(-3\cos 3x+2\sin 3x)-\dfrac{4}{9}I$

  $\therefore I=\dfrac{1}{13}e^{2x}(2\sin 3x-3\cos 3x)+C$

練習問題 8.7 (p. 125)

A（1） $\dfrac{5}{6}$ （2） 3 （3） 18 （4） 2

 （5） $\dfrac{3}{5}$ （6） $\dfrac{9}{2}$

練習問題 8.8 (p. 125)

B (1) $\dfrac{3}{2}$ (2) $\dfrac{1}{\sqrt{2}}$ (3) $\dfrac{1}{4}$

(4) $\dfrac{1}{3\sqrt{2}}$ (5) $\dfrac{1}{2}\left(e^2-\dfrac{1}{e^2}\right)$

(6) $3(e-1)$ (7) 2 (8) $\dfrac{1}{2}$

練習問題 8.9 (p. 126)

1. A (1) 10 (2) -32 (3) $\dfrac{26}{3}$

(4) $\dfrac{2}{3}$ (5) $-\dfrac{1}{2}$ (6) $\dfrac{2}{\pi}\sqrt{3}$

(7) $\log 2$ (8) $\dfrac{1}{3}\log\dfrac{5}{2}$

B (1) $\dfrac{3}{16}$ (2) $\dfrac{9}{128}$ (3) $\dfrac{1}{2}\log\dfrac{3}{2}$

(4) $\dfrac{1}{2}\log 2$ (5) $\dfrac{15}{8}$ (6) $\sqrt{3}$

(7) $\dfrac{1}{3}\log 2$ (8) $\dfrac{1}{3}(e-1)^3$

(9) $\dfrac{1}{2}\log\dfrac{1+e^2}{2}$ (10) $\dfrac{1}{2}$

(11) $e-\sqrt{e}$ (12) $\dfrac{26}{3}$

C (1) $2(1-\log 2)$ (2) $\dfrac{8}{15}$

2. C (1) $\dfrac{1}{2}\log\dfrac{3}{2}$ (2) $\dfrac{1}{2}\log\dfrac{3}{2}$

(3) $\dfrac{1}{4}\log\dfrac{5}{3}$ (4) $\log\dfrac{4}{3}$

(5) 与式 $=\displaystyle\int_2^{e+1}\dfrac{1}{u(u-1)}du$

$\qquad =\Big[\log|u-1|-\log|u|\Big]_2^{e+1}$

$\qquad =1+\log\dfrac{2}{e+1}$

> 対数はいろいろな表現があるから、この答とそっくりでなくてもいいのよ。

練習問題 8.10 (p. 127)

1. B (1) 1 (2) $\dfrac{\pi}{2}-1$ (3) $\dfrac{\pi}{2}$

(4) $\dfrac{1}{4}\left(e^2+\dfrac{3}{e^2}\right)$ (5) $\dfrac{\pi}{9}$

(6) $\dfrac{\pi}{8}-\dfrac{1}{4}$ (7) $\dfrac{1}{16}(3e^4+1)$

C (1) $2e^3+1$

(2) 与式 $=I$ とおくと

$\qquad I=1-I$ ∴ $I=\dfrac{1}{2}$

2. B (1) $e-2$ (2) π^2-4

(3) $\dfrac{\pi^2}{4}-2$

C (1) $\dfrac{1}{4}\left(e^2-\dfrac{5}{e^2}\right)$

(2) $27(e-2)$

(3) $\dfrac{1}{27}(\pi-2)$

(4) $\dfrac{\sqrt{2}}{4}\pi^2+2\sqrt{2}\pi-8\sqrt{2}$

(5) 与式 $=I$ とおくと

$\qquad I=e^{\frac{\pi}{2}}-1-I$ ∴ $I=\dfrac{1}{2}(e^{\frac{\pi}{2}}-1)$

(6) 与式 $=I$ とおくと

$\qquad I=\dfrac{1}{2}(e^{-\frac{\pi}{2}}+1)-\dfrac{1}{4}I$

$\qquad$ ∴ $I=\dfrac{2}{5}(e^{-\frac{\pi}{2}}+1)$

練習問題 8.11 (p. 127)

A (1) $\dfrac{4}{3}$ (2) $\dfrac{1}{6}$ (3) $\dfrac{1}{6}$ (4) $\dfrac{4}{3}$

B (1) $\dfrac{1}{12}$ (2) $\dfrac{4}{3}$ (3) 2

C (1) $S=-\displaystyle\int_0^{\log 2}(e^x-2)\,dx=2\log 2-1$

(2) $S=\displaystyle\int_{-1}^0 \log(x+2)\,dx=\int_1^2 \log u\,du$

$\qquad =2\log 2-1$

(3) $S=\displaystyle\int_{-1}^0 \sqrt{x+1}\,dx=\int_0^1 \sqrt{u}\,du=\dfrac{2}{3}$

練習問題 8.12 (p. 127)

A (1) $\dfrac{9}{2}$　(2) $\dfrac{9}{2}$　(3) $\dfrac{64}{3}$

B (1) $2\sqrt{2}$　(2) $1-\dfrac{\pi}{4}$

C (1) $S=\displaystyle\int_1^2\left\{(-x+3)-\dfrac{2}{x}\right\}dx=\dfrac{3}{2}-2\log 2$

(2) $S=\displaystyle\int_1^4\left\{-\dfrac{4}{x}-(x-5)\right\}dx=\dfrac{15}{2}-8\log 2$

練習問題 8.13 (p. 127)

A (1) $\dfrac{\pi}{3}$　(2) $\dfrac{\pi}{5}$　(3) $\dfrac{\pi}{2}(e^2-1)$

B (1) 曲線は，円 $x^2+y^2=2^2$ の上半分。

$V=\dfrac{32}{3}\pi$

(2) 曲線は，双曲線 $x^2-y^2=1$ の上側。

$V=\dfrac{4}{3}\pi$

C (半角公式を用いて変形してから積分)

(1) $\dfrac{\pi^2}{2}$　(2) $\dfrac{\pi^2}{4}$

さくいん

【あ行】

i のきまり　7
i の性質　7

1次関数　15
一般角　28
因数定理　12
因数分解　5
上に凸　16, 83

x で偏微分　128
n 次方程式　12
円　19

オイラー　49
オイラー数　48

【か行】

回転体の体積　105
解の公式（2次方程式の）　12
傾き（直線の）　15
カテナリー（懸垂曲線）　50
加法定理（三角関数の）　39
関数　14

逆三角関数　34
求積問題　106
境界　23
共役複素数　7

極限公式（三角関数の）　66
極限公式（指数関数の）　67
極限公式（ネピアの数 e の）　67
極限値　60
　極限値が存在しない　61
　極限値の性質　64
極小　82
極小値　82
極小点　82
極大　82
極大値　82
極大点　82
極値　82
虚数単位 i　7

グラフ　14

原始関数　90
減少の状態（関数の）　82
懸垂曲線（カテナリー）　50

合成関数の微分公式　77
コサイン（cos）　26
弧度法　27

【さ行】

サイン（sin）　26
三角関数　30
　加法定理　39
　積を和に直す公式　39
　倍角公式　39
　半角公式　39

和を積に直す公式　39
三角関数のグラフ　35
三角関数の公式　38, 39
三角関数の合成　39
三角比　26
指数　42
指数関数　46
指数関数的　46
指数法則　44
自然対数　56
自然対数の底 e　56
四則演算の規則　2
下に凸　16, 83
実数　2
周期関数　40
重積分　23, 128
収束　60
収束しない　61
従属変数　14
商の微分公式　76
常用対数　56
真数　52
振動する（極限値が存在しない例）　65
正弦関数　30
正弦定理（三角関数の）　38
整式　4
正接関数　30
正の無限大に発散　62
積の微分公式　76
積分公式
　　置換——　94
　　部分——　96
積分する　90
積分定数　90
積を和に直す公式（三角関数の）　39
接線　71
接線問題　106
切片　15
漸近線　20

増加の状態（関数の）　82
双曲線　20
　　直角——　20
双曲線関数（ハイパボリックファンクション）　50
双曲面　128
増減表　83

【た行】

対数　49, 52
対数関数　57
対数法則　53
代数方程式　12
体積計算　105
楕円　20
多項式　4
たすきがけ（因数分解の）　5
多変数関数　128
単位円　27
単項式　4
タンジェント（tan）　26
値域　14
置換積分公式　94, 101
直線　15
直角双曲線　20
底（指数関数の）　46
底（対数の）　52
底（対数関数の）　57
定義域　14
定積分　98
　　——の値　98
　　——の拡張　99
　　——の性質　99
定積分可能　98
底の変換公式（対数の）　55
展開公式　4
導関数　73
　　2階——　81
　　2次——　81
動径　28

独立変数　*14*

【な行】

2階導関数　*81*
2次関数　*16*
2次曲線　*112*
2次導関数　*81*
2次不等式　*22*
2次方程式　*12*
2変数関数　*128*
ニュートン　*106*

ネピア男爵　*49*
ネピアの数 e　*48, 49*

のこぎり波　*40*

【は行】

倍角公式（三角関数の）　*39*
ハイパボリックファンクション（双曲線関数）　*50*
半角公式（三角関数の）　*39*
繁分数　*3*
微分　*73*
微分可能　*71*
微分係数　*71*
微分公式
　　合成関数の――　*77*
　　商の――　*76*
　　積の――　*76*
微分する　*73*
微分積分学の基本定理　*98, 106*
複素数　*7*
　　共役――　*7*
不定積分　*90*
不等式　*22*
負の無限大に発散　*62*
部分積分公式　*96, 102*
部分分数展開　*9, 133*
フラクタル　*88*
フーリエ級数　*40*
フーリエ級数展開　*40*

フーリエ係数　*40*
分数計算の規則　*3*
分数式　*8*

平均変化率　*70*
平行移動　*16, 18*
平方完成　*17*
平方根の計算　*6*
平面　*128*
ベキ級数　*68*
ベキ根　*42*
ベキ乗　*42*
変曲点　*83*
変数　*14*
偏微分　*128*
放物線　*16, 17, 22*
放物面　*128*

【ま行】

マンデルブロー　*88*

未知数　*11*

無限級数　*68*
無限大　*62*
　　正の無限大に発散　*62*
　　負の無限大に発散　*62*
無理関数　*173*
無理式　*10*
無理数　*2*
無理数乗　*42*

面積計算　*103*

【や行】

有理化　*6*
有理式　*8*
有理数　*2*
有理数乗　*42*

余弦関数　*30*
余弦定理（三角関数の）　*38*
与式　*2*

【ら行】

ライプニッツ　106
ラジアン単位　27
リーマン和　97, 98
領域（りょういき）　23, 24
累乗（るいじょう）　42
累乗根（るいじょうこん）　42

連続　60
連立1次方程式　11

【わ行】

ワイエルストラス　88
y切片（せっぺん）　15
yで偏微分　128
和を積に直す公式（三角関数の）　39

著者略歴

石村 園子（いしむら そのこ）

元 千葉工業大学教授

著　書　『やさしく学べる微分積分』（共立出版）
　　　　『やさしく学べる線形代数』（共立出版）
　　　　『やさしく学べる基礎数学
　　　　　—線形代数・微分積分—』（共立出版）
　　　　『やさしく学べる微分方程式』（共立出版）
　　　　『やさしく学べる統計学』（共立出版）
　　　　『やさしく学べる離散数学』（共立出版）
　　　　『やさしく学べるラプラス変換・フーリエ解析（増補版）』（共立出版）
　　　　『大学新入生のための数学入門（増補版）』（共立出版）
　　　　『大学新入生のための線形代数入門』（共立出版）
　　　　『工学系学生のための数学入門』（共立出版）
　　　　他

大学新入生のための微分積分入門　　著　者　石村園子 © 2004
　　　　　　　　　　　　　　　　　発行者　南條光章
　　　　　　　　　　　　　　　　　発　行　共立出版株式会社

2004 年 3 月 15 日 初版 1 刷発行
2025 年 2 月 1 日 初版 52 刷発行

東京都文京区小日向 4 丁目 6 番 19 号
電話 東京（03）3947-2511 番（代表）
〒112-0006/振替口座 00110-2-57035 番
URL　www.kyoritsu-pub.co.jp

印　刷　中央印刷株式会社
製　本　協栄製本

検印廃止

NDC 413.3
ISBN 978-4-320-01760-3

一般社団法人
自然科学書協会
会員

Printed in Japan

JCOPY　〈出版者著作権管理機構委託出版物〉

本書の無断複製は著作権法上での例外を除き禁じられています．複製される場合は，そのつど事前に，出版者著作権管理機構（ＴＥＬ：03-5244-5088，ＦＡＸ：03-5244-5089，e-mail：info@jcopy.or.jp）の許諾を得てください．

◆ 色彩効果の図解と本文の簡潔な解説により数学の諸概念を一目瞭然化！

ドイツ Deutscher Taschenbuch Verlag 社の『dtv-Atlas事典シリーズ』は，見開き2ページで1つのテーマが完結するように構成されている。右ページに本文の簡潔で分り易い解説を記載し，かつ左ページにそのテーマの中心的な話題を図像化して表現し，本文と図解の相乗効果で理解をより深められるように工夫されている。これは，他の類書には見られない『dtv-Atlas 事典シリーズ』に共通する最大の特徴と言える。本書は，このシリーズの『dtv-Atlas Mathematik』と『dtv-Atlas Schulmathematik』の日本語翻訳版である。

カラー図解 数学事典

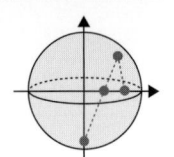

Fritz Reinhardt・Heinrich Soeder [著]
Gerd Falk [図作]
浪川幸彦・成木勇夫・長岡昇勇・林　芳樹 [訳]

数学の最も重要な分野の諸概念を網羅的に収録し，その概観を分り易く提供。数学を理解するためには，繰り返し熟考し，計算し，図を書く必要があるが，本書のカラー図解ページはその助けとなる。

【主要目次】　まえがき／記号の索引／序章／数理論理学／集合論／関係と構造／数系の構成／代数学／数論／幾何学／解析幾何学／位相空間論／代数的位相幾何学／グラフ理論／実解析学の基礎／微分法／積分法／関数解析学／微分方程式論／微分幾何学／複素関数論／組合せ論／確率論と統計学／線形計画法／参考文献／索引／著者紹介／訳者あとがき／訳者紹介

■菊判・ソフト上製本・508頁・定価6,050円（税込）■

カラー図解 学校数学事典

Fritz Reinhardt [著]
Carsten Reinhardt・Ingo Reinhardt [図作]
長岡昇勇・長岡由美子 [訳]

『カラー図解 数学事典』の姉妹編として，日本の中学・高校・大学初年級に相当するドイツ・ギムナジウム第5学年から13学年で学ぶ学校数学の基礎概念を1冊に編纂。定義は青で印刷し，定理や重要な結果は緑色で網掛けし，幾何学では彩色がより効果を上げている。

【主要目次】　まえがき／記号一覧／図表頁凡例／短縮形一覧／学校数学の単元分野／集合論の表現／数集合／方程式と不等式／対応と関数／極限値概念／微分計算と積分計算／平面幾何学／空間幾何学／解析幾何学とベクトル計算／推測統計学／論理学／公式集／参考文献／索引／著者紹介／訳者あとがき／訳者紹介

■菊判・ソフト上製本・296頁・定価4,400円（税込）■

www.kyoritsu-pub.co.jp　　共立出版　（価格は変更される場合がございます）

https://www.facebook.com/kyoritsu.pub

❻ 関数の極限

$$\lim_{x \to +0} \frac{1}{x} = \infty, \quad \lim_{x \to -0} \frac{1}{x} = -\infty$$

$$\lim_{x \to +\infty} \frac{1}{x} = 0, \quad \lim_{x \to -\infty} \frac{1}{x} = 0$$

$$\lim_{x \to 0} \frac{\sin x}{x} = 1, \quad \lim_{x \to 0} \frac{e^x - 1}{x} = 1, \quad \lim_{x \to 0} (1+x)^{\frac{1}{x}} = e$$

❼ 微分

微分係数
- $f'(p) = \lim_{h \to 0} \dfrac{f(p+h) - f(p)}{h}$

導関数
- $f'(x) = \lim_{h \to 0} \dfrac{f(x+h) - f(x)}{h}$

導関数の性質
- $\{f(x) \pm g(x)\}' = f'(x) \pm g'(x)$ （複号同順）
- $\{kf(x)\}' = kf'(x)$ （k は定数）
- $\{f(x) \cdot g(x)\}' = f'(x) \cdot g(x) + f(x) \cdot g'(x)$
- $\left\{\dfrac{f(x)}{g(x)}\right\}' = \dfrac{f'(x) \cdot g(x) - f(x) \cdot g'(x)}{\{g(x)\}^2}$
- $\left\{\dfrac{1}{g(x)}\right\}' = -\dfrac{g'(x)}{\{g(x)\}^2}$

- $k' = 0$ （k は定数）
- $(x^n)' = nx^{n-1}$ （n は整数または分数）

- $(\sin x)' = \cos x$
- $(\cos x)' = -\sin x$
- $(\tan x)' = \dfrac{1}{\cos^2 x}$

- $(\sin ax)' = a\cos ax$
- $(\cos ax)' = -a\sin ax$
- $(\tan ax)' = \dfrac{a}{\cos^2 ax}$

- $(e^x)' = e^x$ - $(e^{ax})' = ae^{ax}$
- $(\log x)' = \dfrac{1}{x}$

合成関数の微分公式
$y = f(g(x)), \quad u = g(x)$ のとき
$$\dfrac{dy}{dx} = \dfrac{dy}{du} \dfrac{du}{dx}$$

接線の方程式
$y = f(x)$ の $x = a$ における接線の方程式は
$$y - f(a) = f'(a)(x-a)$$

関数の極値
- $f'(a) = 0 \Rightarrow$ $x = a$ で極値をとる可能性あり

関数の増減
- $f'(a) > 0 \Rightarrow x = a$ で増加
- $f'(a) < 0 \Rightarrow x = a$ で減少

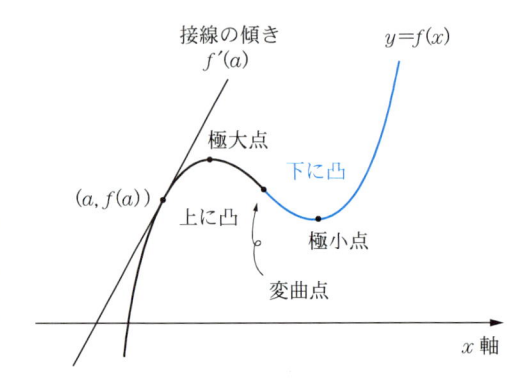

関数の変曲点
- $f''(a) = 0 \Rightarrow (a, f(a))$ は変曲点の可能性あり

関数の凸凹
- $f''(a) > 0 \Rightarrow x = a$ で下に凸
- $f''(a) < 0 \Rightarrow x = a$ で上に凸

❽ 積分

不定積分

$F'(x) = f(x)$
$\iff \int f(x)\,dx = F(x) + C$
（C：積分定数）

不定積分の性質

- $\int \{f(x) \pm g(x)\}\,dx$ （複号同順）
  $= \int f(x)\,dx \pm \int g(x)\,dx$
- $\int kf(x)\,dx = k\int f(x)\,dx$ （k は定数）

- $\int 1\,dx = x + C$
- $\int x^n\,dx = \dfrac{1}{n+1}x^{n+1} + C$
  （n は整数または分数，$n \neq -1$）
- $\int \dfrac{1}{x}\,dx = \log|x| + C$

- $\int \sin x\,dx = -\cos x + C$
- $\int \cos x\,dx = \sin x + C$
- $\int \dfrac{1}{\cos^2 x}\,dx = \tan x + C$

- $\int \sin ax\,dx = -\dfrac{1}{a}\cos ax + C$
- $\int \cos ax\,dx = \dfrac{1}{a}\sin ax + C$

- $\int e^x\,dx = e^x + C$
- $\int e^{ax}\,dx = \dfrac{1}{a}e^{ax} + C$

置換積分（不定積分）

$u = f(x)$ とおくと
$\int g(f(x))f'(x)\,dx = \int g(u)\,du$

部分積分（不定積分）

- $\int f(x)g'(x)\,dx$
  $= f(x)g(x) - \int f'(x)g(x)\,dx$

定積分

- $\int_a^b f(x)\,dx = \left[F(x)\right]_a^b$
  $= F(b) - F(a)$

置換積分（定積分）

$u = f(x)$ とおくとき
$\int_a^b g(f(x))f'(x)\,dx = \int_\alpha^\beta g(u)\,du$
ただし $\alpha = f(a)$, $\beta = f(b)$

部分積分（定積分）

- $\int_a^b f(x)g'(x)\,dx$
  $= \left[f(x)g(x)\right]_a^b - \int_a^b f'(x)g(x)\,dx$

面積 $S_1 = \int_a^b f(x)\,dx$
　　　　$S_2 = \int_a^b \{f(x) - g(x)\}\,dx$

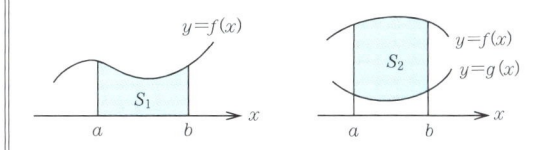

回転体の体積

$V = \pi \int_a^b \{f(x)\}^2\,dx$

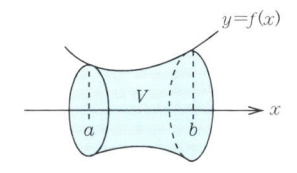